程 杰 曹辛华 王 强 主编

中国花卉审美文化研究丛书

08

芭蕉、石榴文学与文化研究

徐 波 郭慧珍 著

U0350042

北京燕山出版社

图书在版编目（CIP）数据

芭蕉、石榴文学与文化研究 / 徐波, 郭慧珍著 . --
北京 : 北京燕山出版社 , 2018.5
ISBN 978-7-5402-5099-7

Ⅰ . ①芭… Ⅱ . ①徐… ②郭… Ⅲ . ①芭蕉属－审美
文化－研究－中国②石榴－审美文化－研究－中国③中国
文学－文学研究 Ⅳ . ① S682.2 ② S665.4 ③ B83-092 ④ I206

中国版本图书馆 CIP 数据核字 (2018) 第 087771 号

ISBN 978-7-5402-5099-7

9 787540 250997 >

芭蕉、石榴文学与文化研究

责 任 编 辑：李涛
封 面 设 计：王尧
出 版 发 行：北京燕山出版社
社 　 　 址：北京市丰台区东铁营苇子坑路 138 号
邮 　 　 编：100079
电 话 传 真：86-10-63587071（总编室）
印 　 　 刷：北京虎彩文化传播有限公司
开 　 　 本：787×1092 1/16
字 　 　 数：234 千字
印 　 　 张：20
版 　 　 次：2018 年 12 月第 1 版
印 　 　 次：2018 年 12 月第 1 次印刷
ISBN 978-7-5402-5099-7
定 　 　 价：800.00 元

内容简介

本论著为《中国花卉审美文化研究丛书》之第 8 种，由徐波硕士学位论文《古代芭蕉题材文学与文化研究》、郭慧珍硕士学位论文《古代石榴题材文学研究》组成。

《古代芭蕉题材文学与文化研究》主要纵向梳理中国古代文学中芭蕉题材、意象演进之历程，横向阐发芭蕉的审美形象及艺术表现，并对芭蕉相关之园林、绘画文化进行深入探讨，多维度揭示芭蕉的审美价值。

《古代石榴题材文学研究》从文学的角度对中国古代石榴意象、题材创作的发生发展过程以及形象特征与民俗含义等方面进行全方位的阐述，展示石榴在我国文学创作中的历史地位以及人们对石榴审美认识和文化表现的历史进程。

作者简介

徐波，男，1980 年 3 月生，安徽省寿县人，先后就读于南京师范大学和北京师范大学，获文学硕士和文学博士学位，现为江西师范大学博士后；九江学院文学与传媒学院讲师。主要从事唐宋文学与文化研究。主持在研江西省社科规划青年项目"北宋'士人转型'与文学观念演进研究"等。在《文献》《中国典籍与文化》《古籍整理研究学刊》《阅江学刊》等学术刊物发表论文二十余篇。

郭慧珍，女，1987 年 7 月生，河南省周口市人。2012 年于南京师范大学文学院研究生毕业，获文学硕士学位。在校期间，曾发表硕士学位论文《中国古代文学石榴题材与意象研究》、学术论文《论韩元吉词中的神仙风致》。现为江苏省戏剧学校基础教学科讲师。

《中国花卉审美文化研究丛书》前言

所谓"花卉"，在园艺学界有广义、狭义之分。狭义只指具有观赏价值的草本植物；广义则是草本、木本兼而言之，指所有观赏植物。其实所谓狭义只在特殊情况下存在，通行的都应为广义概念。我国植物观赏资源以木本居多，这一广义概念古人多称"花木"，明清以来由于绘画中花卉册页流行，"花卉"一词出现渐多，逐步成为观赏植物的通称。

我们这里的"花卉"概念较之广义更有拓展。一般所谓广义的花卉实际仍属观赏园艺的范畴，主要指具有观赏价值，用于各类园林及室内室外各种生活场合配置和装饰，以改善或美化环境的植物。而更为广义的概念是指所有植物，无论自然生长或人类种植，低等或高等，有花或无花，陆生或海产，也无论人们实际喜爱与否，但凡引起人们观看，引发情感反应，即有史以来一切与人类精神活动有关的植物都在其列。从外延上说，包括人类社会感受到的所有植物，但又非指植物世界的全部内容。我们称其为"花卉"或"花卉植物"，意在对其内涵有所限定，表明我们所关注的主要是植物的形状、色彩、气味、姿态、习性等方面的形象资源或审美价值，而不是其经济资源或实用价值。当然，两者之间又不是截然无关的，植物的经济价值及其社会应用又经常对人们相应的形象感受产生影响。

"审美文化"是现代新兴的概念，相关的定义有着不同领域的偏倚和形形色色理论主张的不同价值定位。我们这里所说的"审美文化"不具有这些现代色彩，而是泛指人类精神现象中一切具有审美性的内容，或者是具有审美性的所有人类文化活动及其成果。文化是外延，至大无外，而审美是内涵，表明性质有限。美是人的本质力量的感性显现，性质上是感性的、体验的，相对于理性、科学的"真"而言；价值上则是理想的、超功利的，相对于各种物质利益和社会功利的"善"而言。正是这一内涵规定，使"审美文化"与一般的"文化"概念不同，对植物的经济价值和人类对植物的科学认识、技术作用及其相关的社会应用等"物质文明"方面的内容并不着意，主要关注的是植物形象引发的情绪感受、心灵体验和精神想象等"精神文明"内容。

将两者结合起来，所谓"花卉审美文化"的指称就比较明确。从"审美文化"的立场看"花卉"，花卉植物的食用、药用、材用以及其他经济资源价值都不必关注，而主要考虑的是以下三个层面的形象资源：

一是"植物"，即整个植物层面，包括所有植物的形象，无论是天然野生的还是人类栽培的。植物是地球重要的生命形态，是人类所依赖的最主要的生物资源。其再生性、多样性、独特的光能转换性与自养性，带给人类安全、亲切、轻松和美好的感受。不同品种的植物与人类的关系或直接或间接，或悠久或短暂，或亲切或疏远，或互益或相害，从而引起人们或重视或鄙视，或敬仰或畏惧，或喜爱或厌恶的情感反应。所谓花卉植物的审美文化关注的正是这些植物形象所引起的心理感受、精神体验和人文意义。

二是"花卉"，即前言园艺界所谓的观赏植物。由于人类与植物尤其是高等植物之间与生俱来的生态联系，人类对植物形象的审美意识可以说是自然的或本能的。随着人类社会生产力的不断提高和社会财富的不断积累，人类对植物有了更多优越的、超功利的感觉，对其物色形象的欣赏需求越来越明确，相应的感受、认识和想象越来越丰富。世界各民族对于植物尤其是花卉的欣赏爱好是普遍的、共同的，都有悠久、深厚的历史文化传统，并且逐步形成了各具特色、不断繁荣发展的观赏园艺体系和欣赏文化体系。这是花卉审美文化现象中最主要的部分。

三是"花"，即观花植物，包括可资观赏的各类植物花朵。这其实只是上述"花卉"世界中的一部分，但在整个生物和人类生活史上，却是最为生动、闪亮的环节。开花植物、种子植物的出现是生物进化史的一大盛事，使植物与动物间建立起一种全新的关系。花的一切都是以诱惑为目的的，花的气味、色彩和形状及其对果实的预示，都是为动物而设置的，包括人类在内的动物对于植物的花朵有着各种各样本能的喜爱。正如达尔文所说，"花是自然界最美丽的产物，它们与绿叶相映而惹起注目，同时也使它们显得美观，因此它们就可以容易地被昆虫看到"。可以说，花是人类关于美最原始、最简明、最强烈、最经典的感受和定义，几乎在世界所有语言中，花都代表着美丽、精华、春天、青春和快乐。相应的感受和情趣是人类精神文明发展中一个本能的精神元素、共同的文化基因；相应的社会现象和文化意义是极为普遍和永恒的，也是繁盛和深厚的。这是花卉审美文化中最典型、最神奇、最优美的天然资源和生活景观，值得特别重视。

再从"花卉"角度看"审美文化"，与"花卉"相关的"审美文化"则又可以分为三个形态或层面：

一是"自然物色"，指自然生长和人类种植形成的各类植物形象、风景及其人们的观赏认识。既包括植物生长的各类单株、丛群，也包括大面积的草原、森林和农田庄稼；既包括天然生长的奇花异草，也包括园艺培植的各类植物景观。它们都是由植物实体组成的自然和人工景观，无论是天然资源的发现和认识，还是人类相应的种植活动、观赏情趣，都体现着人类社会生活和人的本质力量不断进步、发展的步伐，是"花卉审美文化"中最为鲜明集中、直观生动的部分。因其侧重于植物实体，我们称作"花卉审美文化"中的"自然美"内容。

二是"社会生活"，指人类社会的园林环境、政治宗教、民俗习惯等各类生活中对花卉实物资源的实际应用，包含着对生物形象资源的环境利用、观赏装饰、仪式应用、符号象征、情感表达等多种生活需求、社会功能和文化情结，是"花卉"形象资源无处不在的审美渗透和社会反应，是"花卉审美文化"中最为实际、普遍和复杂的现象。它们可以说是"花卉审美文化"中的"社会美"或"生活美"内容。

三是"艺术创作"，指以花卉植物为题材和主题的各类文艺创作和所有话语活动，包括文学、音乐、绘画、摄影、雕塑等语言、图像和符号话语乃至于日常语言中对花卉植物及其相应人类情感的各类描写与诉说。这是脱离具体植物实体，指用虚拟的、想象的、象征的、符号化植物形象，包含着更多心理想象、艺术创造和话语符号的活动及成果，统称"花卉审美文化"中的"艺术美"内容。

我们所说的"花卉审美文化"是上述人类主体、生物客体六个层面的有机构成，是一种立体有机、丰富复杂的社会历史文化体系，包含着自然资源、生物机体与人类社会生活、精神活动等广泛方面有机交融的历史文化图景。因此，相关研究无疑是一个跨学科、综合性的工作，需要生物学、园艺学、地理学、历史学、社会学、经济学、美学、文学、艺术学、文化学等众多学科的积极参与。遗憾的是，近数十年相关的正面研究多只局限在园艺、园林等科技专业，着力的主要是园艺园林技术的研发，视角是较为单一和孤立的。相对而言，来自社会、人文学科的专业关注不多，虽然也有偶然的、零星的个案或专题涉及，但远没有足够的重视，更没有专门的、用心的投入，也就缺乏全面、系统、深入的研究成果，相关的认识不免零散和薄弱。这种多科技少人文的研究格局，海内海外大致相同。

我国幅员辽阔、气候多样、地貌复杂，花卉植物资源极为丰富，有"世界园林之母"的美誉，也有着悠久、深厚的观赏园艺传统。我国又是一个文明古国和世界人口、传统农业大国，有着辉煌的历史文化。这些都决定我国的花卉审美文化有着无比辉煌的历史和深厚博大的传统。植物资源较之其他生物资源有更强烈的地域性，我国花卉资源具有温带季风气候主导的东亚大陆鲜明的地域特色。我国传统农耕社会和宗法伦理为核心的历史文化形态引发人们对花卉植物有着独特的审美倾向和文化情趣，形成花卉审美文化鲜明的民族特色。我国花卉审美文化是我国历史文化的有机组成部分，是我国文化传统最为优美、生动的载体，是深入解读我国传统文化的独特视角。而花卉植物又是丰富、生动的生物资源，带给人们生生不息、与时俱新的感官体验和精神享受，相应的社会文化活动是永恒的"现在进行时"，其丰富的历史经验、人文情趣有着直接的现实借鉴和融入意义。正是基于这些历史信念、学术经验和现实感受，我们认为，对中国花卉审美文化的研究不仅是一项十分重要的文化任务，而且是一个前景广阔的学术课题，需要众多学科尤其是社会、人文学科的积极参与和大力投入。

我们团队从事这项工作是从1998年开始的。最初是我本人对宋代咏梅文学的探讨，后来发现这远不是一个咏物题材的问题，也不是一个时代文化符号的问题，而是一个关乎民族经典文化象征酝酿、发展历程的大课题。于是由文学而绘画、音乐等逐步展开，陆续完成了《宋代咏梅文学研究》《梅文化论丛》《中国梅花审美文化研究》《中国梅花名胜考》《梅谱》（校注）等论著，对我国深厚的梅文化进行了较为全面、系统的阐发。从 1999 年开始，我指导研究生从事类似的花卉审美文化专题研究，俞香顺、石志鸟、渠红岩、张荣东、王三毛、王颖等相继完成了荷、杨柳、桃、菊、竹、松柏等专题的博士学位论文，丁小兵、董丽娜、朱明明、张俊峰、雷铭等 20 多位学生相继完成了杏花、桂花、水仙、蘋、梨花、海棠、蓬蒿、山茶、芍药、牡丹、芭蕉、荔枝、石榴、芦苇、花朝、落花、蔬菜等专题的硕士学位论文。他们都以此获得相应的学位，在学位论文完成前后，也都发表了不少相关的单篇论文。与此同时，博士生纪永贵从民俗文化的角度，任群从宋代文学的角度参与和支持这项工作，也发表了一些花卉植物文学和文化方面的论文。俞香顺在博士论文之外，发表了不少梧桐和唐代文学、《红楼梦》花卉意象方面的论著。我与王三毛合作点校了古代大型花卉专题类书《全芳备祖》，并正继续从事该书的全面校正工作。目前在读的博士生张晓蕾、硕士生高尚杰、王珏等也都选择花卉植物作为学位论文选题。

以往我们所做的主要是花卉个案的专题研究，这方面的工作仍有许多空白等待填补。而如宗教用花、花事民俗、民间花市，不同品类植物景观的欣赏认识、各时期各地区花卉植物审美文化的不同历史情景，以及我国花卉审美文化的自然基础、历史背景、形态结构、发展规律、民族特色、人文意义、国际交流等中观、宏观问题的研究，花卉植物文献的调查整理等更是涉及无多，这些都有待今后逐步展开，不断深入。

"阴阴曲径人稀到，一一名花手自栽"（陆游诗），我们在这一领域寂寞耕耘已近20年了。也许我们每一个人的实际工作及所获都十分有限，但如此络绎走来，随心点检，也踏出一路足迹，种得半畦芬芳。2005年，四川巴蜀书社为我们专辟《中国花卉审美文化研究书系》，陆续出版了我们的荷花、梅花、杨柳、菊花和杏花审美文化研究五种，引起了一定的社会关注。此番由同事曹辛华教授热情倡议、积极联系，北京采薇阁文化公司王强先生鼎力相助，继续操作这一主题学术成果的出版工作。除已经出版的五种和另行单独出版的桃花专题外，我们将其余所有花卉植物主题的学位论文和散见的各类论著一并汇集整理，编为20种，统称《中国花卉审美文化研究丛书》，分别是：

1.《中国牡丹审美文化研究》（付梅）；

2.《梅文化论集》（程杰、程宇静、胥树婷）；

3.《梅文学论集》（程杰）；

4.《杏花文学与文化研究》（纪永贵、丁小兵）；

5.《桃文化论集》（渠红岩）；

6.《水仙、梨花、茉莉文学与文化研究》（朱明明、雷铭、程杰、程宇静、任群、王珏）；

7.《芍药、海棠、茶花文学与文化研究》（王功绢、赵云双、孙培华、付振华）；

8.《芭蕉、石榴文学与文化研究》（徐波、郭慧珍）；

9.《兰、桂、菊的文化研究》（张晓蕾、张荣东、董丽娜）；

10.《花朝节与落花意象的文学研究》（凌帆、周正悦）；

11.《花卉植物的实用情景与文学书写》（胥树婷、王存恒、钟晓璐）；

12.《〈红楼梦〉花卉文化及其他》（俞香顺）；

13.《古代竹文化研究》（王三毛）；

14.《古代文学竹意象研究》（王三毛）；

15.《蘋、蓬蒿、芦苇等草类文学意象研究》（张俊峰、张余、李倩、高尚杰、姚梅）；

16.《槐桑樟枫民俗与文化研究》（纪永贵）；

17.《松柏、杨柳文学与文化论丛》（石志鸟、王颖）；

18.《中国梧桐审美文化研究》（俞香顺）；

19.《唐宋植物文学与文化研究》（石润宏、陈星）；

20.《岭南植物文学与文化研究》（陈灿彬、赵军伟）。

我们如此刈禾聚把，集中摊晒，敛物自是快心，乱花或能迷眼，想必读者诸君总能从中发现自己喜欢的一枝一叶。希望我们的系列成果能为花卉植物文化的学术研究事业增薪助火，为全社会的花卉文化活动加油添彩。

程 杰

2018 年 5 月 10 日

于南京师范大学随园

总　目

古代芭蕉题材文学与文化研究

徐 波 著

目 录

绪　论

芭蕉又名甘蕉、芭苴、天苴、绿天、扇子仙等，原产我国南部，有两千多年的栽培历史。芭蕉是芭蕉科芭蕉属植物，全世界约有 50 种，我国有 7 种。芭蕉为多年生草本植物，茎直立，高 4～6 米。叶片长圆形，长可达 3 米，宽可达 40 厘米。穗状花序顶生，大苞叶呈佛焰苞状，每苞片内有花十余朵。芭蕉性喜暖热气候，不甚耐寒。主要分布在淮河秦岭以南地区。

芭蕉的花、实、根均可食用。叶、花、子、根均可入药。芭蕉叶，味甘淡，性寒，有清热、利尿、解毒之功效。芭蕉花，性味甘淡、微辛，可化痰、软坚、平肝、和脾、通经。芭蕉根，味甘，大寒，有清热、止渴、解毒之功用。芭蕉子，生食可止渴润肺。植株中粗纤维的含量可达 49.6%，经加工可制麻搓绳、织布、造纸。

芭蕉食用、药用、纺织等实用功能的开发一般局限于热带地区，但是芭蕉的园林栽培在我国却比较普遍。皇家园林、私家园林、农家小院都可以见到芭蕉的身影。西汉武帝时期，芭蕉就引入黄河以北地区栽培，"永嘉南渡"之后，芭蕉的园林栽培更为普遍，以至于成为我国园林中重要的观赏植物之一。

芭蕉高大婆娑，浓翠亮丽，芭蕉的叶、花以及整体所展现的物色美感成为人们审美观照的对象，引起人们无限的爱怜与遐想。在欣赏之余，芭蕉也成为文学、绘画、音乐等艺术形式的表现对象，并且出现了大量优秀的作品。在众多的艺术形式中，语言艺术无疑是最早也是最为充分表现芭蕉的方式。芭蕉的实用开发最早可以追溯到汉代武帝时期，三国时期人们对芭蕉已经有全面深刻的认识，在"永嘉南渡"之后更是成为人们审美观照的对象。在长达1000多年的审美欣赏中，积累了丰富的审美经验。文人创作了大量芭蕉题材和意象的文学作品，这些作品承载着丰富的情感体验和情趣，反映着文人的审美习惯和文化心态，浸润着不同时代的文化风尚。因此，芭蕉的文学与文化研究是具有一定意义的，近年来也引起了一些学者专家的关注，并取得了不少的成果。

国内外关于该课题的研究现状和趋势

芭蕉研究已经引起一些学者的关注，但大多数是总论性和文化概述性研究。

一、文学研究

芭蕉题材文学研究没有引起学界足够重视，相关研究成果数量较少。王亦军、裴豫敏的《芭蕉考》[①]是较早的专门研究古代文学中芭蕉意象和题材的文章，主要论述芭蕉题材的发展演变、芭蕉的审美特性和文化意蕴。殷红梅、廖汪洋的《独喜芭蕉容我俭，自舒晴叶待题诗——论古典文学中的芭蕉意象》[②]和李晓华的《谈古诗词中的芭蕉

---

① 王亦军、裴豫敏《芭蕉考》，李益撰，王亦军、裴豫敏注《李益集注》附录，第572—574页。
② 殷红梅、廖汪洋《独喜芭蕉容我俭，自舒晴叶待题诗——论古典文学中的芭蕉意象》，《科技经济市场》，2007年第3期。

意象》①介绍了芭蕉意象在古代文学中的审美特点和文化内涵,对"雨打芭蕉""蕉叶题诗"等意象有专题探讨,但是开掘不深。另外,西北师大黄宪梓的硕士学位论文《芭蕉的古典文化叙事》②试图从文学、历史学、植物学等角度揭示芭蕉的文化内涵,是第一次对芭蕉进行全面梳理的学位论文,但此文面面俱到,且多是对前人研究成果的总结,独创之处不多,未能深入研究。

二、文化研究

与沉寂的文学研究相比,芭蕉的文化研究相对活跃。

(一)芭蕉与园林研究

蔡曾煌的《芭蕉史话》③主要探讨了芭蕉的栽培历史、逐渐北移的过程以及芭蕉的文学文化内涵。曹洪虎的《芭蕉文化意蕴及在传统园林中的应用》④阐释了芭蕉在园林绿化中的造景手法及其文化意义。相关的文章还有《墙角芭蕉意如何》⑤《闲话芭蕉》⑥《芭蕉考——中国古代文人园中的芭蕉》⑦等,分别从不同角度探讨了芭蕉在园林中的运用以及文化意义,但是尚缺乏全面系统研究。

(二)芭蕉与绘画研究

芭蕉是国画的重要题材,芭蕉与绘画成为美术史重要的研究对象。任道斌的《泼墨芭蕉第一人——论徐渭的芭蕉图》⑧主要阐述了徐渭

① 李晓华《谈古诗词中的芭蕉意象》,《阅读与写作》,2007 年第 9 期。
② 黄宪梓《芭蕉的古典文化叙事》,西北大学硕士学位论文,2009 年。
③ 蔡曾煌《芭蕉史话》,《古今农业》,1995 年第 1 期。
④ 曹洪虎《芭蕉文化意蕴及在传统园林中的应用》,《江西科学》,2007 年第 3 期。
⑤ 柯继承《墙角芭蕉意如何》,《森林与人类》,1997 年第 2 期。
⑥ 韩春雷《闲话芭蕉》,《阅读与写作》,1994 年第 2 期。
⑦ 王林忠《芭蕉考——中国古代文人园中的芭蕉》,《建筑历史》,2009 年第 1 期。
⑧ 任道斌《泼墨芭蕉第一人——论徐渭的芭蕉图》,《学术研究》,2006 年第 6 期。

芭蕉绘画的技法创新和芭蕉绘画的文化意义，着重分析了徐渭用泼墨的技法在芭蕉绘画上取得的成就。王维《袁安卧雪图》中的"雪里芭蕉"一直是学界争论不休的话题，主要是围绕图的命意、芭蕉的寓意、"雪里芭蕉"的有无、写实与写意等几个方面论述。主要论文有《王维"雪中芭蕉"寓意蠡测》①《"雪中芭蕉"命意辨》②《"袁安卧雪"与"雪里芭蕉"》③《"雪里芭蕉"别议》④《王维〈袁安卧雪图〉画理抉微》⑤《"雪里芭蕉"考》⑥《"雪里芭蕉"与"意趣神色"》⑦等，这些文章一般注重考证，但材料基本相同。由于王维《袁安卧雪图》早已不存，相关文献缺乏，因此此类研究多采用旁证，主观推测的文字较多。

综上所述，我们可以看出目前芭蕉的文化和文学概论性研究较多，不够细致深入，芭蕉的审美研究和芭蕉题材的发展历史研究有待深入。因此，芭蕉题材的文学与文化研究还有很大的空间，可以进一步做专题研究。

---

① 陈允吉《王维"雪中芭蕉"寓意蠡测》，《复旦学报（社会科学版）》，1979年第 1 期。
② 杨军《"雪中芭蕉"命意辨》，《陕西师大学报（哲学社会科学版）》，1983年第 2 期。
③ 文放《"袁安卧雪"与"雪里芭蕉"》，《中国文学研究》，1988 年第 2 期。
④ 文达三《"雪里芭蕉"别议》，《读书》，1985 年 10 期。
⑤ 二川《王维〈袁安卧雪图〉画理抉微》，《中国文化月刊》（台湾）第 191 期，1995 年 9 月。
⑥ 黄崇浩《"雪里芭蕉"考》，《黄冈师范学院学报》，2005 年第 2 期。
⑦ 徐燕琳《"雪里芭蕉"与"意趣神色"》，《大舞台》，2008 年第 2 期。

研究方法

一、跨文体的研究

本论文打破了文体分隔，诗、词、文、赋、小说、戏曲综合考察，并结合各类图像文献的分析和梳理，全面总结、评判有关芭蕉的审美认识和艺术表现。

二、跨学科的研究

本论文打破学科分界，采取文学与文化学、植物学、艺术等多学科交叉的研究方法。

三、历时态的研究

本论文的主题为"芭蕉"，侧重于芭蕉意象、题材审美认识和文化活动的发生、发展之动态线索的梳理与纵向进程的建构，在历时态的梳理中深入总结有关芭蕉的审美文化经验。

研究内容

本文主要内容分三章。

第一章，芭蕉题材文学创作的发展历程。本章主要纵向梳理历代芭蕉题材文学创作的发展演变之过程，分为秦汉时期、魏晋南北朝时期、唐五代时期、宋金时期、元明清时期五个阶段展开论述。其中有历史发展脉络的勾勒，也有具体问题的考索，力图全面深刻地展现芭蕉题材文学发展演变的全貌。

第二章，芭蕉的审美形象及艺术表现。本章从物色美和神韵美两个方面加以总结，并且对具有丰富意蕴的"雨打芭蕉"进行专题论述，力图全面、多层次地归纳古代文学中"雨打芭蕉"意象创作的特点。

第三章，芭蕉的文化研究。本章主要从园林与芭蕉、绘画与芭蕉两个角度展开论述，并对"雪里芭蕉"展开专题研究，多角度总结芭蕉的审美价值。

第一章　芭蕉题材文学创作的发展历程

芭蕉作为古代文学中重要的植物题材和意象有一个发展演变的过程。早在汉代，芭蕉的实用价值已经得到开发利用，并且作为佛教象征物引起人们关注，但是成为文学题材则是在东晋之后。唐五代时期芭蕉题材和意象文学创作在六朝的基础上有很大的发展；宋金时期更是出现了相对繁盛的创作局面，名家名作层出不穷；元明清时期芭蕉不仅遍布诗文等雅文学，而且成为小说、戏剧等俗文学中常见的植物。本章将对芭蕉题材文学创作发生和发展的历程进行系统梳理，试图勾勒出中国古代文学中芭蕉题材创作的总体风貌。

第一节　先秦两汉——芭蕉的实用期

先秦两汉时期，芭蕉逐渐走进人们的生活，引起人们的注意，人们在实用开发的同时，对芭蕉的美感特征也有初步的感知。芭蕉不显于先秦时期，文献几无明确记载，汉魏时期才渐为人们所熟知。东汉末年佛教传入中国，佛经翻译将芭蕉所蕴含的佛教文化内涵直接引入，丰富了芭蕉的文化意蕴。事物一般都是由实用或宗教走向审美，芭蕉也是如此，这一阶段可以称作芭蕉的前文学时期。

一、先秦时期

芭蕉属于温热带植物，秦岭淮河以北地区绝少见。先秦时期的文化中心主要处于黄河流域，南方文化相对处于荒蛮状态，先秦典籍很少提及芭蕉。

《列子·周穆王》中有"蕉叶覆鹿"的故事。在先秦典籍中，蕉与樵通。《别雅》卷二云：

> 《列子·周穆王》篇："郑人有薪于野者，遇骇鹿击而毙之。恐人见之也，藏诸隍中覆之以蕉。"注：（蕉）与樵同，谓所采之柴薪也。《说文》："樵，散木也。"《广韵》："柴也。"《庄子·人间世》："死者以国量乎，泽若蕉。"亦与樵同韵。书误认蕉为芭蕉之蕉。以蕉鹿事隶蕉字本音，下相沿既久，莫知其误芭蕉之蕉。①

徐渭题画诗《芭蕉》小序也指出："蕉鹿相沿误，顾也不避。"②"蕉叶覆鹿"的典故不见宋以前的其他文献，南宋之后才逐渐被广泛引用。因此，樵误作蕉大概是在宋代。另外，《列子》的作者和成书年代一直存有争议，学术界主流观点认为是六朝人伪作，前人对此论述可谓汗牛充栋，此不赘述。"蕉叶覆鹿"之蕉当非芭蕉。

屈原《九歌·礼魂》篇曰："成礼兮会鼓，传芭兮代舞。"③王逸《楚辞章句》："芭，巫所持香草名也。"④宋洪兴祖《楚辞补注》：

> 芭一作巴。补曰：芭，卜加切。司马相如赋云：诸柘巴且。

---

① 吴玉搢《别雅》卷二。
② 徐渭《芭蕉》，《徐渭集》，第403页。
③ 屈原《九歌》，洪兴祖补注《楚辞补注》，第65页。
④ 引自洪兴祖补注《楚辞补注》，第65页。

注云：巴且，草名，一名巴焦。①

宋吴仁杰《离骚草木疏》引用并认可洪兴祖的观点。《御制佩文斋广群芳谱》《古今图书集成》等类书也将此句收录在芭蕉条目中。此处"芭"是指芭蕉还是指某种花卉，已很难坐实。屈原是楚国人，楚地是适宜芭蕉生长的地区，他应该是见过芭蕉，所以此"芭"有可能是指芭蕉。

先秦时期只有这两例疑似芭蕉的记载。先民对事物的认识往往都是以实用性为肇端。芭蕉生长南

图 01　芭蕉。王元海摄

国，又是草本植物，北方种植不易，不为北人常见。芭蕉貌似高大，却无木材之用；果实虽堪食用，却难于运输保存；枝叶扶疏，却无香草芬芳。这些原因都限制了其早期的开发利用，所以芭蕉不显于先秦时期。

① 洪兴祖补注《楚辞补注》，第 65 页。

图02　[明]杜堇《伏生授经图》。

二、两汉时期

秦灭六国之后，国家出现了空前的统一局面。到了汉代，疆域逐步扩大，南方国土延伸到今天的两广、海南、云南、四川以及越南北部。此时芭蕉获得更多进入人们视野的机会。

芭蕉在西汉武帝时就被作为"奇草"引入陕西种植。《三辅黄图》记载：

> 汉武帝元鼎六年（前111），破南越起扶荔宫。以植所得奇草异木：菖蒲百本；山姜十本；甘蕉十二本……①

扶荔宫遗址在今陕西韩城市芝川镇。②这是芭蕉园林栽培的最早记载。

《三国志·吴志》卷四《士燮传》云：

> 燮每遣使诣权，致奇物异果，蕉、邪、龙眼之属，无岁不至。③

---

① 何清谷校注《三辅黄图校注》，第 195 页。
② 参见王玉清、陈值《陕西韩城芝川镇汉扶荔宫遗址的发现》，《考古》，1961年第 3 期。
③ 陈寿《三国志》，第 1193 页。

由此可知，东汉末年芭蕉的果实已作为贡品。

三国东吴丹阳（治今江苏江宁县）太守万震《南州异物志》对芭蕉有极为详细的记载：

> 甘蕉，草类，望之如树，株大者，一围余。叶长一丈，或七八尺，广尺余。华大如酒杯，形色如芙蓉。茎末百余子，大名为房。根似芋魁，大者如车毂。实随华，每华一阖，各有六子，先后相次——子不俱生，华不俱落。此蕉有三种：一种子大如拇指，长而锐，有似羊角，名羊角蕉，味最甘好；一种大如鸡卵，有似牛乳，味微减羊角蕉；一种蕉大如藕，长六七寸，形正，名方蕉，少甘，味最弱。其茎如芋，取濩而煮之，则如丝，可纺绩也。[①]

这则材料详细地描述了芭蕉的自然属性、品种、功用等，可见当时人们对芭蕉已有一定的认识。这也表明芭蕉的食用、纺织功能的开发利用已经比较成熟。

像梅、杏等植物一样，人们对芭蕉的认识也是从实用功能开始。汉代芭蕉已经逐渐进入人们的生活，但是并不常见，所以没有多少机会走进文学作品。整个汉代只有《子虚赋》中有模糊的描述：

> 其东则有蕙圃，衡兰芷若，穹穷昌蒲，江离蘪芜，诸柘巴且。[②]

文颖注曰："巴且，草，一名巴蕉。"[③]颜师古曰："文说巴且是也。"[④]

---

① 引自贾思勰《齐民要术》，第 188 页。
② 司马相如《子虚赋》，引自王先谦《汉书补注》下册，第 1162 页。
③ 王先谦《汉书补注》下册，第 1162 页。
④ 王先谦《汉书补注》下册，第 1162 页。

《史记》作"诸蔗猼且"，裴骃引《汉书音义》曰："猼且，蘘荷也。"①
司马贞《史记索隐》曰："《汉书》作巴且，文颖云：'巴蕉也。郭璞以
为蘘荷属。未知孰是。'"②对此后人一直争论不休，到底具体的名物
是什么，现在也只能是"未知孰是"。另外，这只是赋中名物的排列，
不具有多少审美的意义。前引万震《南州异物志》虽然不是文学作品，
但其中描写芭蕉的语句颇具文采。文中多用比喻，描述较为形象。"华
大如酒杯，形色如芙蓉"，此句体物精巧，形色兼备，已经展露文学特色。

另外值得注意的是佛经中的芭蕉。东汉末期佛教传入中国，佛经
翻译逐步展开。安世高是当时重要的翻译家之一，他翻译的《五阴譬
喻经》中有一段：

> 譬如比丘人求良材担斧入林。见大芭蕉鸿直不曲。因断
> 其本、斩其末、劈其叶。理分分，剧而解之。中了无心何有牢固。
> 目士见之观视省察。即知非有虚无不实速消归尽。所以者何，
> 彼芭蕉无强故。如是比丘一切所行去来现在内外粗细好丑远
> 近。比丘见此当熟省视知。其不有虚无不实。但淫但结但疮
> 但伪。非真非常为苦为空为非身为消尽。所以者何。行之性
> 无有强。③

另外有偈语：

> 沫聚喻于色，痛如水中泡，想譬热时炎，行为如芭蕉……④

佛教宣传佛理多用比喻，佛经中比喻之多，正所谓"佛典之文，

---

① 王先谦《汉书补注》下册，第 1162 页。
② 王先谦《汉书补注》下册，第 1162 页。
③ 安世高《五阴譬喻经》，《大正新修大藏经》第二卷，第 501 页。
④ 安世高《五阴譬喻经》，《大正新修大藏经》第二卷，第 501 页。

几于无物不比，无比而不有言外之意于其间"①。芭蕉地面部分的"干"是由叶鞘一层一层围成的假茎，因此"理分分，剀而解之。中了无心何有牢固"以至于"虚无不实速消归尽"，此特征适合比喻佛教的"阴蕴"皆空。东汉失译《水沫所漂经》："想如夏野马，行如芭蕉树。"②东汉失译《沙弥尼戒经》："信色如影，痛痒如芭蕉。思想如野马，生死如泡。"③三国支谦译《维摩诘经》："是身如芭蕉，中无有坚。"又云："又如芭蕉不坚。"④皆是用芭蕉作为喻体来阐明空无不实的佛理。

早期佛经翻译注重直译，常将古印度佛经中词语的意义直接移植过来。芭蕉所蕴含的空、不实、虚无等佛理随着佛经的翻译直接被搬运过来，并且被后世继承下来，成为芭蕉重要的文化内涵之一。

纵观秦汉，芭蕉并未成为人们的审美对象，其丰富的美感特征还没有得到充分的认知。但汉末随着佛教的引入，芭蕉最为鲜明的文化色彩是其作为宗教植物的象征意义。

第二节　魏晋南北朝——芭蕉题材文学创作的萌芽期

魏晋南北朝是"人的自觉"期，人们普遍注重自身独特个性的追求，注重特立独行的人格追求。文人将目光投向了山水，投向了大自然的一草一木，"感物"而咏成为这一时期文学创作的一个重要的特点。此时咏物文学大发展，一些名不见经传的事物逐步成为文人吟咏的对象，

---

① 陈竺同《汉魏六朝之外来譬喻文学》，《语言文学专刊》，1930 年第 3 期。
② 佚名《水沫所漂经》，《大正新修大藏经》第二卷，第 502 页。
③ 佚名《沙弥尼戒经》，《大正新修大藏经》第二四卷，第 938 页。
④ 支谦《维摩诘经》，第 48 页。

芭蕉也在这一时期正式进入了文学审美领域。

一、芭蕉题材文学创作情况与特点

笔者通过翻检《先秦魏晋南北朝诗》和《全上古三代秦汉三国六朝文》发现南北朝时期共有5首芭蕉题材的文学作品，这五篇芭蕉题材的文学作品分别是：卞承之《甘蕉赞》、谢灵运《维摩诘经十譬八赞·芭蕉》、沈约《修竹弹甘蕉文》《咏甘蕉诗》、徐摛《冬蕉卷心赋》。另有芭蕉意象13处，基本上遍及诗文赋各种文学样式。相对梅兰竹菊等花卉题材的文学作品，芭蕉题材作品出现较晚，一直到东晋才出现了专咏之作，而且在数量上也不占有优势，但是已在花卉题材文学中占有一席之地。

这一阶段是芭蕉题材文学的首创期，文人对芭蕉的物色美感有了初步的把握。东晋卞承之（？—407）《甘蕉赞》：

扶疏似树，质则非木。厥实惟甘，味之无足。高舒垂荫，异秀延瞩。①

作者描画了芭蕉的形状、枝叶、果实；似树非树，充满对这种植物的好奇；"高舒垂荫，异秀延瞩"写出了芭蕉浓绿潇洒之态。这首作品的文学韵味不是很浓厚，却是芭蕉题材文学的发轫之作。梁沈约《咏甘蕉诗》：

抽叶固盈丈，擢本信兼围。流甘掩椰实，弱缕冠绨衣。②

诗歌语言质朴无华，却也道出芭蕉的高大扶疏。《文心雕龙·物色篇》云："自近代以来，文贵形似，窥情风景之上，钻研草木之中。"③又曰："故巧言切状，如印之印泥，不加雕削，而曲写毫芥。"④纵观这一时期的

---

① 卞承之《甘蕉赞》，《全上古三代秦汉三国六朝文》，第2268页。
② 沈约《咏甘蕉诗》，沈约著，陈庆元校笺《沈约集校笺》，第430页。
③ 刘勰《文心雕龙》，第321页。
④ 刘勰《文心雕龙》，第321页。

芭蕉题材文学创作都是停留在这个阶段。

芭蕉的各种文学意蕴在此时已经渐渐萌芽。首先是芭蕉题材文学作品所体现的愁苦。梁徐摛《冬蕉卷心赋》虽只是残篇，仅有四句，但也可略窥其貌。"拔残心于孤翠，植晚玩于冬余。枝横风而悴色，叶渍雪而傍枯。"[①]芭蕉在严寒的冬季，皑皑白雪中，"残、孤、悴、枯"等词描写出芭蕉的残败；晚、冬、雪营造出荒凉的气氛，此四句已不是简单的"巧言切状"，而是移情于物，借景抒情。

图 03　雪里芭蕉。(本著作未注明作者之图片皆为热心网友提供和取于网络，在此对诸位图片作者表示热忱感谢)

另外值得一提的是，"蕉叶题诗"在此时出现。南朝梁刘令娴《题甘蕉叶示人》一诗，直接把诗歌题写在甘蕉叶上，开创了"蕉叶题诗"

① 徐摛《冬蕉卷心赋》，《全上古三代秦汉三国六朝文》，第3242页。

的先河。刘令娴蕉叶题诗应该是一种充满诗意的生活艺术的体现，芭蕉更加诗意化地进入文人的视野，完成了芭蕉审美的一次创举。

图04　［清］吕彤《蕉阴读书图》。

题诗在魏晋时期还不多见，偶尔也有文人把诗文题在墙壁、石头、木板、树干之上，但是"蕉叶题诗"应该是刘氏的首创。比刘氏稍早的齐人徐伯珍曾用蕉叶写字，《南史》记载：

徐伯珍，字文楚，东阳太末人也。祖父并郡掾吏。伯珍少孤贫，学书无纸，常以竹箭、箬叶、甘蕉及地上学书。①

徐伯珍用蕉叶作纸，学书，还是一种蕉叶的实用，并无多少美感。另外，"蕉叶学书"的真实性也值得怀疑。这则故事在《南齐书》中也有记载，《南齐书》列传第三五：

徐伯珍，字文楚，东阳太末人也。祖父并郡掾吏。伯珍少孤贫，书竹叶及地学书。②

此处并未提及徐氏"蕉叶学书"，只是"书竹叶及地学书"。《南史》却作"竹箭、箬叶、甘蕉及地上学书"。《南齐书》是梁人所撰，年代更接近齐，所记应该更为可靠。《南史》是唐人李延寿所著，基本抄集古书而成，

———————————

① 李延寿《南史》，第1889页。
② 萧子显《南齐书》，第945页。

16

《徐伯珍传》一节文字基本同于《南齐书》，只是个别文字有篡改，应是抄录《南齐书》。虽然梁刘令娴曾题诗蕉叶，但在当时并未流行。"蕉叶题字"在唐代才颇为风行，唐人多有诗文题咏。因此，《南史》所言徐伯珍"蕉叶学书"一事极可能是李延寿根据唐代的风俗演绎而来，而并非史实。

芭蕉的人格象征在此时也有所表现，但此时芭蕉往往是"无行小人"的象征。梁沈约《修竹弹甘蕉文》全文用拟人的手法，诙谐有趣。芭蕉在文中是和修竹、兰、萱、松等芳香植物相对："而子夺乖爽，高下在心，每叨天功，以为己力。"① "窃寻甘蕉出自药草，本无芬馥之复；柯条之任，非有松柏后凋之心。"② 芭蕉无"药草"之实用，也无"芳草"之芬芳，更无"松柏""后凋之心"，自然价值的有限，导致其不为时人所看重。因此在沈约的文里，芭蕉只能是奸佞小人的象征。庾信《拟连珠二十四》："盖闻卷葹不死，谁必有心；甘蕉自长，故知无节。"③ 此诗隐喻自己在后周时期的失节之痛。芭蕉之"无节"和竹之"有节"对举，芭蕉的无节操与竹子的孤高形成对比。在唐之前，芭蕉乃是"无节"之辈的象征，几乎为人所不齿。

芭蕉的佛教色彩浓厚。这一阶段"芭蕉喻空"的作品在数量上占有绝对优势，共有8篇。芭蕉和菩提树、莲花都是佛教中重要的植物，后汉末年的佛经中就用芭蕉比喻佛理。到了魏晋南北朝时期，佛教兴盛，文人士大夫信奉佛教，交游僧人，研究佛经，阐释佛理，在当时成为一种时尚。深受当时佛学浸染的文人自然对佛经中常出现的芭蕉颇为熟悉，谢灵运就是其中之一。谢灵运出身贵族，文采斐然，且信奉佛教，

① 沈约《修竹弹甘蕉文》，沈约著，陈庆元校笺《沈约集校笺》，第106页。
② 沈约《修竹弹甘蕉文》，沈约著，陈庆元校笺《沈约集校笺》，第106页。
③ 庾信《拟连珠二十四》，庾信撰，倪璠注《庾子山集注》，第618页。

精通佛理。因此，他的很多诗文都渗透着佛学的意味，《维摩诘经十譬八赞》就是其中之一。《八赞》中有一篇《芭蕉》，曰：

生分本多端，芭蕉知不一。含萼不结核，敷华何由实。

至人善取譬，无宰谁能律。莫昵缘合时，当视分散日。[①]

陈寅恪在《禅宗六祖传法偈之分析》中说："考印度禅学，其观身之法，往往比人身于芭蕉等易于解剥之植物，以说明阴蕴俱空，肉体可厌之意。"[②]在魏晋南北朝时期，芭蕉这种寓意已经广为文人接受。芭蕉比喻人身不实、空无的观念广泛地反映在当时文人的作品中，如：

常恐虚蕉染惑，永结驶河；爱藤悬网，长垂苦岸。[③]

秾华易迁，繁蕉不实。[④]

而四生伙杂，八径纷纶，寿等芭蕉，业同泡沫。[⑤]

虚蕉诚易犯，危藤复将啮。[⑥]

"虚""不实"的自然属性成为这些文学作品表现的焦点，但基本是对佛教经典的引用，并不具备多少文学色彩。

二、芭蕉题材文学创作的社会文化背景

从现存的文献资料来看，东晋之前没有出现芭蕉题材的文学作品，"永嘉南渡"之后歌咏芭蕉的文学作品才崭露头角。究其原委，主要是长江以北极少见到芭蕉。芭蕉主要分布在温带和热带地区，很难在长

---

① 谢灵运《维摩诘经十譬八赞·芭蕉》，谢灵运著，顾绍柏校注《谢灵运集校注》，第 314 页。
② 陈寅恪《金明馆丛稿二编》，第 167 页。
③ 萧纲《为诸寺檀越愿疏》，《全上古三代秦汉三国六朝文》，第 3242 页。
④ 佚名《生老病死篇颂》，张溥编《汉魏六朝百三家集选》，第 399 页。
⑤ 佚名《比丘僧道略等造神碑尊像铭》，《全上古三代秦汉三国六朝文》，第 3878 页。
⑥ 庾肩吾《南城门老》，逯钦立辑校《先秦汉魏晋南北朝诗》，第 2005 页。

图05 ［明］文徵明《蕉林雅聚图》。(局部)

江以北地区存活，而在东晋南渡之前，文化中心主要是在北方，文人也主要生活在北方。东晋南渡之后，文人世族南徙，文化中心南移，芭蕉普遍进入文人的视野，从而被文人关注，成为文人言志抒情的载体。南方地区野生芭蕉比较普遍，游山玩水之际，自然有很多遭遇芭蕉的机缘。南朝齐梁时丹阳秣陵 (今江苏南京) 人陶弘景在《本草经集注》中称："(芭蕉) 本出广州，今江东 (按：指芜湖、南京长江河段以东地区) 并有，根叶无异，惟子不堪食耳。"[①]谢灵运《游名山志》："赤岩山水石之间唯有甘蕉林，高者十丈。"[②]赤岩山即赤石山，在今浙江定海县东北海滨。可见六朝江南之地，芭蕉极为常见。此时长江以南地区，相对比较富庶，兴建园林风气旺盛，无论是皇家园林还是私人园林，数量和规模比之北方地区，都有过之而无不及。在园林中，花

① 陶弘景《本草经集注》，转引自宋吴仁杰《离骚草木疏》卷二。
② 谢灵运《游名山志》，谢灵运著，顾绍柏校注《谢灵运集校注》，第275页。

19

草树木自然不可少，芭蕉也成为其中一员。

汉代芭蕉已经进入园林种植，想必六朝时期芭蕉栽种之风更浓。东晋芭蕉已经作为奇花异草进入了皇家园林，《晋宫阁名》："华林园有芭蕉二本。"①长江以南地区，芭蕉容易栽培，成活率极高，在当时的园林中，芭蕉应是常见植物。沈约《修竹弹甘蕉文》中的"苏台"就是当时的皇家园林，芭蕉就在"苏台"之侧，与修竹、兰花、萱草等同处一园。刘令娴《题甘蕉叶示人》一诗，所题诗的"甘蕉"应该是园林中芭蕉，这样才能达到示人的目的。庾信《奉和夏日应令诗》："衫含蕉叶气，扇动竹花凉。"②谢朓《秋夜讲解》："风振蕉苾裂，霜下梧楸伤。"③任昉《苦热诗》："既卷蕉梧叶，复倾葵藿根。"④都是写眼前之景，可见芭蕉在当时已经普遍种植。

另外一个主要原因就是佛教的兴起。六朝时期，世人崇尚佛老，文人大多研究佛经，精通佛理。芭蕉作为佛经中的常见词语，除了前面提到的佛经，东晋竺昙译《水沫所漂经》，刘宋那跋陀罗译《杂阿含经》卷一〇第二五六经，后秦鸠摩罗什译《摩诃般若波罗蜜经》和《禅秘要法》等佛经中都引用芭蕉来比喻佛理。芭蕉比喻佛理，在六朝时期是芭蕉的主要文化内涵，这在某种程度上也说明了芭蕉题材文学创作的稚嫩，独创性还不够。

---

① 引自欧阳询《艺文类聚》卷八七。
② 庾信《奉和夏日应令诗》，庾信撰，倪璠注《庾子山集注》，第298页。
③ 谢朓《秋夜讲解诗》，谢朓撰，曹融南校注《谢宣城集校注》，第262页。
④ 任昉《苦热诗》，《先秦汉魏晋南北朝诗》，第1600页。

第三节　唐五代——芭蕉题材文学创作的发展期

进入唐代，整个社会的经济文化出现了空前的兴盛，文学尤其是诗歌也相应地进入繁盛时期，出现了史上所说的"盛唐气象"。文学作品的题材相对于南朝时期更为丰富多样，由宫阁走向塞外，走向山水。在整个文学繁盛的背景下，芭蕉题材的文学创作也有了很大的发展。

一、唐五代芭蕉题材文学创作情况

（一）作品数量

相对六朝时期，唐五代时期芭蕉题材文学创作数量有着明显的增加。翻检《全唐诗》和《全唐诗补编》，芭蕉题材诗歌（含红蕉）共有17首，诗文中含有芭蕉意象128首；检索《全唐五代词》，芭蕉题材词1首，文中有芭蕉意象的9首；《全唐文》中收录芭蕉题材赋1篇，另外有13篇文提到芭蕉。统计所有涉及芭蕉题材和意象的文学作品共有168篇，是魏晋南北朝时期创作数量的9倍左右。芭蕉意象与题材文学作品相对于梅兰竹菊等强势的植物来说，在数量上不占优势，但是相对于自身的发展，已经有很大的进步。唐代编纂的作为诗文创作的工具书《艺文类聚》卷八七"果部"列有芭蕉条，收录了前代多篇诗文。这在一定程度上说明芭蕉在唐代已经广泛引起人们的兴趣，芭蕉已经高调地进入文人的审美视野。

（二）不同时期的创作情况

芭蕉题材与意象文学创作在初盛唐比较沉寂。六朝时期就有专题歌咏芭蕉的作品，但是在此后相当长的一段时间，芭蕉题材文学创作几乎是一片荒芜。初盛唐时期只有沈佺期、骆宾王、岑参、张说等少数几人的诗作中出现芭蕉意象，且在中唐以前没有出现专题歌咏芭蕉的文学作品。

中唐至五代时期，出现专题歌咏芭蕉的诗文。这一时期，柳宗元、姚合、李绅、钱起、杜牧、韩偓等16位文学名家都有专咏芭蕉的诗文创作。虽然数量不是很多，比起初盛唐时期整个芭蕉题材文学创作的空白来说已经是很大的进步。芭蕉意象在中唐之后出现的频率颇高，多达一百多处。唐人对其物色美感和情感意蕴都有较为深刻的把握。纵观整个唐五代时期，芭蕉作为意象的意义远远要大于作为题材的意义。

二、唐五代芭蕉题材文学创作特点

唐五代时期，芭蕉题材文学作品数量的增多意味着文人能够更加充分地认识和欣赏芭蕉，对芭蕉的审美特征和情感意蕴都有着较为深刻的发掘和表现。同时，红蕉的出现，为芭蕉大家族增添了一丝亮丽的色彩，丰富了芭蕉的美学范畴。

（一）题材丰富

唐代文人不仅歌咏芭蕉，还歌咏红蕉。古人所言的"红蕉"包括美人蕉属美人蕉和芭蕉属红蕉，二者皆形似芭蕉而略小，开红花，花色殷红，极具观赏性。[①]红蕉喜温不耐寒，"瘴水溪边色最深"[②]，一般只能"红蕉曾到岭南看"[③]，北方极少见。白居易从苏州移植白莲到洛阳，

---

① 古人将红蕉与美人蕉混为一种，对此笔者后文有专门论述。
② 李绅《红蕉花》，《全唐诗》卷八四三，第5495页。
③ 徐凝《红蕉》，《全唐诗》卷四七四，第5385页。

但是"红蕉朱槿不将来"①。唐人试图将红蕉向北方地区移植，刘昭禹《送人红花栽》，曰：

世上红蕉异，因移万里根。艰难离瘴土，潇洒入朱门。叶战青云韵，花零宿露魂。长安多未识，谁想动吟魂。②

红蕉已经从南方"瘴土"移植到长安，进入北方的园林种植。南方地区红蕉较为普遍，在镇江招隐寺就见到"红蕉腊月花"③，杭州也能"解衣临曲榭，隔竹见红蕉"④。白居易任忠州（今四川忠县）刺史时曾把"红蕉当美人"⑤。这些都是园林里人工种植的红蕉，普及度还不是很高。但是在蜀、广、闽、琼等地野生红蕉几乎到处可见：

图 06　黄幻吾《红蕉白凤图》。

① 白居易《种白莲》，《全唐诗》卷四四八，第 5044 页。
② 刘昭禹《送人红花栽》，《全唐诗》卷八八六，第 10019 页。
③ 骆宾王《陪润州薛司空丹徒桂明府游招隐寺》，《全唐诗》卷七八，第 852 页。
④ 朱庆馀《杭州卢录事山亭》，《全唐诗》卷五一四，第 5872 页。
⑤ 白居易《东亭闲望》，《全唐诗》卷四四一，第 4918 页。

江客渔歌冲白荇，野禽人语映红蕉。①

雨匀紫菊丛丛色，风弄红蕉叶叶声。②

可怜一曲还哀乐，重对红蕉教蜀儿。③

红蕉种植的北移和唐人漫游、出仕、贬谪经历的增多，红蕉就有了较多进入文人视野的机遇。在魏晋南北朝时期，文学作品歌咏的主要是芭蕉或甘蕉，这些蕉类植物花色平淡，主要以观叶为主，魏晋南北朝的文人很少把审美的目光投射到芭蕉的花上。谢灵运说"敷华何由实"，并不是着重于芭蕉花的物色美感，而是描画芭蕉的生物特性。红蕉花期长，色鲜艳，逐渐引起文人的注意。红蕉不仅可以观叶，也可观花，丰富了芭蕉的审美范畴。

（二）经典意象出现并成熟

"雨打芭蕉""蕉叶题诗""未展芭蕉""芭蕉喻空"等经典意象出现并成熟。统计晚唐五代时期的诗词文中芭蕉意象出现的次数："芭蕉喻空"36 处，"雨打芭蕉"26 处，"蕉叶题诗"23 处，"未展芭蕉"4 处，分别占唐代芭蕉题材与意象文学作品的 21.3%、15.4%、13.6%、2.3%。除了"芭蕉喻空"有 7 次是出现在文中，其余意象都是出现在诗和词两种文体中。"芭蕉喻空"早在东汉就在佛经中出现，其余基本上都是在晚唐之后才逐渐出现。这些意象广泛地被文人使用，体现了唐人对芭蕉认识程度的深入化和审美方式的多元化。

（三）艺术特点

唐五代时期芭蕉意象与题材文学创作，比六朝有了很大的发展。

---

① 陆龟蒙《奉和袭美吴中言怀寄南海二同年》，《全唐诗》卷六二五，第 7186 页。
② 杜荀鹤《闽中秋思》，《全唐诗》卷六九三，第 7978 页。
③ 罗隐《中元甲子以辛丑驾幸蜀四首》之三，《全唐诗》卷六六二，第 7592 页。

六朝时期，芭蕉题材作品或是描摹物态或是作为典故引用，基本上是"赋"的方法，"窥情风景之上，钻貌草木之中"①，艺术手法稚嫩。唐五代吟咏芭蕉多感物起兴，移情于物。正如韩偓《红芭蕉赋》中所说："大凡人之丽者必动物，物之尤者必移人。"②文人往往因芭蕉发生兴发感动，借芭蕉抒怀。如徐夤《蕉叶》：

图 07　红蕉。

　　绿绮新裁织女机，摆风摇日影离披。只应青帝行春罢，闲依东墙卓翠旗。③

此处写暮春之际具有旺盛生命力的芭蕉叶，浓绿高大，生机勃勃。看似纯写景物，但与六朝时期的直赋其事不同，字里行间体现着诗人礼赞蕉叶旺盛生命力的喜悦之情。又如杜牧《芭蕉》：

　　芭蕉为雨移，故向窗前种。怜渠点滴声，留的故乡梦。

① 刘勰《文心雕龙》，第 321 页。
② 韩偓《红芭蕉赋》，《全唐文》卷八二九，第 8738 页。
③ 徐夤《蕉叶》，《全唐诗》卷七一一，第 8187 页。

梦远莫归乡，觉来一翻动。①

这是第一首以"雨打芭蕉"为题材的文学作品。"夜雨芭蕉"的凄清之境激起诗人愁苦的情思，而诗人辗转反侧的客子之思为"夜雨芭蕉"蒙上一层哀伤愁怨的色彩，情因景起，景为情设。李绅《红蕉花》：

> 红蕉花样炎方识，瘴水溪边色最深。叶满丛深殷似火，
> 不唯烧眼更烧心。②

红蕉"不唯烧眼更烧心"，触发作者贬谪荒蛮之地的苦闷之情。此时芭蕉也渐渐被赋予象征意义，托物言志的作品也已出现。张咸《题黎少府宅红蕉花》：

> 不争桃李艳阳天，真对群芳想更妍。秋卷火旗闲度日，
> 昼凝红烛静无烟。肯与萍实夸颜色，要与芙蓉教后先。须信
> 完成翻有遇，赤心偏得主人怜。③

红蕉不与俗花争春，能与萍、荷比高下，赤心得主人怜爱。芭蕉俨然成为诗人所赞赏的某种人格的载体，名为咏蕉，实为咏志。

艺术手法上，多拟人、比喻。如钱珝《未展芭蕉》："冷烛无烟绿蜡干，芳心犹卷怯春寒。一缄书札藏何事，会被东风暗拆看。"④诗人没有正面描写芭蕉，而用绿蜡、芳心、书札来比喻芭蕉，"怯""藏"将芭蕉拟人化。比喻、拟人的手法展现未展蕉叶的可爱之处，准确生动地把握住未展蕉叶的神韵。晚唐韩偓《红芭蕉赋》：

> 瞥见红蕉，魂随魄消。阴火与朱华共映，神霞将日脚相
> 烧。谢家之丽句难穷，多烘茧纸。洛浦之下裳频换，剩染鲛绡。

---

① 杜牧《芭蕉》，《全唐诗》卷五二四，第 6008 页。
② 李绅《红蕉花》，《全唐诗》卷八四三，第 5495 页。
③ 张咸《题黎少府宅红蕉花》，陈尚君辑校《全唐诗补编》，第 1236 页。
④ 钱珝《未展芭蕉》，《全唐诗》卷七一二，第 8197 页。

鹤顶尽侔，鸡冠讵拟。兰受露以殊忝，枫经霜而莫比。赵合德裙间一点，愿同白玉唾壶。邓夫人额上微殷，却赖水晶如意。森森双双，脉脉亭亭。旧玉之差来若指，彤云之剪出如屏。莺舌无端，妒天桃而未咽。猩唇易染，羁浮蚁以难醒。在物无双，于情可溺。横波映红脸之艳，含贝发朱唇之色。僧虔密炬，烁桂栋以难藏。潘岳金釭，蔽绣帱而不隔。大凡人之丽者必动物，物之尤者必移人。不言而信，其速如神。所以月彩下蠙珠之水，梅酸生鹤嗉之津。宁关巧运，自含天真。有影先知，无声已认。体疏而意密，迹远而情近。天穿地巧，几人语绝色难逢。万古千秋，唯我眷红英不尽。[①]

赋中直接用阴火、朱华、神霞、日脚比喻红蕉的花色，用鹤顶、鸡冠、兰花、枫叶反衬红蕉之鲜红，用赵合德、邓夫人等历史上的美女来比拟红蕉之娇艳。通篇比喻拟人，可谓曲尽其妙。

三、唐五代芭蕉题材文学创作的社会文化背景

唐代芭蕉题材与意象文学作品的数量和质量，物色美感的把握和欣赏的方式，情感意蕴和象征意义比前代有了很大的发展，这在某种程度上和当时的社会文化背景具有内在的联系。

（一）芭蕉的分布及园林栽培

芭蕉的分布与园林栽培是芭蕉审美欣赏的重要物质条件，唐代芭蕉的分布地域较广，园林栽培较为普遍，为芭蕉审美欣赏提供了更多的契机。

芭蕉（包括甘蕉、红蕉）的自然分布主要在长江以南的亚热带、热带地区，蜀、粤、闽、琼等地野生芭蕉几乎到处可见。前文已经论

---

① 韩偓《红芭蕉赋》，《全唐文》卷八二九，第8737—8738页。

及早在汉代芭蕉已经引入黄河以北地区种植。唐代也有芭蕉在陕西种植的记载，明陈耀文《天中记》引唐末王仁裕《玉堂闲话》曰：

> 天水（今甘肃天水县）之地，迩于边陲，土寒，不产芭蕉。戎师使人于兴元求之，植二本于亭台间。每至入冬，即连土掘取之，埋藏于地窖。候春暖，即再植之。庚午辛未之间，有童谣曰："花开来里，花谢来里。"而又节气变而不寒，冬即和煦。夏即暑毒，甚于南中，芭蕉于是花开。秦人不识，远近士女来看者，填咽衢路。①

图08 李可染《怀素种蕉书蕉图》。

前文在论及红蕉之时也提到红蕉曾引入长安种植。可见，唐代芭蕉的分布区域明显比现在要广。

前面讨论芭蕉的分布，已经涉及芭蕉的园林种植。唐人开始营造园林中芭蕉主题的景点。姚合诗歌《题金州西园》九首分别题写了金州西园中的江榭、药堂、草阁、松坛、蓼径、垣竹、石庭、莓苔、芭蕉屏九处景点。《芭蕉屏》诗曰："数叶大如墙，作我门之屏。"②用丛生芭蕉作为屏障，极其雅

---

① 陈耀文《天中记》卷五三。
② 姚合《芭蕉屏》，《全唐诗》卷四九九，第5672—5673页。

致。怀素尝于故里种芭蕉万余株，以供挥洒，《清异录》记载：

> 怀素居零陵庵东郊，治芭蕉，亘带几数万，取叶代纸而书，号其所曰"绿天"，庵曰"种纸"。厥后道州刺史追作《绿天铭》。①

虽然怀素主要的目的是为了练习书法，但是无意间营造了一片蕉林。《清异录》"扇子仙"条又云：

> 南海城中苏氏园，幽胜第一。广主尝与幸姬李蟾妃微至此憩，酌绿蕉林，广主命笔大书蕉叶曰"扇子仙"。苏氏于广主草宴之所，起扇子亭。②

绿蕉配以建筑，相得益彰。这几处例子都可以看出唐人有意营建芭蕉主题景点，这些景点不仅风景秀美，并且极具人文色彩，芭蕉作为园林植物的地位逐步彰显。

图 09　蕉叶如扇。王元海摄

---

① 陶谷《清异录》卷上。
② 陶谷《清异录》卷上。

（二）芭蕉美术工艺产生

唐代出现了芭蕉题材的绘画和工艺品，在某种程度上说明了芭蕉审美的兴盛。

唐代的人物花鸟画已经逐步兴盛，芭蕉已成为重要题材。最著名的唐代芭蕉题材绘画作品要数王维的《袁安卧雪图》，但今天已经见不到这幅作品。最早记载这幅作品的是北宋沈括，其《梦溪笔谈》卷一七云：

书画之妙，当以神会，难以形器求也。如彦远《画评》言王维画物，多不问四时。如画花，往往以桃、杏、芙蓉、莲花同画一景。余家所藏摩诘《卧雪图》，有雪中芭蕉，此难与俗人道也。①

图 10 ［唐］孙位《高逸图》。（局部）

北宋至今 1000 多年，人们一直为"雪里芭蕉"的有无，芭蕉的寓意等问题争讼不休，以致这幅画的本名不为人熟知，而以"雪里芭蕉"代之。"雪里芭蕉"不仅成为后世绘画重要的题材，且成为文学作品中的重要的表现对象。从沈括的记载，我们可以知道芭蕉是这幅人物画的背景，王维《袁安卧雪图》

① 沈括撰，胡道静校注《新校正梦溪笔谈》卷七，第 169 页。

开创了人物芭蕉题材绘画的先河（对此笔者在第三章有专题论述）。

北宋时期编撰的《宣和画谱》收录中唐至五代时期著名的花鸟画家边鸾、黄筌、黄居宝、黄居寀四人的芭蕉题材作品四幅，分别是《芭蕉孔雀图》《红蕉下水鹤图》《红蕉山雀图》《红蕉山石图》。这些画作今天皆不可见，从画作的题目上看，芭蕉已经成为花鸟画中常见的题材。

芭蕉在唐代的工艺美术中也有应用。唐冯贽《云仙杂记》卷二曰：

李适之有酒器九品：蓬莱盏、海川螺、舞仙、瓠子卮、慢卷荷、金蕉叶、玉蟾儿、醉刘伶、东溟样。①

《说郛》引宋代郑獬《觥记注》曰："李适之七品曰：蓬莱盏、海山螺、舞仙螺、瓠子卮、幔卷荷、金蕉叶、玉蟾儿，皆因象为名。"②这两段文字差异不大，前一种文献记载了九种酒器；后一种

图 11 蕉叶纹。

文献记载了七种，除了个别酒器名称略有不同，还少了"醉刘伶""东溟样"两种。酒器"因象为名"，由此可知"金蕉叶"是形状上类似蕉叶的一种酒器，这种酒器到了宋代颇为常见，并且形成了一个词牌《金蕉叶》。另外宋代瓷器上常以蕉叶纹作为装饰，此花纹由蕉叶变形而来，线条流畅，造型优美，成为瓷器重要的装饰纹（如图11）。

---

① 冯贽《云仙杂记》卷二，第13页。
② 陶宗仪《说郛》卷九四下。

（三）社会文化经济中心南移

"永嘉南渡"之后，南方经济文化逐步繁盛。"安史之乱"后，北方地区陷入连年征伐，战乱频发，而南方地区相对来说偏安一隅，经济文化发展的速度渐渐超过北方。唐末时期的十国除了北汉之外，其余九国都在南方，在北方战乱之际，这些小国盘踞一方，经济文化相对比较繁荣。且此时文人士大夫多为逃离战乱，举族南迁。南唐、后蜀等小国君臣都爱好风雅，形成颇具规模的文学集团。这些地区又是芭蕉生长的最佳区域，芭蕉极为常见，这就为芭蕉走进文人审美视野提供了更多的契机。

图 12　白玉芭蕉仕女。故宫博物院藏。

四、关于《红芭蕉赋》及"红蕉名物"的考辨

下面两个专题分别考索晚唐文人黄滔是否作有《红芭蕉赋》《黄蜀葵赋》和红蕉名物的问题。

（一）《十国春秋拾遗》误将韩偓《红芭蕉赋》《黄蜀葵赋》归属黄滔的考辨

图 13　乾隆癸丑海虞周氏此宜阁校刊本《十国春秋》书影。

《十国春秋拾遗》（下文皆作《拾遗》）"闽"部下有一条：

> 黄滔诗如："寺寒三伏雨，松偃数朝枝。""青山寒带雨，古木夜啼猿。"又如《闻雁》："一声初触梦，半白已侵头。"与韩致光、吴融辈并游，未知孰是？滔以词赋名家，有《红芭蕉》《黄蜀葵》诸赋，皆脍炙人口。①

---

① 周昂《十国春秋拾遗》，吴任臣撰《十国春秋》卷一五五，第1749页。

最后这句又被《全唐文纪事》著录。①黄滔是否作有《红芭蕉赋》《黄蜀葵赋》呢？笔者认为此说甚是可疑。

《拾遗》说黄滔二赋"皆脍炙人口"，很值得怀疑。《四部丛刊》本《唐黄御史集》、文渊阁《四库全书》本《黄御史集》等各种版本皆没有收录《红》《黄》两篇赋。黄滔颇有文名，谢谔在《黄御史集序》中说："御史以文名于唐，而累叶蕃衍，盛大于闽中。"②后人也多品评其赋，最早的要数宋洪迈，其《容斋随笔》曰：

> 晚唐士人作律赋，多以古事为题，寓悲伤之旨，如吴融、徐寅诸人是也。黄滔，字文江，亦以此擅名。③

洪文随后列举了《马嵬》《馆娃》《陈皇后》《景阳》《秋色》诸赋。洪迈另有《黄御史集序》，曰：

> 《马嵬》《馆娃》《景阳》《水殿》诸赋，雄新隽永，使人读之废卷太息，如身生是时，目摄其故为文，若是其亦可贵已。④

元代成书的《氏族大全》曰：

> 黄滔，字文江，以赋擅名，有《景阳井》《馆娃宫》等赋。⑤

明杨慎《丹铅总录》云：

> 黄滔律赋如《明皇回驾经马嵬》云："日惨风悲，到玉颜之死处；花愁露泣，认朱脸之啼痕。褒云万迭，断肠新出于啼猿；

---

① 陈鸿墀辑《全唐文纪事》，第 596 页。
② 谢谔《黄御史集序》，引自黄滔《黄御史集》。
③ 洪迈《黄文江赋》，《容斋随笔·四笔》卷七。
④ 洪迈《黄御史集序》，引自黄滔《黄御史集》。
⑤ 无名氏《氏族大全》卷七。

秦树千层，比翼不如于飞鸟。"《景阳井》云："理昧复隍，处穷泉而讵得；诚乖驭朽，攀素缦以胡颜。"①

众人皆不提及《红》《黄》二赋，"脍炙人口"之说难以成立。

《拾遗》中这段文字多有错漏之处。嘉庆刻本中，"滔以词赋名家"的"滔"字前有个圆圈与上文隔开，圆圈一般在古书中用来隔断文字，《拾遗》刻本中多有此类用法。圆圈前面这段文字是有出处的。杨万里的《黄御史集序》其中有如下一段文字：

御史公之诗，如《闻新雁》："一声初触梦，半白已侵头。余灯依古壁，片月下沧洲。"如《游东林寺》："寺寒三伏雨，松偃数朝枝。"如《上李补阙》："谏草封山药，朝衣施衲衣。"如《退居》："青山寒带雨，古木夜啼猿。"此与韩致光、吴融辈并游，未知其何人徐行后长者也。②

《拾遗》在摘抄过程中，对原文的顺序有所改变、文字有所增删。《拾遗》曰："与韩致光、吴融辈并游，未知孰是？"这句话应该是出自杨万里《黄御史集序》："此与韩致光、吴融辈并游，未知其何人徐行后长者也。"两句的前半句相差无几，但是后半句出入较大，《拾遗》作"未知孰是"，杨文作"未知其何人徐行后长者也"。两句话的意思却颇有差异。杨万里用"并游"作比，品评黄滔的诗，认为与韩致光（韩偓）、吴融不分上下。韩偓与吴融都是晚唐文学名家，与黄滔同时，用二人作比，有推崇黄滔之意。《拾遗》中此句语义不通，颇令人费解。文字抄录也不是很严谨。《拾遗》刻本中多有空格和留白之处，此段文字中的"寺"字阙如，只有一个空格。周昂《十国春秋拾遗备考序》说：

---

① 杨慎《丹铅总录》，《升庵集》卷五三。
② 杨万里《黄御史集序》，引自黄滔《黄御史集》。

然浏览载籍，间有牵引附会者，则心如耿耿，有所未释，随笔札记约得三百条。①

但其随笔所记也不是很认真严谨，多有错漏之处，我们不禁对这条材料的可靠性产生怀疑。

特别值得注意的是《拾遗》这段文字中提到了韩偓，众所周知韩偓有《红芭蕉赋》《黄蜀葵赋》两篇。清瞿镛《铁剑铜琴楼藏书目录》卷一九曰：

《香奁集》后有《无题》诗四首，《浣溪沙》词二首，《黄蜀葵赋》《红芭蕉赋》二首。此从宋刻本影写。②

宋代韩偓的集子中就收录了这两篇赋，并且两篇赋流传至今。《拾遗》这段文字同时提及韩偓和《红》《黄》两篇赋，不可能是一种纯粹的巧合。《拾遗》刻本中这段文字中有个圆圈将文字分成两个部分，圆圈后面这句话极有可能不是说黄滔，而是说韩偓。韩偓曾避难闽地，《十国春秋》卷九五记载：

中州名士避地来闽，若李洵、韩偓、皆主于滔。③

在"闽部"黄滔之后介绍韩偓是极有可能的。因此，"滔"字应该是"偓"字的讹误，改成"偓以词赋名家，有《红芭蕉》《黄蜀葵》诸赋，皆脍炙人口"，问题就清楚了。

（二）"红蕉"名物考

"红蕉"在唐代已经开始广泛栽培，成为园林中的宠儿，并且成为文学、绘画等艺术形式的重要题材。目前，学术界普遍认为我国古代文

---

① 周昂《十国春秋拾遗备考序》，吴任臣《十国春秋》卷一一六，第 1779 页。
② 瞿镛《铁琴铜剑楼藏书目录》，第 524 页。
③ 吴任臣《十国春秋》卷九五，第 1373 页。

献记载的"红蕉"是美人蕉。《辞源》:"红蕉即美人蕉。形似芭蕉而略小,花色红艳,多生长于温热带。"[1]《中国农史辞典》:"红蕉即美人蕉科多年草本花美人蕉。"[2]《美人蕉属植物研究现状与展望》一文指出:

> 我国原产的仅有美人蕉(Canna indica L.)一种,古人因其叶酷似芭蕉,而花朵全红就称为红蕉,很早就有引种记载。[3]

图 14 美人蕉。

并且引述古代红蕉题材诗词为证。但是这种观点不免有失偏颇。我国古代植物存在同物异名和同名异物的情况,而"红蕉"就兼有这

---

① 《辞源(合订本)》,第1301页。
② 夏亨廉、肖克之编《中国农史辞典》,第19页。
③ 黄丽萍等《美人蕉属植物研究现状与展望》,《安徽农学通报》,2007年第12期。

两种。"红蕉"和"美人蕉"①在古代文献中是具有古今和雅俗关系的物名；古代文献中的"红蕉"包括现代植物分类学中的芭蕉属红蕉（Musa coccinea Andr.）和美人蕉属美人蕉（Canna indica L.）。

首先是同物异名。王国维《〈尔雅〉草木虫鱼鸟兽名释例》曰："物名有雅俗，有古今。"②"红蕉"和"美人蕉"就是物名之雅俗与古今之关系。

图 15　红蕉。

"红蕉"最早的文字记载出自初唐骆宾王的《陪润州薛司徒桂明府游招隐寺》："绿竹寒天笋，红蕉腊月花。"③此后"红蕉"逐渐为人所熟知，这个名称一直延续到现在，被其所指代的一个物种——芭蕉属红蕉——沿用。关于"美人蕉"的文字记载较晚，出现在南宋初年。南宋袁褧《枫窗小牍》记载：

广中美人蕉大都不能过霜节，惟郑皇后宅中鲜茂倍常，

---

① 本小节中所称红蕉、美人蕉有古文献与现代植物分类学之分，为了区分，凡是古籍中红蕉、美人蕉一律加引号，现代植物分类学中的红蕉和美人蕉一律不加引号。

② 王国维《〈尔雅〉草木虫鱼鸟兽名释例》上，《观堂集林》，第219页。

③ 骆宾王《陪润州薛司徒桂明府游招隐寺》，《全唐诗》卷七八，第852页。

盆盎溢坐，不独过冬，更能作花。此亦后随北驾，美人憔悴之应也。①

这是"美人蕉"最早的文献出处。此书成书于南宋初年，作者早年间居住汴京（今开封），后移居临安（今杭州），多记两地见闻。郑皇后是宋徽宗第二任皇后，《宋史》本传曰："郑皇后开封人也。"②"汴京破，从上皇幸青城。北迁，留五年，崩于五国城，年五十二。"③"此亦后随北驾，美人憔悴之应也"，应是指此。根据笔者收集的资料，宋代的文献只有这一处提及"美人蕉"，而元明清有较多记载。元明清文学作品中出现了大量的美人蕉题材和意象，笔者通过检索《四库全书》所收录元明清三代的文人别集，发现美人蕉出现频率与红蕉相当。

古代文献中，"红蕉"常常又被称作"美人蕉"。

红蕉，种自闽粤中来，一名兰蕉，俗名美人蕉。④

一种红蕉，花叶瘦，类芦箬。花色正红，如榴花，日折一两叶，其端各有一点鲜绿尤可爱，春开至秋尽犹芳，俗名美人蕉。⑤

红蕉，即美人蕉。⑥

美人蕉，闽中美人蕉一名红蕉。⑦

红蕉即美人蕉。⑧

---

① 袁褧《枫窗小牍》卷下，第28页。
② 托托等《宋史》卷二四三，第8639页。
③ 托托等《宋史》卷二四三，第8640页。
④ 陈继儒《致富奇书》卷二。
⑤ 李时珍《本草纲目》卷一五。
⑥ 高濂《遵生八笺》卷一六。
⑦ 陆廷灿《南村随笔》卷四。
⑧ 王棻编纂《永嘉县志》卷六《风土志》。

古人在诗词中也将"红蕉"称作"美人蕉"。如清代李调元《向成夏圃山长乞美人蕉》：

红蕉罗列讲堂中，绛帐都疑是马融。不识绿天诸侍女，有谁愿嫁白头翁。[1]

诗题中曰"美人蕉"，而诗文中却称"红蕉"，视二者为一物。

上述材料显示，"红蕉"俗名"美人蕉"，或"美人蕉"又名"红蕉"。"美人蕉"名之由来也可证明这一点。清陈寿祺《美人蕉》诗小序："白香山诗'红蕉当美人'，故俗有此名。"[2]此处白香山指中唐大诗人白居易，白居易在忠州（今四川忠县）任刺史时写了一首《东亭闲望》：

东亭尽日坐，谁伴寂寥身。绿桂为佳客，红蕉当美人。

笑言虽不接，情状似相亲。不作悠悠想，如何度晚春。[3]

"红蕉"和"美人"两个词汇在此最早联袂出现，于是"美人"就成为"红蕉"的另一种称谓。明何白《宿陈翊唐山斋》曰："绿酒称欢伯，红蕉字美人。"[4]明徐𤊹《题薛姬画芭蕉》曰："相思不寄崔徽笔，但写红蕉当美人。"[5]皆是此例。

由此可知，"红蕉"和"美人蕉"之间是一对具有雅俗、古今关系的物名。

其次，同名异物。"红蕉"是否就是美人蕉（Canna indica L.）呢？其实不然，古代文献中记载的"红蕉"包括现代植物分类学中的芭蕉属红蕉和美人蕉属美人蕉。

---

① 李调元《向成夏圃山长乞美人蕉》，《童山集》卷四二。
② 陈寿祺《美人蕉》，《绛跗草堂诗集》卷六。
③ 白居易《东亭闲望》，《全唐诗》卷四四一，第4918页。
④ 何白《宿陈翊唐山斋》，《汲古堂集》卷三。
⑤ 徐𤊹《题薛姬画芭蕉》，《幔亭集》卷一四。

现代普遍认为"红蕉"即美人蕉，但我们忽视了一个问题，自然界中还存在一种名红蕉的植物。红蕉，芭蕉科芭蕉属，形状类似芭蕉而略小，但其花却殷红无比，"花序直立，序轴无毛，苞片外面鲜红而美丽"①，具有极高的园林观赏价值。红蕉自然分布在热带和亚热带地区，北回归线以北地区难以成活，因此北人多不识。美人蕉，美人蕉科美人蕉属，花红色，我国南北各地均有栽培，是比较常见的园林花卉。二者具有一共同特质：花色殷红且形似芭蕉。

"红蕉"得名于其花色。北宋苏颂《本草图经》记载：

（花）红者如火炬，谓之红蕉；白者如蜡色，谓之水蕉；其花大类象牙，故谓之牙蕉。②

宋祁《益部方物略记》曰：

红蕉花，于芭蕉盖自一种，叶小，其花鲜明可喜。蜀人语染深红者，谓之蕉红，盖仿其殷丽云。③

唐徐凝《红蕉》云：

红蕉曾到岭南看，校小芭蕉几一般。差是斜刀剪红娟，卷来开去叶中安。④

古人将形似芭蕉而花鲜红色的植物称作"红蕉"。因为美人蕉类似芭蕉而略小，在古代基本被看作芭蕉类植物，又与植株略瘦、具有殷红色花的芭蕉属红蕉在外形上颇为相似，所以红蕉和美人蕉被混为一种并获得一个共同的名字——"红蕉"。

古代文献中"红蕉"记载的是现代植物分类学中红蕉属性。南宋

---

① 中国科学院中国植物志编辑委员会《中国植物志》第 16 卷第 2 分册，第 14 页。
② 苏颂《本草图经》，转引自《本草纲目》卷一五。
③ 宋祁撰《益部方物略记》。
④ 徐凝《红蕉》，《全唐诗》卷四七四，第 5385 页。

范成大《桂海虞衡志》是最早详细记述红蕉的著作，曰：

> 红蕉花，叶瘦类芦箬。心中抽条，条端发花，叶数层，
> 日拆一两叶，色正红如榴花荔子，其端各有一点鲜绿，尤可爱。
> 春夏开，至岁寒犹芳。①

此处记载的生物属性正是红蕉所具有的。《景观植物实用图鉴·宿根花卉 150 种》："红蕉，芭蕉科宿根花卉。春至夏、秋季开花，顶生，穗状花序，外苞鲜红色，先端带黄绿色，极鲜艳悦目。"②"其端各有一点鲜绿"就是"先端带黄绿色"；"条端发花，叶数层，日拆一两叶"，这正是红蕉花"顶生，穗状花序"的特点。因此，范成大所见的应该就是现代植物分类学中的芭蕉属红蕉。

文献中描写了两种色彩相近而形状迥异的"红蕉花"。

> 叶甚大，馆亭中多植之，卷心抽干作花，花初生大萼如
> 倒垂菡萏，有十数层，皆作瓣，渐大则花出瓣中，红黄色，
> 即本草所谓红蕉。③

> 红蕉即美人蕉。自东粤来者名美人蕉，其花开若莲，而
> 色红若丹，中心一朵，晓生甘露，其甜如蜜。④

> 芭蕉花，自东粤来者，名美人蕉，其花开若莲而色红如
> 丹。⑤

> 美人蕉，产福建福州府，其花四时皆开，深红照眼，经
> 月不谢。⑥

---

① 范成大《桂海虞衡志》。
② 薛聪编《景观植物实用图鉴》第一辑，第 69 页。
③ 俞西鲁编纂《镇江志》卷四。
④ 高濂《遵生八笺》卷一六。
⑤ 王路编《花史左编》卷四。
⑥ 王路编《花史左编》卷四。

红蕉即美人蕉，有二种，其一，叶小于芭蕉高四五尺，中心出红叶一片，大如掌，而后抽干作花，如菡萏缬红如炬，经霜始蔫。又一种叶更小，花瓣如兰，鲜明可爱，四时皆开，植之足供胜赏。[①]

美人蕉，叶大而尖如扇，曾复抱梗。花丛簇干上，尖长五出，参错不齐，如火焰色朱红。近蒂处带黄色圆蒂，如豆，上有黑点，结实可为数珠。[②]

花如菡萏大，色胜石榴红。[③]

写了两种不同的花形，一种花形若兰花，一种花状如莲花。兰花是总状花序，与美人蕉同，且今天美人蕉仍有"兰蕉"之别名（见图16）。

图 16　美人蕉花。

① 王棻编纂《永嘉县志》卷六。
② 邹一桂《小山画谱》卷上。
③ 沈初《红蕉》，《兰韵堂诗文集》卷八。

所以花若兰花，"花丛簇干上，尖长五出，参错不齐"的是美人蕉。莲花是穗状花序，"中心一朵"与红蕉同（见17）。芭蕉属植物花外形上与莲花颇为相似，晋嵇含《南方草木状》："（甘蔗）花大如酒杯，形色如芙蓉。"[①]因此，这种形状似莲花，花色殷红的蕉类植物是红蕉。

图 17　红蕉花。

古人已经注意到"红蕉"（或美人蕉）有两类。前引《花史左编》在目录中将美人蕉归属在芭蕉花条目之下，同卷中"美人蕉"出现两次，一种"自东粤来者"，强调其"花开若莲"；一种"产福建福州府"，着重其"四时开花"。美人蕉在热带亚热带地区可以常年开花，而红蕉只能春夏季开花，"四时开花"是美人蕉的生物属性。因此通过花期和花形将"美人蕉"区分成两类，分别是红蕉和美人蕉。前引《永嘉县志》，已经明确地将"红蕉"按照花形、花期、叶子大小分成两类。这种分类已经科学地区分出红蕉和美人蕉不同的生物属性。

　　清代学人已经认识到红蕉和美人蕉同名异物现象。吴其濬《植物名实图考》卷二六"美人蕉"条曰："闽广红蕉并非北地所生美人蕉，

① 嵇含《南方草木状》卷上，第 1 页。

44

但同名耳，余在广东见之。北地生者结黑子如豆，极坚，种之即生。"①
清张际亮也提出过这个问题，在《书院芭蕉》中说："鳌峰书院假山上
故有红蕉，闽人误谓之美人蕉者也。"②这两则材料并没有引起人们的
足够重视，以致今人仍然以讹传讹。

值得一提的是古代文献中的"美人蕉"也并不是特指美人蕉（Canna
indica L.），有些情况下指的是红蕉（Musa coccinea Andr.）。如前文所
引《遵生八笺》："自东粤来者名美人蕉，其花开若莲，而色红若丹，
中心一朵，晓生甘露，其甜如蜜。"此处描写的花是红蕉穗状花序，前
文已经论述，所以此处"美人蕉"指的是红蕉。

清宝鋆《波罗密蕉子二绝句》其二：

> 野云深处美人蕉，结子含浆分外娇。脱略俗氛欺艳雪，
> 王摩诘画好崇描。③

题目是咏"蕉子"，诗文中却指出其果实为浆果："结子含浆分外娇。"
美人蕉是蒴果，芭蕉属植物的果实为浆果，此处"美人蕉"也指红蕉。

综上所述，"美人蕉"之名出现远远迟于"红蕉"之名，二者具有古今、
雅俗之区别；古人所说的"红蕉"或"美人蕉"并非特指美人蕉（Canna
indica L.），而是包括红蕉（Musa uranoscopos.）。由于古人认识的局限性，
一直将美人蕉（Canna indica L.）误认为芭蕉类植物，将其与花色相近
的红蕉（Musa coccinea Andr.）混为一种，名实不符，以致红蕉湮没无闻。
本文通过爬梳文献资料，正本清源，具有一定的意义。

---

① 吴其濬《植物名实图考》卷二一六，第483页。
② 张际亮《书院芭蕉》，《思伯子堂诗集》卷六。
③ 宝鋆《波罗密蕉子二绝句》，《文靖公遗集》卷八。

第四节　两宋——芭蕉题材文学创作的繁荣期

宋代在唐之后将文学推向一次新的高峰，诗词文等文学样式都取得了极高的成就。芭蕉题材文学创作在唐人奠定的基础上稳步发展，出现了相对繁荣的状况。

一、宋代芭蕉题材文学创作情况

（一）作品数量

用"蕉"字检索电子版《全宋诗》，题目中含有"蕉"字的共94首，篇中含有"蕉"字的共616首（排除地名、其他物名）。通过仔细排查，以芭蕉为题材和主要意象的共有112首。用蕉字检索《全宋词》，共有117首，其中以芭蕉作为题材和主要意象的4首。这个数字和前代的所有创作相比，绝对数量大幅度增加。《全宋诗》中有17首关于芭蕉的唱和次韵诗歌，这些只有和诗或次韵，原韵已经亡佚。以王洋《和陈长卿赋芭蕉二首》为例，陈康伯，字长卿，南宋名臣，《全宋诗》只存其5首诗，并不见其赋芭蕉诗。由此可见，芭蕉题材的诗歌数量要远远多于流传下来的诗歌。

（二）文人唱和次韵和组诗

《全宋诗》中收录两宋时期文人以芭蕉（包括红蕉）唱和次韵的作品就多达17首，如梅尧臣《依韵和行之都官芭蕉诗》、吕陶《和红蕉二首》、王洋《和陈长卿赋芭蕉二首》、张镃《次韵酬张郎中赋水蕉四首》等。组诗有沈辽《观蕉叶二首》、姜特立《红蕉二首》、杨万里《芭蕉三首》

等。芭蕉作为次韵唱和组诗的题材出现，从某种程度上也说明了芭蕉题材创作的繁盛。

（三）题材增多

赵宋以前，文学作品所描写的主要是芭蕉（包括甘蕉）和红蕉两个品种，相对来说比较单一。宋代的诗词中出现了题咏胆瓶蕉、水蕉、盆蕉、芭蕉插花的文学作品。宋人才"更识胆瓶蕉"[①]，胆瓶蕉也是在宋代才成为文学作品歌咏的对象，楼钥有诗《戏题胆瓶蕉》曰：

图 18　铁树。

> 垂胆新瓷出汝窑，满中几荚浸云苗。瓶非贮水无由罄，叶解流根自不凋。露缀疑储陶令粟，风摇欲响许由瓢。相携同到绿天下，别是闽山一种蕉。[②]

周去非《岭外代答》卷八对胆瓶蕉有细致的描述：

> 胆瓶蕉，一根惟一身。离地寸许，其身特大，而其上渐小，至叶乃大开敷，长大，翠绿，正如胆瓶中插数枝蕉叶也。亭馆列植，尤可爱玩。亦名象蹄蕉，言如象蹄然。[③]

① 许开《水仙花》，《全宋诗》第四八册，第 30349 页。
② 楼钥《戏题胆瓶蕉》，《全宋诗》第四七册，第 29483 页。
③ 周去非《岭外代答》卷八。

其实胆瓶蕉并非芭蕉类植物，而是我们现在所熟悉的植物——铁树，铁树在古代又名火蕉、番蕉、凤尾蕉等，因其叶子酷似芭蕉，古人常将之视为芭蕉类植物，正如楼钥诗中所言"相携同到绿天下，别是闽山一种蕉"。

水蕉、盆蕉、芭蕉插花不是芭蕉的品种，而是芭蕉种植方式和花艺。尤其是水蕉这种种植方式，增加了芭蕉的审美韵味。宋人喜欢"绿叶分葩植水蕉"[①]，曾几有《水芭蕉》一诗云：

> 寒泉中有小峥嵘，种得芭蕉积渐成。一叶似抽人不见，坐窗头白眼犹明。[②]

此诗盛赞水芭蕉清新明媚。宋人已经熟练地掌握了水芭蕉的栽培方法：

> 种水芭蕉法：取大芭蕉根平切作两片，先用粪、硫黄酵土，须十分细。却以芭蕉所切处向下，覆以细土，当年便于根上生小芭蕉。才长二三寸许，取起作头子块切，连根种于石上，用棕榈细缠定根，下着小土，置水中。倾其土渐去，其根已附石矣。[③]

也可以看出，种植水蕉成为文人玩赏芭蕉的一种重要的方式。

二、宋代芭蕉题材文学创作特点

宋代文人对芭蕉的物色神韵把握更为深刻。唐代的文学作品已经对芭蕉的物色美感有着较为生动细致的描摹，但往往还是停留在形似的阶段。路德延"数岁时作，传于都下"的《芭蕉》云："一种灵苗异，

---

① 李含章《题武陵护戎林亭》，《全宋诗》第一册，第 599 页。
② 曾几《水芭蕉》，《全宋诗》第二九册，第 18584 页。
③ 吴攒《种艺必用》。

天然体性虚。叶如斜界纸，心似倒抽书。"[1]此诗比喻巧妙，但也只是体物精巧，缺少神韵。唐人咏芭蕉诗词并没有留下多少成功的范例，因此北宋初年还有"芭蕉诗最难作"[2]的说法。宋人继承学习了唐人体物精巧，但又进一步发展，芭蕉不仅是形色摇情的自然物色意象，而且成为主体深入观照、欣赏的审美对象。唐代诗人往往是侧重抒写因芭蕉在某种特定的机缘之下激起的情思，宋人却能深刻挖掘芭蕉本身所独有的物色神韵之美。比较杜牧《芭蕉》和杨万里《芭蕉雨》，可粗略窥其一二。杜牧《芭蕉》是第一篇以"雨打芭蕉"为主要表现对象的文学作品，但是诗人的关注点不是"雨打芭蕉"本身，而是宣泄内心遭遇特定境遇的情思。因此，杜牧诗是景为情设，情胜于景。杨万里《芭蕉雨》：

图 19 ［清］禹之鼎《芭蕉仕女图》。

　　　芭蕉得雨便欣然，终夜作声清更妍。细声巧学蝇触纸，大声锵若山落泉。三点五点俱可听，万籁不生秋夕静。芭蕉

---

① 路德延《芭蕉》，《全唐诗》卷七一九，第8255页。
② 陶谷《清异录》卷上。

自喜人自愁，不如西风收却雨即休。①

细腻地描摹"雨打芭蕉"之声，轻重缓急，节奏清晰，颇有"大珠小珠落玉盘"之美。"芭蕉自喜人自愁"，诗人超脱日常情感的束缚，忘情于"雨打芭蕉"的音乐之美中。杨诗将"雨打芭蕉"作为独立自足的审美对象，情景互生，情融景中。从咏物技巧上来说，杜牧物我之间"隔"，物与我之间还有一定的距离，而杨万里做到物我不"隔"，物我相融。《朱子语类》记载：

（朱熹）举南轩诗云："卧听急雨打芭蕉。"先生曰："此句不响。"曰："不若作'卧闻急雨到芭蕉'。"②

可见，宋人已经注重"雨打芭蕉"声音效果，对此独特之境有着颇深的体悟。尤其宋人一些看似无所寄托的咏物诗词更见芭蕉之神韵。张镃《菩萨蛮·芭蕉》：

风流不把花为主，多情管定烟和雨，潇洒绿衣长，满身无限凉。　　文笺舒卷处，似索题诗句。莫凭小栏杆，月夜生夜寒。③

词人仅以"潇洒绿衣长，满身无限凉"两句对芭蕉作正面描写。"绿衣长"紧紧抓住芭蕉叶浓绿宽大的自然特质。"满身无限凉"，并非触觉的感受，词人用了通感的手法，"凉"是"触目惊心"，颇为传神。开篇两句更是紧紧把握芭蕉的神韵，潇洒风流，不以花色媚俗，烟雨中更见清雅不俗品格。下片写芭蕉叶舒卷，似向人索取题诗。一个"索"字，情趣顿生，蕉与人之间进行了一次灵魂的互动。末句"月夜生夜寒"

---

① 杨万里《芭蕉雨》，《全宋诗》第四二册，第 26206 页。
② 黎锦德编《朱子语类》卷一四〇。
③ 张镃《菩萨蛮》，《南湖集》卷一〇。

营造出凄清之境，将蕉与人笼罩其中，哀而不伤。词人抓住芭蕉的特点，将其人格化，物我融洽，不粘不脱。精心炼象，遗貌取神，深得芭蕉之神韵。又如杨万里《芭蕉三首》其二：

> 萧萧洒洒复婷婷，一半风流一半清。不为暑窗添午荫，却来愁枕作秋声。[①]

诗人力求神似，芭蕉之潇洒玉立丰姿，清雅风流神韵呼之欲出。

图 20　残蕉。徐波摄

　　六朝至五代的文学作品中芭蕉所蕴含的情感意蕴主要以悲情为主，或是客居思乡，或是闺阁愁怨。唐代诗词中，文人往往因芭蕉未展、雨打芭蕉激起内心的愁怨。两宋期间，芭蕉题材诗词情感上出现积极喜悦的气象，追求隐逸闲适之趣。宋人多喜种花艺木，芭蕉是宋人喜爱种植的一种花卉，从诗歌中可窥一斑：

---

① 杨万里《芭蕉三首》其二，《全宋诗》第四二册，第 26255 页。

试谋十亩膏腴地，丹荔青蕉获我心。①

一亩芭蕉圃，如今要自锄。②

为爱青青无俗韵，故教移植傍庭隅。③

《全宋诗》中就有 11 篇以种蕉为题材的诗歌。宋人多能体悟种蕉赏蕉之乐，如张耒《种芭蕉》：

幽居玩芳物，自种两芭蕉。空山夜雨至，滴滴复萧萧。

凉叶泛朝露，芳心展夕飙。东堂日虚静，秀色慰无聊。④

诗人在种蕉赏蕉的过程中充分地体味芭蕉的物色以及神韵之美，诗人心胸得到芭蕉的涤荡，归为澄净清虚，心与物相融洽。就连唐代诗词中总是充满悲情色彩的"雨打芭蕉"在张耒的笔下也有了新的趣味，空山夜雨，滴滴萧萧，静穆空灵，洗涤心灵，颇显冲和气韵。曾几《种芭蕉》云：

僧窗谁与晤，有竹两三竿。栽培费老手，方法传多端。

朝朝问无恙，暮暮愁其干。调护阅三载，今年遽凋残。芭蕉虽小草，长大不作难。一身菡萏然，万窍玲珑间。满中贮春水，烈日何能干。以兹阴凉叶，代彼青琅玕。但恐质柔脆，不堪岁祁寒。人生无牢强，当作如是观。⑤

种蕉比种竹要闲适安逸。芭蕉和竹子相比，栽种比较简便，不必精耕细作，成活率高，而且芭蕉可以"以兹阴凉叶，代彼青琅玕"。炎炎夏

---

① 李纲《次贵州二首》其二，《全宋诗》第二七册，第 17730 页。
② 林亦之《江楼陪范长官宴自警一篇戏呈郑主簿》，《全宋诗》第二〇册，第 13094 页。
③ 喻良能《次韵周希稷咏芭蕉》，《全宋诗》第四三册，第 26995 页。
④ 张耒《种芭蕉》，《全宋诗》第二十册，第 13094 页。
⑤ 曾几《种芭蕉》，《全宋诗》第二九册，第 18510 页。

图21 ［明］文徵明《蕉林雅聚图》。（局部）

日中芭蕉的农阴更显清凉,不仅带来身体上的舒适,也带来心理的慰藉。

楼钥曾以芭蕉为庵, 其《蕉庵杂言》曰:

> 环植峦蕉数十株, 幻成方丈一屠苏。几重青苍两边合,
> 四壁穿空一物无。早凉日薄坐其下, 爽气肃飒风来徐。此为
> 天下易生物, 不多岁月真可庐。王恺谩夸紫步障, 石崇安得
> 青珊瑚。寓居得地不亩许,好事便可传规模。顾余老矣岂久处,
> 后来得此自足娱。若谓霜雪成摧枯, 环台瑶室今何如。①

芭蕉易生, 以蕉为庵, 清爽宜人, "早凉日薄坐其下, 爽气肃飒风
来徐", 体现诗人闲适之趣。

---

① 楼钥《蕉庵杂言》,《全宋诗》第四七册, 第 29401 页。

宋人多有种蕉的经历，长时间与芭蕉近距离接触，发现了蕉阴之美。诗人描写蕉阴多是盛夏之际的芭蕉：

> 凤翅摇寒碧，虚庭暑不侵。①
>
> 炎蒸谁解换清凉，扇影摇摇上竹窗。②
>
> 清风来处远，袢暑坐中消。③
>
> 薄晚归来烟已苍，蛮蕉一叶障斜阳。④
>
> 夜半偏能延月住，暑深长是挹凉来。⑤
>
> 摇摇如扇叶，风颤午窗阴。⑥
>
> 闭窗得阴多，凉箪惊雨细。⑦
>
> 与君障夏日，羽扇宁复持。⑧

生理上的快感必将带来精神上的愉悦。文人渐渐突破蕉阴的写实，突破生理上的感受，着重抒写闲居之时的清雅之趣，如：

> 拨泥寻笋脉，扫地引蕉阴。⑨
>
> 棕篱蕉落贮秋阴，睡足萧然学越吟。⑩

宋人玩赏蕉阴对后人有着深远的影响，清人李渔对蕉阴之美之趣有着极高的推崇：

> 蕉之易栽，十倍于竹，一二月即可成阴。坐其下者，男

① 姚孝锡《芭蕉》，《全宋诗》第三三册，第 20883 页。
② 曾协《芭蕉》，《全宋诗》第三七册，第 23023 页。
③ 楼钥《水蕉》，《全宋诗》第四七册，第 29483 页。
④ 楼钥《蕉庵清坐》，《全宋诗》第四七册，第 29484 页。
⑤ 陈宓《西窗芭蕉》，《全宋诗》第五四册，第 34092 页。
⑥ 赵时韶《芭蕉》，《全宋诗》第五七册，第 35894 页。
⑦ 周紫芝《次韵元中芭蕉轩》，《全宋诗》第二六册，第 17125 页。
⑧ 朱熹《丘子野表兄郊园五咏》其四，《全宋诗》第四四册，第 27466 页。
⑨ 舒岳祥《暮春山居呈山甫正仲》，《全宋诗》第六五册，第 40963 页。
⑩ 晁说之《自咏》，《全宋诗》第二一册，第 13733 页。

女皆入画图，且能使台榭轩窗尽染碧色，"绿天"之号，洵不诬也。[①]

蕉阴最早在文学作品中得到表现，渐渐被绘画所借鉴。南宋有佚名之作《蕉阴击球图》，蕉阴之下，击球为乐，别有一番闲适情趣。明清此类题材绘画更是层出不穷。明四家中三位有蕉阴题材绘画流传后世：沈周《蕉阴弄琴图》《蕉阴琴思图扇》、文徵明《蕉阴仕女图》、仇英《蕉阴清夏图》。另外还有明闵贞《蕉阴仕女图》、清萧晨《蕉阴听琴图》等，蕉阴之下，或是高士或是仕女，或高逸或闲适。蕉阴不仅是夏日纳凉之所，更是文人清雅人格的体现。

宋代诗词中，芭蕉常常与荷、竹联咏。荷、竹在宋代已经获得比较稳定的象征意义，具有极高的地位。芭蕉与这些植物联咏，在一定程度上也使芭蕉的地位获得提高。宋代所咏之蕉，往往是配以清泉，饰以怪石。这固然是对芭蕉种植方式的写真，但也是经过文人审美眼睛过滤。刚柔相济的搭配，更体现芭蕉清健之气。花与女子相比拟，是传统的描写方式。宋前往往是以女子来描写红蕉花容花色，两宋期间的文学作品也常用女子来比喻芭蕉的神韵。如前面所引张镃《菩萨蛮》，就以风流俊俏绿衣女子比喻芭蕉神韵，重神不重貌。又如王铚《芭蕉》：

> 六曲栏干院宇深，影连苔色昼沉沉。已将虚实论因果，尤称风流写醉吟。梦短不禁帘外雨，愁多常怯槛边阴。可怜今古无穷恨，卷在凋零如寸心。[②]

此诗中用拟人手法描写芭蕉，五六两句已经不是物色与女子容貌之间

---

① 李渔《闲情偶寄》卷五，第271页。
② 王铚《芭蕉》，《全宋诗》第三四册，第21303页。

图 22　［明］文徵明《蕉阴仕女图》。（局部）

相似性的比喻，而是抓住两者之间精神相通之处，渲染芭蕉愁怨神韵，不见脂粉香艳气息。七八两句更是增加了这种愁怨的深度，原本的儿女情长、怀远思人的情感转变成"古今无穷恨"，原本的"闺阁之心"变成了俯视今古、包揽宇宙的博大心胸，获得了更为深广的意义。南宋逐渐出现了以男子比喻芭蕉的作品，如林宪《芭蕉》：

　　　　芭蕉我所爱，明洁而中虚。禅房富灵根，颇似人清癯。[1]

芭蕉"明洁""中虚"，如同清癯的方外之人。又如：

　　　　露缀疑储陶令粟，风摇欲响许由瓢。[2]

　　　　猎猎水芭蕉，如将隐士招。[3]

---

① 林宪《芭蕉》，《全宋诗》第三七册，第 23100 页。
② 楼钥《戏题胆瓶蕉》，《全宋诗》第四七册，第 29483 页。
③ 楼钥《水蕉》，《全宋诗》第四七册，第 29483 页。

以貌取人通体似，其心如我别般春。

图23 ［明］文徵明《蕉石鸣琴图》。（局部）

诗歌以高士、隐者等形象比喻芭蕉，和宋人审美认识的发展有着一定的关系，反映了芭蕉品格在两宋时期的高涨。

两宋期间，儒学复兴，儒家义理深得人心，士人重视自我人格的构建，"比德"意识高涨。梅、荷等植物都在宋代完成了人格象征的转变，芭蕉在宋代的人格象征也发展成熟，形成共识。北宋张载《芭蕉》：

芭蕉心尽展新枝，新卷新心暗已随。愿学新心养新德，

———————————
① 方岳《次韵红蕉》，《全宋诗》第六一册，第38409页。

旋随新叶起新知。^①

诗中"新枝""新心"比喻"新德""新知"。而"此篇借物形容人心生生之理无穷"^②,"观物性之生生不穷以明义理之源源无尽"^③,体现了理学家德智并进的积极向上的人生追求。此诗得到后世儒生极大的推崇,清钱大昕《养新录》就得名于此,其《十驾斋养新录序》云:

> 先大夫尝取"养新"二字榜于读书之堂,大昕儿时侍左右,尝为诵之,且示以温故知新之旨。^④

"未展芭蕉"在北宋年间脱去了形容女子愁心暗结的脂粉气息,和儒家修身养性相联系,完成了芭蕉象征意义的一次升华。又如北宋狄遵度《咏芭蕉》:

> 植蕉低檐前,双丛对含雨。叶间求丹心,一日视百腑。
> 胸中数寸赤,不惜为君吐。心尽腹亦空,况复霜雪苦。非无
> 后凋意,柔脆不足御。^⑤

芭蕉胸怀赤子之心,虽然身躯柔脆,但却像松柏一样,怀有"后凋"之意。诗人完全是借芭蕉浇自己心中块垒,芭蕉成为人格的外化载体,与诗人形成了"异质同构"的关系,体现了诗人一片赤诚、坚韧不拔的人格追求。

北宋韦骧也是极力推崇芭蕉的一位文人,他有三首咏芭蕉的诗,提出了芭蕉"品格",其《自宝丰镇移红蕉于永阳后圃》云:

> 为爱红蕉品格殊,移根千里涉崎岖。不知今岁秋阳里,

---

① 张载《芭蕉》,《全宋诗》第九册,第 6281 页。
② 熊节编,熊刚大注《性理群书句解》卷四。
③ 熊节编,熊刚大注《性理群书句解》卷四。
④ 钱大昕《十驾斋养新录序》,《十驾斋养新录》,第 7 页。
⑤ 狄遵度《咏芭蕉》,《全宋诗》第四册,第 2312 页。

能有丹心似旧无。①

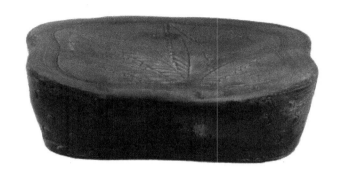

图24　宋代绿釉蕉叶纹如意形枕。丰城市博物馆藏。

　　诗人爱蕉已经不是因为其物色芳艳，而是爱其"品格"，欣赏其"秋阳"里的一枚"丹心"。这种"品格"在其《红蕉》诗中阐述得更为清晰：

红蕉秀南土，对植燕堂阴。每为开青眼，唯怜吐赤心。

华丹天赋异，凋瘁岁寒深。拟夺兰荃誉，殷勤约共吟。②

　　芭蕉的"赤子之心"在作者的心目中"夺兰荃誉"。宋人多用赤心来写芭蕉，如：

瘦竹犯寒扶直节，蕉花垂老抱丹心。③

素不生枝节，人皆见赤心。④

① 韦骧《自宝丰镇移红蕉于永阳后圃》，《全宋诗》第十三册，第8549页。
② 韦骧《红蕉》，《全宋诗》第十三册，第8583页。
③ 郑刚中《栽竹种红蕉后数日阻雨不见赋小诗》，《全宋诗》第三十册，第19103页。
④ 赵时韶《芭蕉》，《全宋诗》第五七册，第35894页。

绿章封事今无用，空对西风抱赤心。①

这无疑都使芭蕉获得了较高的"比德"意义。

第五节　元明清——芭蕉题材文学创作的延续期

芭蕉题材文学创作在走过宋代的繁盛之后，沿着创作的惯性在元明清时期继续发展，并出现了一批优秀的文学作品。

一、元明清芭蕉题材文学创作情况与特点

元明清时期咏芭蕉题材文学在前代的基础上持续发展，但无论是数量还是质量上都没能超越前代。统计《四库全书》金元明时期别集，咏芭蕉或以芭蕉为主要意象的诗歌只有 91 首，题画诗占有近半数之多。意象提炼，意境营造，艺术手法基本沿袭是前人，独创性不够。但此时芭蕉意象与题材的文学创作也表现出自己的特色：题画诗增多，在叙事文学作品中地位突出。

纵观元明清时期，画家常常又是文学家，他们用绘画的手法表现芭蕉，同时又用文字书写芭蕉。其中代表作家有沈周、徐渭、朱耷、金农等。沈周是明中期"吴门画派"的领袖，爱画蕉，曾经"友人索雪图误写蕉石"②，明人吴宽曾在《芭蕉》诗中盛赞"我思石田生，秋色填满腹，腹中抑郁无奈何，信手写之忽盈幅"③。沈周有四首咏蕉诗歌和一篇著名的《听蕉记》。后者是一篇难得的美文。

夫蕉者，叶大而虚，承雨有声。雨之疾徐、疏密，响应不忒。

---

① 黄庚《芭蕉》，《全宋诗》第六九册，第 43595 页。
② 沈周《友人索雪图误写蕉石》，《石田诗选》卷八。
③ 吴宽《芭蕉》，《家藏集》卷三。

然蕉何尝有声，声假雨也。雨不集，则蕉亦默默静植；蕉不虚，雨亦不能使为之声。蕉雨固相能也。蕉静也，雨动也，动静戛摩而成声，声与耳又相能相入也。迨若匝匝插插，剥剥滂滂，索索渐渐，床床浪浪，如僧讽堂，如渔鸣榔，如珠倾，如马骧，得而象之，又属听者之妙也。长洲胡日之种蕉于庭，以伺雨，号"听蕉"，于是乎有所得于动静之机者欤？①

信笔写来，描写议论相结合，细致生动地状蕉雨之声，体悟听蕉之趣，阐发哲理，情趣盎然。

徐渭是芭蕉绘画史上具有革命意义的一位画家，作有二十多幅芭

图25　［明］沈周《蕉阴弄琴图》。

蕉题材绘画。他改变了以往芭蕉绘画中的双线勾勒填色的技法，而是采用水墨渲染的手法，用大写意表现芭蕉，对后世芭蕉绘画有着巨大的影响。徐渭共有12首咏芭蕉的诗歌，其中11首为题画诗。徐渭曾自言"老夫最爱是芭蕉"②，并在"青藤书屋"种有一丛芭蕉，且高赞芭蕉"玉兰为媵姊，木笔为曾玄"③。徐渭绘画中往往用写意的手法，

---

① 沈周《石田诗文钞》。
② 徐渭《芭蕉》，《徐渭集》，第1324页。
③ 徐渭《芭蕉花》，《徐渭集》，第312页。

图26　［明］徐渭《墨花·芭蕉》

将芭蕉、梅花、怪石同置一幅，题诗歌咏，语言浅显平易，一改以往芭蕉纤弱形象，呈现出一种粗犷不羁之美。如其《芭蕉梅花》："冻烂芭蕉春一芽，隔墙贻笑老梅花。世间好物难兼得，捡了鱼儿又吃虾。"[①]嬉笑怒骂，颇具老辣之美。

清代的八大山人、金农、李鳝、郑板桥、吴昌硕等著名画家都有咏芭蕉诗作，大多数都是题画诗。元明清时期兴起芭蕉题画诗的高潮，这一定程度上是芭蕉题材的文人画繁盛的缘故。

明清时期戏剧、小说等叙事文学高度发展，芭蕉也逐渐在叙事文学作品中占有一席之地。芭蕉比较常见于叙事文学中的景色描写，最有代表性的要数《红楼梦》。《红楼梦》中多处描写芭蕉，用力最多的是"怡红院"中的"棠红蕉绿"。

　　院中点衬几块山石，一边种着数本芭蕉，那一边乃是一棵西府海棠，其势若伞，丝垂翠缕，葩吐丹砂。[②]

"怡红院"是"怡红公子"贾宝玉的住处，"红香绿玉"是"怡红院"主要植物，红的海棠与绿芭蕉对植，配以山石，清雅幽静，生机盎然。这一景物在《红楼梦》中不仅是作为环境描写存在，而且还暗示着人物的性格和命运，海棠和芭蕉一直吸引着红学研究者的兴趣。

---

① 徐渭《芭蕉梅花》，《徐渭集》，第 1311 页。
② 曹雪芹《红楼梦》，第 144 页。

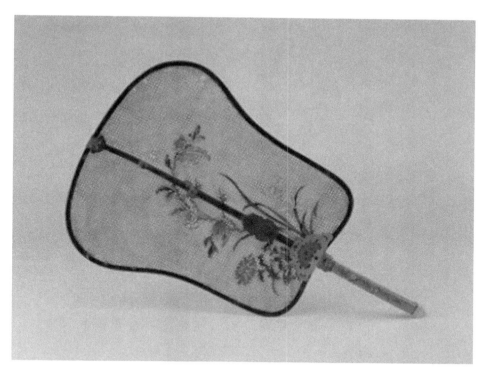

图27　清中期牙丝编地花卉芭蕉扇。故宫博物院藏。

芭蕉成为叙事文学中推动情节发展的重要因素。《西游记》五十九回至六十一回孙悟空三调芭蕉扇，芭蕉扇成为推动故事情节的核心要素。明单本传奇《蕉帕记》，后又被改编成小说《蕉叶帕》，男女主人公通过"蕉叶题诗"相爱相恋，终成眷属。"蕉叶题诗"是叙事文学中喜欢描写的风流雅事。《镜花缘》第四十九回《泣红亭书叶传佳话 流翠浦搴裳觉旧踪》小山用竹签在蕉叶上抄录文字："将蕉叶放在几上，手执竹签，写了数字，笔画分明，毫不费事，不觉大喜。"①又如《品花宝鉴》第五十回《改戏文林春喜正谱 娶妓女魏聘才收场》：

前面一个见方院子，种些花草，摆些盆景，支了一个小卷篷。后面一带北窗，墙子内种四、五棵芭蕉，叶上两面皆

① 李汝珍《镜花缘》，第232页。

图 28　清光绪黄地粉彩芭蕉花卉纹圆花盆。

故宫博物院藏。

写满了字，有真有行，大小不一，问春喜道："这是你写的么？
悬空着倒也难写。"春喜道："我想'书成蕉叶文犹绿'之句，
自然这蕉叶可以写字。我若折了下来，那有这许多蕉叶呢？
我写了这一面，又写那一面。写满了又擦去了再写。"①

"书成蕉叶文犹绿"曾出自《红楼梦》中贾政之口，第十七回《大
观园试才题对额 荣国府归省庆元宵》：

宝玉道："如此说，匾上则莫若'蘅芷清芬'四字。对联则是：
吟成豆蔻才犹艳,睡足酴醿梦也香。""贾政笑道："这是套的'书
成蕉叶文犹绿'，不足为奇。"众客道："李太白'凤凰台'之
作，全套'黄鹤楼'，只要套得妙。如今细评起来，方才这一联，
竟比'书成蕉叶'犹觉幽娴活泼。视'书成'之句，竟似套

---

① 陈森《品花宝鉴》，第711—712页。

此而来。"贾政笑道："岂有此理！"①

可见在场众人皆熟知此联。《时古类对》录有此联，全文是："书成蕉叶文犹绿，吟到梅花句亦香。""蕉叶题诗"原本只在诗词中被歌咏，但随着叙事文学的异军突起，被"移花接木"为推动故事情节和塑造人物服务了。

纵观古代文学创作，芭蕉作为意象的意义要远远大于作为题材的意义。芭蕉的专题创作相对贫乏，名家名作不多，而"雨打芭蕉""蕉叶题诗""蕉叶覆鹿"等景象却是文人乐于吟咏和使用的意象，多有名篇佳句，从而奠定了芭蕉意象在文学史中的地位。芭蕉意象在整个植物意象群中，居于二三流的位置，无法和梅竹兰菊等平分秋色，这和其分布区域、实用价值等具有一定的关系。芭蕉是热带植物，分布于热带亚热带地区，长江以北栽培就难以成活。芭蕉属于草本植物，可食用和可用来纺织的品种都生长在热带地区。我国古代以北方为文化中心，芭蕉分布区域的局限性限制了人们的接触，因此难以进入文人们的审美视野。"永嘉南渡"之后，芭蕉才逐渐为人们所熟知，成为文人乐于观赏和表现的对象。此后，随着南方经济文化的兴盛，芭蕉也获得更多文学表现的机遇，尤其是中唐之后，芭蕉的园林栽培更为普遍，欣赏方式也逐渐多样化，芭蕉从而为人们所熟悉，成为文学中重要的植物意象之一。

---

① 曹雪芹《红楼梦》，第 143 页。

第二章　芭蕉的审美形象及艺术表现

尽管相关创作起步较晚，发展也不够普遍，但千百年来还是出现了为数不少的作品，表达了人们对芭蕉形象的深切认识和美好感受，体现出丰富的观赏经验和审美情趣。下面从物色美和神韵美两个方面加以总结，并且对具有丰富意蕴的"雨打芭蕉"意象进行专题论述，力图全面、多层次地展现古代文学中芭蕉题材文学创作的特点。

第一节　物色美

"物色美是指植物的生物特性种质体现出的美感"①，对于芭蕉来说，主要指叶、花、姿态等方面的形象特征以及整体显现的独特风韵。芭蕉题材文学的专题创作在以上几个方面有着深刻的认识和准确的把握，展示了芭蕉独特的审美价值。

一、蕉叶美

芭蕉以观叶为主，"蕉之可爱在叶"②，蕉叶之形状和色彩都极其引人瞩目。

（一）形状之美

宋人朱弁《风月堂诗话》对蕉叶之美有精彩的论述，曰：

---

① 程杰《论中国文学中的杏花意象》，《江海学刊》，2009 年第 1 期。
② 屈大均撰，邓光礼等注《广东新语》，第 603 页。

草木之叶大者，莫大于芭蕉。晁文元《咏芭蕉》诗云："叶外更无叶。"非独善状芭蕉，而对之曰："叶中别有心。"其体物亦无遗矣。①

晁文元即晁迥，字明远，谥文元，北宋初著名文人。朱弁所征引晁迥的两句诗准确生动地描绘出蕉叶两种最富特征的形象：蕉叶硕大、未展蕉叶。

1. 蕉叶硕大。《南方草木状》曰："芭蕉，草类，望之如树，株大者一围余，叶长一丈或七八尺，广尺余。"②《齐民要术》卷一○引《异物志》："叶大如筵席。"③《清异录》称芭蕉为"帝草"④。古代文学中常常表现芭蕉叶之大，如：

芭蕉叶大栀子肥。⑤

无端大叶映莲幕。⑥

图 29　蕉叶似凤尾。王元海摄

---

① 朱弁撰，陈新点校《风月堂诗话》，第 106 页。
② 嵇含《南方草木状》卷上，第 1 页。
③ 贾思勰《齐民要术》，第 188 页。
④ 陶谷《清异录》卷上。
⑤ 韩愈《山石》，《全唐诗》卷三三八，第 3785 页。
⑥ 梅尧臣《依韵和行之都官芭蕉诗》，《全宋诗》第五册，第 3143 页。

倾欹大叶不胜肥。①

新雨蕉叶大。②

蕉叶硕大给人强烈的视觉冲击和心理体验，文人常常用比喻的手法来表现。蕉叶迎风招展如同翠旗飘扬："只应青帝行春罢，闲依东墙卓翠旗。"③"雨障单盖侧，风偃半旗开。"④据《清异录》记载，芭蕉又名"扇子仙"⑤，蕉叶常常被比作扇子，如：

芭蕉开绿扇，菡萏荐红衣。⑥

扇薄摇凉殿，杯深泛绮筵。⑦

雨砌珠佩委，风檐翠扇重。⑧

绕身无数青罗扇，风不来时也不凉。⑨

蕉叶似扇，不仅是形似，也道出炎炎夏日中芭蕉叶为人们带来"炎蒸谁解换清凉，扇影摇摇上竹窗"⑩的清爽感受。蕉叶扶疏，在风中摇曳如同美丽的凤尾，诗歌中如此描绘：

烟黏薜荔龙须软，雨压芭蕉凤翅垂。⑪

忽疑鸾凤过，翠影落金渊。⑫

---

① 苏辙《新种芭蕉》，《全宋诗》第一五册，第 9977 页。
② 顾清《题李征伯扇》，《东江家藏集》卷八。
③ 徐夤《蕉叶》，《全唐诗》卷七一一，第 8177 页。
④ 宋祁《芭蕉》，《全宋诗》第四册，第 2432 页。
⑤ 陶谷《清异录》卷上。
⑥ 李商隐《如有》，《全唐诗》卷五四一，第 6249 页。
⑦ 张方平《芭蕉李都尉宅金渊阁分题得渊字》，《全宋诗》第六册，第 3868 页。
⑧ 张耒《手种芭蕉秋来特盛成二大丛》，《全宋诗》第二〇册，第 13394 页。
⑨ 杨万里《芭蕉三首》其一，《全宋诗》第四二册，第 26255 页。
⑩ 曾协《芭蕉》，《全宋诗》第三七册，第 23023 页。
⑪ 施肩吾《句》，《全唐诗》卷四九四，第 5610 页。
⑫ 张方平《芭蕉李都尉宅金渊阁分题得渊字》，《全宋诗》第六册，第 3868 页。

凤尾争高照映人，玉芽明洁出埃尘。①

轻风摇凤尾，疏雨湿青巾。②

凤翅摇寒碧，虚庭暑不侵。③

一丛绿凤尾含烟，径尺红英晓更鲜。④

青鸾翠尾曳前荣，厹雨番风绿闯楹。⑤

月下徘徊清影动，却疑翠凤下瑶台。⑥

凤尾的比喻颇能体现芭蕉灵动飘逸之美。

2. 未展蕉叶。《埤雅》卷一七曰："蕉不落叶，亦蕉一叶舒则一叶焦而不落。"⑦芭蕉的新叶是从假茎中抽出，初呈卷曲状，然后舒展长大（见图 30）。蕉叶之美往往是在其展又未展之际，"芭蕉心尽展新枝，新卷新心暗已随"⑧，"落落虚怀好自珍，一番舒展一番新"⑨，别具情趣，予人无限遐想。晚唐钱珝《未展芭蕉》曰：

冷烛无烟绿蜡干，芳心犹卷怯春寒。一缄书札藏何事，

会被东风暗拆看。⑩

未展蕉叶如同"一缄书札"，李商隐比作"芭蕉斜卷笺"，路德延比作"心似倒抽书"，宋人王洋比作"緗帙文书展"⑪。如果说将蕉叶

---

① 释德洪《芭蕉》，《全宋诗》第二三册，第 15299 页。

② 李纲《从志宏求芭蕉》，《全宋诗》第二七册，第 17566 页。

③ 姚孝锡《芭蕉》，《全宋诗》第三三册，第 20883 页。

④ 姜特立《红蕉二首》其一，《全宋诗》第三八册，第 24135 页。

⑤ 释居简《病起书蕉叶》其三，《全宋诗》第五三册，第 33066 页。

⑥ 舒岳祥《咏芭蕉》，《全宋诗》第六五册，第 40993 页。

⑦ 陆佃著，王敏洪校《埤雅》卷一七，第 171 页。

⑧ 张载《芭蕉》，《全宋诗》第九册，第 6281 页。

⑨ 王洋《和陈长卿赋芭蕉二首》其一，《全宋诗》第三十册，第 19020 页。

⑩ 钱珝《未展芭蕉》，《全唐诗》卷七一二，第 8197 页。

⑪ 王洋《和方签判诗乞芭蕉于教官》，《全宋诗》第三〇册，第 18973 页。

图30 张大千《芭蕉仕女图》。

卷曲未舒的形象比作卷帙还是形似，那么用于比喻人的心曲情结则是一个绝妙的象征，如钱珝把未展蕉叶比作"犹卷"的少女芳心就极其神似。未展蕉叶被蒙上淡淡的愁怨，总是与女子芳心不展、闺怨愁绪分不开。又如：

> 芭蕉不展丁香结，同向春风各自愁。①

> 珠帘半卷开花雨，又见芭蕉展半心。②

> 看取有心常不展，亦知随分圻佳葩。③

> 唯有庭蕉会人意，芳心欲展复微攒。④

> 戏问芭蕉叶，何愁心不开。⑤

> 何因有恨事，常抱未舒心。⑥

"未展蕉叶"与少女婉转纠结的愁心形成了固定的比喻关系，展示了蕉叶娇媚可爱的一面。

---

① 李商隐《代赠二首》之一，《全唐诗》卷五三九，第6181页。

② 和凝《宫词百首》之三十七，《全唐诗》卷七三五，8383页。

③ 梅尧臣《依韵和行之都官芭蕉诗》，《全宋诗》第五册，第3143页。

④ 沈辽《观蕉叶二首》其一，《全宋诗》第十二册，第8249页。

⑤ 张说《戏题草树》，《全唐诗》卷八七，第955页。

⑥ 姚孝锡《芭蕉》，《全宋诗》第三三册，第20883页。

（二）色彩美

虽然自然界的植物叶子大多数都是以绿色为主，但是芭蕉叶的青翠浓绿与众不同，诗人还是"为爱芭蕉绿叶浓，栽时傍竹引清风"[1]，体悟"剪得西园一片青，故将来此恼诗情"[2]之趣。芭蕉叶面平滑，色彩光亮，"绿似春江水染成"，如同翠玉，唐柳宗元用"绿润"[3]，宋吕陶用"青琳"[4]，宋释德洪用"玉芽"[5]来形容蕉叶，准确又生动地描绘出蕉叶的特质。蕉叶宽大厚重，光滑平整，纹理清晰流畅，放眼望去有丝织品的质感。徐夤《蕉叶》曰："绿绮新裁织女机，摆风摇日影离披。"[6]蕉叶如同织女纺织出的"绿绮"，是天地造化之功。又如：

> 翠旌舒晓日，绿锦障西风。[7]
>
> 临池似把菱花照，隔叶深将翠幔遮。[8]
>
> 花前添翠幕，句后卷诗筒。[9]
>
> 青绮丛中蹙绛纱，碧云阙处抹晴霞。[10]
>
> 青罗千丈拶窗排，玉树移从海底栽。[11]

用翠绿的丝织品比喻蕉叶已经是诗歌描写芭蕉的一个惯例。绫罗绸缎本是作为人的服装和装饰品，芭蕉这身"绿绮"自然会让人联想

---

① 胡仲弓《芭蕉》，《全宋诗》第六三册，第 39805 页。

② 朱少游《芭蕉》，《全宋诗》第七〇册，第 44454 页。

③ 柳宗元《红蕉》，《全唐诗》卷三五三，第 3953 页。

④ 吕陶《和红蕉二首》其二，《全宋诗》第十二册，第 7792 页。

⑤ 释德洪《芭蕉》，《全宋诗》第二三册，第 15299 页。

⑥ 徐夤《蕉叶》，《全唐诗》卷七一一，第 8187 页。

⑦ 张耒《手种芭蕉秋来特盛成二大丛》，《全宋诗》第二〇册，第 13394 页。

⑧ 李光《池外红蕉》，《全宋诗》第二五册，第 16442 页。

⑨ 王洋《和方签判诗乞芭蕉于教官》，《全宋诗》第三〇册，第 18973 页。

⑩ 喻良能《朝爽轩红蕉着花喜而成》，《全宋诗》第四三册，第 27041 页。

⑪ 陈宓《西窗芭蕉》，《全宋诗》第五四册，第 34092 页。

成"潇洒绿衣长"的女子，"长恐天寒凭日暮，不将翠袖染缁尘"①，民间故事中的芭蕉精怪也大都是身着绿衣的妙龄女子，形象妩媚而又娟秀。又或者是一位"青衿怀抱空"书生，蕉叶常常被比作古代男子束发的头巾：

> 轻风摇凤尾，疏雨湿青巾。②
>
> 清阴浸白毡，碧色照乌巾。③

二、蕉花美

芭蕉"华大如酒杯，形色如芙蓉"，具有鲜明的观赏效果，但和大自然中的"姹紫嫣红"相比，只能"风流不把花为主"④，不以花显。但有一些以观花为主的品种，如红蕉的花就鲜艳美丽。唐之后，红蕉栽培普遍，为人们所熟悉和喜爱。红蕉因花色殷红而得名，其花鲜艳灿烂，颇具美感，其美主要表现为花色和花期。

（一）花色美

芭蕉的花色美主要体现为红蕉的花。花色和花香是最容易感知的审美要素，红蕉花无香味，但花色殷红，配以绿叶，更加彰显艳丽妖娆。古代文学也多着重其花色之火红。唐韩偓《红芭蕉赋》中用"阴火与朱华共映，神霞将日脚相烧"⑤来比喻红蕉，可谓是概括了写其色彩的两种基本模式：比之以火、状之以霞。

---

① 王洋《和陈长卿赋芭蕉二首》其二，《全宋诗》第三〇册，第 19020 页。
② 李纲《从志宏求芭蕉》，《全宋诗》第二七册，第 17566 页。
③ 李纲《再赋芭蕉》，《全宋诗》第二七册，第 17567 页。
④ 张镃《菩萨蛮》，《南湖集》卷一〇。
⑤ 韩偓《红芭蕉赋》，《全唐文》卷八二九，第 8738 页。

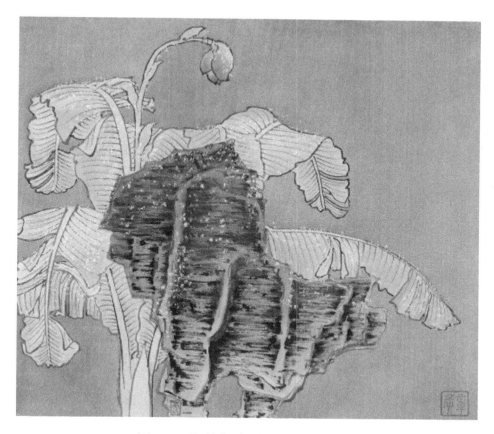

图 31 ［明］陈洪绶《雪蕉图》。

1．比之以火。红蕉在夏秋季盛开，艳阳高照，让人感觉如同跳跃的火焰。李绅《红蕉花》："叶满丛深殷似火，不唯烧眼更烧心。"[1]红蕉之花如同是绿叶丛中跳动的火苗，诗人能感受到灼热的温度。又如：

秋卷火旗闲度日，昼凝红烛静无烟。[2]

结实联房绿，舒花焰火红。[3]

绿蜡一株才吐焰，红绡半卷渐抽花。[4]

① 李绅《红蕉花》，《全唐诗》卷四八三，第 5495 页。
② 张咸《题黎少府宅红蕉花》，陈尚君辑校《全唐诗补编》，第 1236 页。
③ 洪皓《芭蕉》，《全宋诗》第三〇册，第 19184 页。
④ 胡仲弓《芭蕉花》，《全宋诗》第六三册，第 39801 页。

皆是以火焰拟蕉花。

2. 状之以霞。红蕉花绚丽至极，文人墨客常比之以云霞。诗人对于这种艳丽无比的花卉感觉是"欲赋红蕉拟象难"[1]，搜肠刮肚寻觅词汇已难尽其象。彩霞比喻红蕉，二者并没有必然的联系，只因色彩相近。如：

图 32　雪中美人蕉花。

霞飞翠岭分余彩，凤宿青梧半露冠。[2]

雨后芭蕉粲晓霞，近如相妒远如夸。[3]

青绮丛中蹙绛纱，碧云阙处抹晴霞。[4]

翠帷映玉妃，春睡似五铢，艳夺晴霞。[5]

红蕉一般丛生，人工种植更是如此，但是文人偶尔也会遭遇大面积红蕉林："巴江滟滟巴山空，十里五里蕉花红。"[6]一片红蕉，色彩浓艳，更是类似红霞。

① 韦骧《和红蕉》，《全宋诗》第一三册，第 8442 页。
② 韦骧《和红蕉》，《全宋诗》第一三册，第 8442 页。
③ 李光《池外红蕉》，《全宋诗》第二五册，第 16442 页。
④ 喻良能《朝爽轩红蕉着花喜而成篇》，《全宋诗》第四三册，第 27041 页。
⑤ 董元恺《金菊对芙蓉·咏美人蕉》，《苍梧词》卷八。
⑥ 洪朋《别句永叔》，《全宋诗》第二三册，第 15023 页。

（二）花期长

古人所说的"红蕉"包括现代植物分类学中的红蕉和美人蕉两个品种，二者花期都比较长。红蕉春夏季开花；美人蕉在热带亚热带地区四季开花，在温带地区花期也长达九个月之久，素有"百日红"之称。《花史左编》记载："其花四时皆开，深红照眼，经月不谢。"[1]红蕉开花于春寒料峭之际，明人谢肇淛《春日溯汶河作》云：

图33 ［明］陈洪绶《赏梅图》。

> 东风残雪系兰桡，满目山川对寂寥。记得门前春水满，美人蕉压赤阑桥。[2]

红蕉又能盛开于冬季，唐骆宾王《陪润州薛司徒桂明府游招隐寺》云："绿竹寒天笋，红蕉腊月花。"[3]王维画"雪里芭蕉"，被后人认为不可能之景，但这种不可能之景常常出现在后人的诗歌中，如宋朱翌《喜雪》：

> 待雪多年久未逢，兹辰如望故人风。稍添松顶三分白，独露蕉心一寸红。[4]

甚至出现"蕉梅同景"的奇观，范成大《丙午新正书怀十首》其七：

① 王路编《花史左编》卷四。
② 谢肇淛《春日溯汶河作》，《小草斋集》卷二九。
③ 骆宾王《陪润州薛司徒桂明府游招隐寺》，《全唐诗》卷七八，第852页。
④ 朱翌《喜雪》，《全宋诗》第三三册，第20854页。

图 34　蕉窗。

"蕉心翠展一冬在，梅蕾粉融连夜开。"① 诗前小序云："水芭蕉长三寸，在暖阁中经冬不瘁，瓶梅亦烘然先拆。" 红蕉花期从春至冬，花朵次第而开，尤其盛开于夏秋两季。此时大多数花卉已经凋零，红蕉常常被称为"晚英""遗芳"，如柳宗元《红蕉》：

晚英值穷节，绿润含朱光。②

又如宋李洪《红蕉》：

旧馆彤云谁解赋，朱光绿润感遗芳。③

红蕉也获得不与俗芳争艳的美名，正如张咸《题黎少府宅红蕉花》所赞："不争桃李艳阳天，真对群芳想更妍。"④

三、姿态美

芭蕉叶与花之美是最容易被感知的审美要素，但在不同的环境气氛里，芭蕉的姿态风韵则又特别生动、丰富多彩。

① 范成大《丙午新正书怀十首》其七，《全宋诗》第四一册，第 25995 页。
② 柳宗元《红蕉》，《全唐诗》卷三五三，第 3953 页。
③ 李洪《红蕉》，《全宋诗》第四三册，第 27192 页。
④ 张咸《题黎少府宅红蕉花》，陈尚君辑校《全唐诗补编》，第 1236 页。

（一）不同生长环境的芭蕉

芭蕉在不同的种植环境中具有不同观赏效果，表现出不同的韵致。

1. 窗外。"窗虚蕉影玲珑"[1]，蕉窗掩映，别具风姿。古人爱植蕉于窗前，杜牧《芭蕉》："芭蕉为雨移，故向窗前种。"[2]李清照《添字丑奴儿》："窗前谁种芭蕉树，阴满中庭。"[3]描写的皆是窗前之蕉。窗常掩映在芭蕉绿叶之中，"窗在芭蕉叶底"[4]，"芭蕉密

图35　西泠印社活字排印本《蕉窗九录》书影。

处窗儿下，冷落旧香中"[5]。芭蕉装点了单调空旷之窗，窗子就如同一个画框，芭蕉被定格在这个画框中，窗子也成为欣赏芭蕉的独特视角，"窗外芭蕉窗里人"[6]成为赏蕉的一个范式，如：

小窗闲对芭蕉展。[7]

小窗斜日对芭蕉。[8]

① 计成《园冶》，第61页。
② 杜牧《芭蕉》，《全唐诗》卷五二四，第6008页。
③ 李清照《添字丑奴儿》，《李清照集校注》，第48页。
④ 沈端节《如梦令》，《全宋词》，第1683页。
⑤ 赵长卿《眼儿媚》，《全宋词》，第1810页。
⑥ 无名氏《眉峰碧》，《全宋词》，第3664页。
⑦ 吕渭老《薄幸》，《全宋词》，第1112页。
⑧ 吕渭老《望海潮》，《全宋词》，第1113页。

窗外芭蕉三两叶。①

西窗明月中，数叶芭蕉影。②

小窗晴日展芭蕉。③

古时窗子上往往有半透明状的窗纱，"碧纱窗外有芭蕉"④，芭蕉高大婆娑，绿叶浓翠，仿佛染绿窗纱，杨万里捕捉到"芭蕉分绿与窗纱"之妙，"分绿"成为后代常常引用的典故，后世园林中也多见以"分绿"为名的芭蕉主题景点。

自宋以降，"蕉窗"成为一个固定的词汇。古人读书称之为"寒窗苦读"，一丛芭蕉成为文人寒窗的点缀，给文人孤寂的读书生活带来一丝慰藉。因此，文人对"蕉窗"有着特殊的情感，常将自己的文集以蕉窗命名，如《碧蕉书馆》《蕉窗杂录》《蕉窗蒠隐词》《蕉林诗集》《蕉窗九录》等。

2．水边。蕉类植物一般喜欢温暖湿润的环境，在水源充足之地生长极其茂盛。诗词中描写的芭蕉也多在水畔池边，如：

红蕉花样炎方织，瘴水溪边色最深。⑤

白茗出溪上，红蕉连海滨。⑥

水上游人沙上女，回顾，笑指芭蕉林里外。⑦

红蕉栏畔小池塘，山雨添花映短墙。⑧

---

① 石孝友《谒金门》，《全宋词》，第 2046 页。
② 邵雍《不寝》，《全宋诗》第七册，第 4486 页。
③ 黄庭坚《杂诗七首》其六，《全宋诗》第十七册，第 11667 页。
④ 晁补之《浣溪沙》，《全宋词》，第 573 页。
⑤ 李绅《红蕉花》，《全唐诗》卷八四三，第 5945 页。
⑥ 狄遵度《送施司封福建提刑第》，《全宋诗》第五册，第 3251 页。
⑦ 欧阳炯《南乡子》其二，赵崇祚编，李谊注《花间集注释》，第 215 页。
⑧ 李光《新年杂兴十首》其三，《全宋诗》第二五册，第 16458 页。

疏树寒蕉绿绕池，夜凉雨到便先知。①

图 36　池边蕉石。徐波摄

以上所言皆是。芭蕉高大扶疏，亭亭玉立，倒映水中，另有一番风韵。"雨后芭蕉粲晓霞，近如相妒远如夸。临池似把菱花照，隔叶深将翠幔遮。"②池边芭蕉如同一位临池照镜的女子，花与影相辉映，更显可爱娇媚。芭蕉疏影临水也是诗歌常描写之景：

参差红影蕉临水，散漫寒香菊绕篱。③

盆池潋滟荫芭蕉，点水圆荷未出条。④

① 徐贲《同季迪宿丁至刚南轩》，《北郭集》卷六。
② 李光《池外红蕉》，《全宋诗》第二五册，第 16442 页。
③ 李光《不出示邻士》，《全宋诗》第二五册，第 16418 页。
④ 施宜生《盆池》，《全宋诗》第三三册，第 21274 页。

池面绿铺蕉叶影，露阶红遍凤儿花。①

虚实掩映，颇具"疏影横斜水清浅"之美。

宋代出现了"水芭蕉"，水芭蕉是芭蕉的无土栽培，将芭蕉种植在水中，不少文人士大夫都亲自尝试。宋赵孟坚《种水芭蕉》一诗就记述了亲

图 37　红蕉临水。

自栽种水芭蕉的经历：

　　石上芭蕉手自移，黄梅便得雨如期。水根联络银丝漾，风叶纷抽羽扇敧。日验发生疑有准，心加爱护每忘疲。犹如老大初生子，及见成人长立时。②

赵孟坚是宋皇室宗族，宋亡后，不仕，品性高洁，擅长画墨兰、水仙，对"水芭蕉"情有独钟，作有水墨芭蕉——《墨写水蕉》。"水芭蕉"是文人的一种清玩，比较能体现文人高洁清雅。芭蕉配以清水，"渐离土性安臞瘵，淡与水石相忘形"③，脱去芭蕉粗狂不羁之态，更

---

①　释行海《山窗即景》，《全宋诗》第六六册，第 41380 页。
②　赵孟坚《种水芭蕉》，《全宋诗》第五五册，第 38678 页。
③　赵孟坚《江湾僧舍水石芭蕉》，《全宋诗》第五五册，第 38670 页。

显清雅俊秀风韵。"猎猎水芭蕉，如将隐士招。清风来处远，祥暑坐中消。"①水芭蕉清逸之姿不仅清凉身体，更能涤荡心灵。水芭蕉这种刻意为之的形式，充分体现文人清雅的审美情趣。

3．石旁。在园林中种植，芭蕉往往配以怪石，形成蕉石小景。"水花院落春风晚，庭种连蕉怪石前。"②这种造景方式在江南的园林中极为常见，明清时期就出现了一些以蕉石命名的亭、轩。"蕉傍立石，非他树可比。此须择异常之石，方惬心赏。"③怪石嶙峋突兀，芭蕉柔和流畅；怪石静穆庄重，芭蕉轻盈灵动。"蕉被被兮石矗矗"④，蕉石搭配，颇符合刚

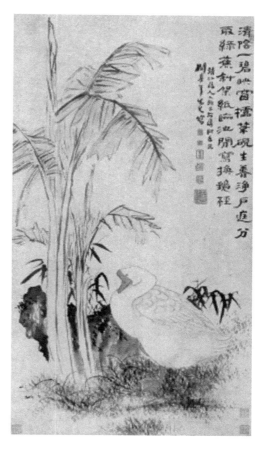

图 38　［清］石涛《蕉石白鹅图》。

柔相济之道。在怪石的映衬下，更加凸显芭蕉之清雅秀丽。明徐贲《题斋前蕉石》："芭蕉倚孤石，粲然共幽姿。"⑤芭蕉如同清雅明丽的绿衣女子，依靠在孤石之上，姿态优美。文学作品多描写芭蕉依石之姿，如：

---

① 楼钥《水蕉》，《全宋诗》第四七册，第 29483 页。

② 释德洪《次韵思禹题方竹》，《全宋诗》第二三册，第 15246 页。

③ 高濂《遵生八笺》卷七。

④ 邵宝《蕉石亭》，《容春堂集续集》卷一。

⑤ 徐贲《题斋前蕉石》，《北郭集》卷一。

翠袖双掀石影孤，绿珠将坠惠风扶。①

倚石亭亭翠几攒，清标不似雪中看。②

寒蕉依怪石，仙液贮铜瓶。③

以上诗句中都用了一个"依"字描写蕉石掩映之姿。并不是所有的石头都适合来陪衬芭蕉，古人多用太湖石。

曾见画归丹禁里，太湖石后粉墙前。④

太湖石畔绿丛丛，新叶乱抽青凤尾。⑤

太湖石畔种芭蕉，色映轩窗碧雾摇。⑥

所说皆是。太湖石以白色为主，玲珑剔透、重峦叠嶂，以幽奇著称。无论是造型上还是色彩上都能彰显芭蕉幽古之姿。

（二）不同气候环境的芭蕉

芭蕉在不同气候环境之下，表现出不同的风姿。诗人爱描写月下芭蕉：

芭蕉丛丛生，月照参差影。⑦

归时节，红香露冷，月影上芭蕉。⑧

西窗明月中，数叶芭蕉影。⑨

月明已在芭蕉上，犹有残檐点滴声。⑩

① 张宁《为诸中夫题芭蕉图》，《方洲集》卷一一。
② 程敏政《分题得芭蕉分绿》，《篁墩文集》卷七〇。
③ 胡应麟《为邦相题蕉石图》，《少室山房集》卷三五。
④ 姜特立《红蕉二首》其一，《全宋诗》第三八册，第 24135 页。
⑤ 朱诚泳《芭蕉》，《小鸣稿》卷三。
⑥ 沈周《蕉石轩》，曹学佺编《石仓历代诗选》卷四九九。
⑦ 姚合《芭蕉屏》，《全唐诗》卷四九九，第 5673 页。
⑧ 舒亶《满庭芳》，《全宋词》，第 362 页。
⑨ 邵雍《不寝》，《全宋诗》第七册，第 4486 页。
⑩ 张良臣《夏夜》，《全宋诗》第四六册，第 28460 页。

芭蕉月上照窗扉，屋里老僧眠不知。①

歌咏的都是月下芭蕉婆娑摇曳之美。露中之蕉也是诗人偏爱的景色，如：

枕前人去空庭暮，又见芭蕉白露秋。②

露重芭蕉叶，香凝橘柚枝。③

凉叶泛朝露，芳心展夕飙。④

秋风鸣环佩，晓露湿苍翠。⑤

月明苍桧立，露下芭蕉舒。⑥

皆是歌咏露中之蕉清凉鲜翠之美。

文学作品中表现最多的是雨中芭蕉。芭蕉为南方植物，春夏季繁茂，正值南方多雨水，雨打芭蕉是为常见之景。婆娑扶疏的芭蕉在风雨中摇曳：

烟黏薜荔龙须软，雨压芭蕉凤翅垂。⑦

芭蕉半卷西池雨，日暮门前双白鸥。⑧

说的是雨中之蕉翻卷舞动之美。

稀疏野竹人移折，零落蕉花雨打开。⑨

升堂坐阶新雨足，芭蕉叶大栀子肥。⑩

① 林亦之《秋夜同章三十九弟次邡宿延庆山中纪游一首》，《全宋诗》第四七册，第 28991 页。
② 刘言史《病中客散复言怀》，《全唐诗》卷四六八，第 5329 页。
③ 羊士谔《燕居》，《全唐诗》卷三三二，第 3701 页。
④ 张耒《种芭蕉》，《全宋诗》第二〇册，第 13094 页。
⑤ 周紫芝《次韵元中芭蕉轩》，《全宋诗》第二六册，第 17125 页。
⑥ 陈与义《六月十七夜寄邢子友》，《全宋诗》第三一册，第 19555 页。
⑦ 施肩吾《句》，《全唐诗》卷四九四，第 5610 页。
⑧ 何扶《送阆州妓人归老》，《全唐诗》卷五一六，第 5900 页。
⑨ 王建《逍遥翁溪亭》，《全唐诗》卷三〇〇，第 3404 页。
⑩ 韩愈《山石》，《全唐诗》卷三三八，第 3785 页。

雨后芭蕉粲晓霞，近如相妒远如夸。①

说的是雨后之蕉清新浏亮之美。最为触动心弦的是夜雨芭蕉。夜色褪去烦嚣，雨打芭蕉之声，优美动听，如手拨琴弦，正如杨万里《芭蕉雨》：

芭蕉得雨便欣然，终夜作声清更妍。细声巧学蝇触纸，大声锵若山落泉。三点五点俱可听，万籁不生秋夕静。芭蕉自喜人自愁，不如西风收却雨即休。②

关于雨打芭蕉，下面将进行专题论述。

四、联咏

在古代文学中，芭蕉与其他花木有着类聚、拟似、比较等关系，其中最常见的是竹和荷。这一联咏形式对丰富芭蕉的文化内涵，提高芭蕉的品格具有重要的作用。

（一）蕉竹联咏

蕉竹联咏有着生物习性方面的因素。芭蕉和竹子都喜温暖湿润的环境，都主要分布在我

图 39　[清]石涛《蕉菊竹石图》。

国秦岭淮河以南。尤其是长江以南地区，无论是野生还是园林种植，芭蕉绿竹都随处可见。蕉竹配种极为常见，《铜鼓书堂遗稿》卷二九："郡廨之西有隙地，中多蕉竹名花，可赏可玩。"③都穆《栖清轩记》："山上构以轩，其左右杂植梅竹蕉梧，凡数十本。"④

① 李广《池外红蕉》，《全宋诗》第二五册，第 16442 页。
② 杨万里《芭蕉雨》，《全宋诗》第四二册，第 26206 页。
③ 查清淳《铜鼓书堂遗稿卷》卷二九。
④ 都穆《栖清轩记》，董斯张辑《吴兴艺文补》卷三二。

这种空间上的相邻为蕉竹联咏提供了物质基础。

蕉竹都翠绿，一修长，一婆娑，二者掩映生姿，"几叶芭蕉，数杆修竹，人在南窗"①，"修竹芭蕉入画图"②，"新竹成林蕉叶青，隔篱深处有蝉鸣"③，景色清新明净，清爽宜人。"蕉竹"联袂最早出现在庾信的《奉和夏日应令诗》中："衫含蕉叶气，扇动竹花凉。"④炎炎夏日，翠蕉绿竹带来一丝凉意。竹虽然有"岁寒三友"之称，但也只是在夏秋两季才极为繁茂，这与芭蕉的生长期相似，因此蕉竹连袂出现多在秋夏两季中，成为这一时期的重要景物，诗歌也多有表现，如："炎蒸谁解换清凉，扇影摇摇上竹窗。"⑤"凉飙五月吹浮埃，蕉旗竹簪摇空阶。"⑥

蕉竹作为常见的自然组合，在诗歌中常常对偶为言。

　　稀疏野竹人移折，零落蕉花雨打开。⑦

　　碎声笼苦竹，冷雨落芭蕉。⑧

　　绿竹寒天笋，红蕉腊月花。⑨

　　紫竹遮书幌，红蕉拂钓舟。⑩

　　蕉花红炬密，竹节粉环轻。⑪

① 杨无咎《柳梢青》，《全宋词》，第 1198 页。
② 石孝友《眼儿媚》，《全宋词》，第 2032 页。
③ 张栻《题城南书院三十四咏》其二，《全宋诗》第四五册，第 27923 页。
④ 庾信《奉和夏日应令诗》，庾信撰，倪璠注《庾子山集注》，第 298 页。
⑤ 曾协《芭蕉》，《全宋诗》第三七册，第 23023 页。
⑥ 祖世英《三学院》，《全宋诗》第四五册，第 27704 页。
⑦ 王建《逍遥翁亭》，《全唐诗》卷三〇〇，第 3404 页。
⑧ 白居易《连雨》，《全唐诗》卷四四二，第 4936 页。
⑨ 骆宾王《陪润州薛司空丹徒桂明府游招隐寺》，《全唐诗》卷七，第 852 页。
⑩ 徐铉《送曾秀才》，《全宋诗》第一册，第 135 页。
⑪ 文同《清景堂》，《全宋诗》第八册，第 5398 页。

稍觉新霜试松竹，未应寒雨败梧蕉。①

过墙雌竹已数子，出屋耄蕉终百龄。②

瘦竹吟风横笛处，丛蕉着雨打蓬时。③

对偶为言，是以物性物色的相似性作为基础，早期属于状眼前之景。久而久之，二者形成诗句对偶中常见的搭配。

蕉竹联咏也有品格上的比较品评。竹在中国文化中具有崇高的地位，其文化内涵和人格象征早在上古时期已经萌芽。芭蕉的审美发现相对较晚，在唐宋时期才发展起来。唐代之前，蕉竹之间地位相差较大。最早将蕉和竹联系在一起的是梁沈约的《修竹弹甘蕉文》，竹和蕉处于两种对立状态。"甘蕉出自药草，本无芬馥之复；柯条之任，非有松柏后凋之心。"④蕉为竹所不齿，是"蠹苗害稼"之辈，可见在沈约的观念中，蕉与竹还处在两个不同的阵营。蕉与竹有个化敌为友的过程。芭蕉以竹为伴，常常相"傍"而生，如：

为爱芭蕉绿叶浓，栽时傍竹引清风。⑤

翠叶离披傍竹林，几年雨露受恩深。⑥

宋代理学兴盛，"比德"风行，芭蕉也获得相应的人格象征，而这一人格象征常常是与竹比较高下。宋郑刚中《栽竹种红蕉后数日阻雨不见赋小诗》：

瘦竹犯寒扶直节，蕉花垂老抱丹心。小园半月隔风雨，

---

① 苏辙《次韵张耒学士病中二首》其二，《全宋诗》第十六册，第 10055 页。
② 释德洪《夏日偶书》，《全宋诗》第二三册，第 15179 页。
③ 董颖《题赵质夫艇斋》其二，《全宋诗》第三七册，第 20346 页。
④ 沈约《修竹弹甘蕉文》，沈约著，陈庆元校笺《沈约集校笺》，第 106 页。
⑤ 胡仲弓《芭蕉》，《全宋诗》第六三册，第 39805 页。
⑥ 黄庚《芭蕉》，《全宋诗》第六九册，第 43595 页。

搔首相望空苦吟。①

竹之"直节"与蕉之"丹心"都是诗人坚贞不屈人格的象征。又如方绳武《自题蕉窗听雨图》：

我愧非儒生，托志癖幽洁。兰蕙蕉竹桐，皆性所怡悦。就中尤爱蕉，翠幕弥天缀。②

"兰蕙竹桐"皆是传统比德之香草，此处大有推崇芭蕉之意。清汪灏《广群芳谱》："书窗左右不可无此君。"③"此君"本是竹的专属，此时却名蕉。清张潮《幽梦录》："蕉竹令人韵。"④皆是将蕉竹共同品评。蕉竹有"双清"之说，明方应选《病中有怀》序言："余病浃月，交知阔疏。兀坐一斋，惟蕉竹是友，漫题数韵。"诗中称蕉竹为"双清"："久坐翻令傲骨添，双清顿觉烦襟逐。"⑤《古今名扇录》录有一首题咏张宁《蕉竹双清图》的诗歌：

图40　［清］朱耷《蕉石图》。

---

① 郑刚中《栽竹种红蕉后数日阻雨不见赋小诗》，《全宋诗》第三〇册，第19103页。
② 方绳武《自题蕉窗听雨图》，刘彬华辑《岭南群雅》。
③ 汪灏编《御定佩文斋广群芳谱》卷八九。
④ 涨潮撰《幽梦影》，程不识编《明清清言小品》，第182页。
⑤ 方应选《病中有怀》，《方众甫集》卷一。

绿蕉绿竹文石傍，萧影清飔相蓊郁。气求声应得良朋，

一般都是虚心物。千竿或以拟君子，七处征之闻古佛。伊人

写出付清风，两弗居焉槩与拂。①

（二）蕉荷联咏

芭蕉与荷在古诗词中多有联咏。芭蕉喜潮湿温暖的环境，无论野生，

还是种植，多在水畔。因此，芭蕉与荷往往比邻种植。这种空间上的相连，

是其联袂出现的重要基础。早期的组合多作为自然风物出现，如：

芭蕉高自折，荷叶大先沉。②

芭蕉开绿扇，菡萏荐红衣。③

烟浓共拂芭蕉雨，浪细双游菡萏风。④

芭蕉与荷有很多相似处，蕉花似莲花，蕉叶、荷叶都比较宽大，

适合听雨。晋嵇含《南方草木状》："（甘蕉）花大如酒杯，形色如芙蓉，

着茎末。"⑤明瞿佑《归田诗话》：

庭下芭蕉开花，命题赋诗。瑶（按：陈瑶）一联云："白藕

作花还叶叶，碧蜂生子自房房。"形容酷似之，诸生皆袖手。⑥

司空图《偶书五首》其二曰：

自有池荷作扇摇，不关风动爱芭蕉。只怜直上抽红蕊，

似我丹心向本朝。⑦

诗人用蕉比喻荷，正是基于这种外形上的相似性。蕉与荷常常共

---

① 爱新觉罗·弘历《题篋头古画六事》其一，陆绍曾辑《古今名扇录》。

② 李端《病后游青龙寺》，《全唐诗》卷二八四，第3236页。

③ 李商隐《如有》，《全唐诗》卷五四一，第7092页。

④ 皮日休《鸳鸯二首》之二，《全唐诗》卷六一四，第7092页。

⑤ 嵇含《南方草木状》卷上，第1页。

⑥ 瞿佑《归田诗话》下卷。

⑦ 司空图《偶书五首》其二，《全唐诗》卷六三三，第7256页。

同承载雨声：

蕉叶半黄荷叶碧，两家秋雨一家声。①

芭蕉叶上无多雨，分与池荷一半秋。②

荷在古代是具有崇高地位的花卉，是君子的象征、高洁的标榜。蕉荷联咏，在一定程度上提高了芭蕉的地位，芭蕉大有向荷靠拢之势。

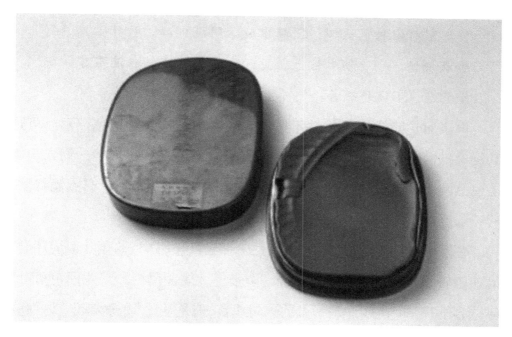

图41　歙石蕉叶砚。故宫博物馆藏。

第二节　神韵美

所谓神韵，是指芭蕉的整体形象特征和审美个性。芭蕉物色美是

① 杨万里《秋雨叹十解》其三，《全宋诗》第四二册，第26167页。
② 乔行简《池荷》，《全宋诗》第五一册，第32123页。

其自然属性所体现出来的美感，而神韵美是人们在其自然属性的基础上所体悟到的深层次的美感，是经过主体观照之后，主体的情感和思想投射到芭蕉上，客体和主体相结合，赋予芭蕉独特的情感神韵。芭蕉引发的情感、寄托的情趣主要有以下几个方面。

一、凄清愁怨

李清照《添字丑奴儿》：

> 窗前谁种芭蕉树，阴满中庭。阴满中庭。叶叶心心，舒卷有余情。　　伤心枕上三更雨，点滴霖霪。点滴霖霪。愁损北人，不惯起来听。①

词人对这南方的植物并不熟悉，还不习惯这淋漓的芭蕉雨。可是其舒卷的叶、淋漓的雨却激起女词人家国之思，哀怨凄婉。词人勾画了芭蕉两个意象："叶叶心心，舒卷有余情"的"未展蕉叶"；"点滴霖霪"的"雨打芭蕉"。这两个意象就承载了说不尽的惆怅。

芭蕉一叶枯一叶舒，新叶从假茎中抽卷而出，嫩黄的蕉叶似展还卷，恰如婉转百结的心曲（见图42）。唐张说《戏题草树》："戏问芭蕉叶，何愁心不开。"②这或许是张说的一句戏言，但是从此"未展蕉叶"与"愁"字有了不解之缘。晚唐李商隐《代赠二首》："芭蕉不展丁香结，同向春风各自愁。"③此句广为传诵，成为常用典故。贺铸《石州引》：

> 欲知方寸，共有几许清愁，芭蕉不展丁香结。④

直接引用李商隐诗句，呈现"几许清愁"。明代王燧《蕉石图》：

> 瘦玉含香黛色新，闲庭昼永悄无人。芭蕉展尽丁香结，

---

① 李清照《添字丑奴儿》，《李清照集校注》，第48页。
② 张说《戏题草树》，《全唐诗》卷八七，第955页。
③ 李商隐《代赠二首》之一，《全唐诗》卷五三九，第6181页。
④ 贺铸《石州引》，《全宋词》，第540页。

又是长门一度春。①

也化用此典，表现"长门之怨"。未展蕉叶与丁香花蕾皆是芳香美好事物，但如同一对妙龄男女的离别相思一样百转纠结。这种比喻建立在某种相似性的基础上，使原本无意识无感情的植物获得内在神韵，

图 42　未展蕉叶。

沉淀为芭蕉的文化底色。"未展蕉叶"俨然是一颗"愁心"，成为一种"有意味的形式"，如：

　　唯有庭蕉会人意，芳心欲展复微攒。②

　　何因有恨事，常抱未舒心。③

反复的连类比喻强化了"未展蕉叶"之"愁苦"的象征意义。

画家所画的是心中的景色，文人描写的景物也是经过自己精心裁剪的，古代文学作品表现最多的是在特定境遇之中的芭蕉——"雨打芭蕉"。雨打芭蕉搅碎了无数人的清梦，是愁肠百结的浅吟低唱。"芭蕉叶上无愁雨，自是多情听肠断。"④凄清缥渺的雨打芭蕉承载着文人悲伤凄清的情感体验：或是"一夜不眠孤客耳，主人窗外有芭蕉"⑤

---

① 王燧《蕉石图》，《青城山人集》卷八。
② 沈辽《观蕉叶二首》其一，《全宋诗》第十二册，第 8249 页。
③ 姚孝锡《芭蕉》，《全宋诗》第三三册，第 20883 页。
④ 无名氏《句》，《全唐诗》卷七九五，第 8951 页。
⑤ 杜牧《雨》，《全唐诗》卷五二四，第 5996 页。

的羁旅愁苦；或是"正忆玉郎游荡去，无寻出。更闻帘外雨潇潇，滴芭蕉"①的离别相思；又或是"只知眉上愁，不知愁来路。窗外有芭蕉，阵阵黄昏雨"②的寂寞惆怅。

雨在中国传统文化中具有丰富的意义，"苦雨"是其重要的文化内涵，源头可以追溯到《诗经》中的"昔我往矣，雨雪霏霏"等诗句。"雨打芭蕉"作为雨景，其情感模式也延续了"苦雨"的悲情色彩。文学作品在表现"雨打芭蕉"之景时，常常选取独特的视角、特定的意象组合，营造凄冷哀婉的氛围。文学中描写最多是秋、夜、黄昏时候的"蕉雨"，如：

隔窗知夜雨，芭蕉先有声。③

深院锁黄昏，阵阵芭蕉雨。④

络纬独知秋色晚，芭蕉添得雨声多。⑤

像这样的例子不胜枚举。秋在我国文化中不仅指代一个季节，而且具有深广的文化含义。古人有着深厚的"悲秋"情结，秋天给人一种苍凉悲怆的感觉。夜、黄昏褪去白天的喧嚣，光线逐渐暗淡，环境变得寂静，常常引发人们心中离别相思，羁旅愁苦之情。秋、黄昏、夜、雨营造出凄清、幽深、静穆的氛围，成为哀婉情绪的发酵剂。"蕉雨"之声诉之于听觉，产生的却是"冷""寒"等触觉体验，如：

碎声笼苦竹，冷雨落芭蕉。⑥

---

① 顾敻《杨柳枝》，赵崇祚编，李谊注《花间集注释》，第 263 页。
② 陆游妾《卜算子》，潘永因编《宋稗类钞》卷一七。
③ 白居易《夜雨》，《全唐诗》卷四三二，第 4779 页。
④ 欧阳修《生查子》，《全宋词》，第 125 页。
⑤ 周紫芝《雨后顿有秋意得小诗四绝》其二，《全宋诗》第二六册，第 17316 页。
⑥ 白居易《连雨》，《全唐诗》卷四四二，第 4936 页。

听夜雨，冷雨芭蕉，惊断红窗好梦。①

客愁重、时听蕉寒雨碎，泪湿琼锺。②

环境的凄清冷落，反映着文人内心凄苦愁怨。淋漓凄怆的"蕉雨"如同滑过脸颊的冰凉泪水，"窗外芭蕉窗里人，分明叶上心头滴"③，"雨泪同滴"的描写，则是这种悲苦情绪的形象再现。芭蕉随着人们认识、审美的发展，被打上凄苦愁怨的底色，正如吴文英《唐多令》所言："何处合成愁，离人心上秋，纵芭蕉，不雨也飕飕。"④

二、清新闲适

清雅是一种品格和境界，也是古代士大夫推崇并追求的生活方式和人格构建。程杰先生《宋代咏梅文学研究》中说："'清''贞'是宋人花木比德思维的基本模式。"⑤芭蕉体现出一种清雅之美，"清溪、白石、疏柳、幽蕉，清矣"⑥，清人张潮《幽梦影》云：

梅令人高，兰令人幽，菊令人淡，海棠令人艳，牡丹令人豪，

蕉与竹令人韵……⑦

古代文学多表现芭蕉清韵、清雅之美，如宋张镃《菩萨蛮·芭蕉》："风流不把花为主，多情管定烟和雨。潇洒绿衣长，满身无限凉。"⑧芭蕉不以花显，没有浮花浪蕊的媚态，绿叶清新，如同一袭素衣，清凉无限。芭蕉素淡无华的特点比较迎合古人"清"的审美趣向，芭蕉

① 杜牧《八六子》，顾梧芳编《尊前集》卷上。
② 吴文英《高山流水》，《全宋词》，第 2901 页。
③ 无名氏《眉峰碧》，朱彝尊编《词综》卷二四。
④ 吴文英《唐多令》，《全宋词》，第 2939 页。
⑤ 程杰《宋代咏梅文学研究》，第 62 页。
⑥ 沈季友《檇李诗系》卷三四。
⑦ 涨潮《幽梦影》，程不识编《明清清言小品》，第 182 页。
⑧ 张镃《菩萨蛮》，《南湖集》卷一〇。

的"清雅"在文学作品中多有表现，如：

一幅青天世外珍，诗人得句共清新。①

禅房富灵根，颇似人清臞。②

新植灵根续蕙兰，缁林佳处占清闲。③

品格清虚压众芳，何年分种自炎方。④

萧萧洒洒复婷婷，一半风流一半清。⑤

千里客乡风雨候，清清还看绮窗虚。⑥

倚石亭亭翠几攒，清标不似雪中看。⑦

我时散步来还去，为爱清奇闲倚柱。⑧

灵苗体性本清虚，风叶犹堪醉里书。⑨

翠石芭蕉竞爽清，玉阶綷縩绮纨声。⑩

清高与道合，僧舍树宜稠。⑪

　　清虚、清臞、清高、清爽、清闲、清标等词汇已经不是侧重其"形似"，而是文人体悟到的芭蕉的一种内在品格。花格就是人格，文人将主体的情感、意识、人格投射到芭蕉之上，芭蕉成为人格外化的载体。"清"是和尘俗相对，芭蕉不是凡尘之物：

---

① 王洋《和陈长卿赋芭蕉二首》其一，《全宋诗》第三〇册，第 19020 页。
② 林宪《芭蕉》，《全宋诗》第三七册，第 23100 页。
③ 王十朋《忏院种红蕉用宝印叔韵》，《全宋诗》第三六册，第 22663 页。
④ 姜特立《红蕉二首》其二，《全宋诗》第三八册，第 24135 页。
⑤ 杨万里《芭蕉三首》其二，《全宋诗》第四二册，第 26255 页。
⑥ 郑真《洪□贾□许索芭蕉作四绝以致意》其二，《荥阳外史集》卷八九。
⑦ 程敏政《分题得芭蕉分绿》，《篁墩文集》卷七五。
⑧ 朱诚泳《芭蕉》，《小鸣稿》卷三。
⑨ 顾清《芭蕉》，《东江家藏集》卷一〇。
⑩ 王逢《蕉石士女为真定吕子敬税使题》，《梧溪集》卷五。
⑪ 姚广孝《芭蕉》，《逃虚子集》卷五。

94

因君不是尘中质，笑我常来雨里听。①

凤尾争高照映人，玉芽明洁出埃尘。②

为爱青青无俗韵，故教移植傍庭隅。③

自能承雨露，元不愧尘埃。④

谁便净绿无尘染，细写新诗墨未干。⑤

正当零落时，对此殊不俗。⑥

手种芭蕉几见春，绿阴绕屋不生尘。⑦

图 43 ［明］沈周《蕉阴琴思图扇》。

芭蕉不染尘埃，超凡脱俗，具有超拔之气。芭蕉常常被种于幽静之所，这更加彰显芭蕉的不同凡俗。"芭蕉皆不利主，民庐了无一本，惟士大

① 爱新觉罗·弘历《御制乐善堂全集定本》卷二七。
② 释德洪《芭蕉》，《全宋诗》第二三册，第 15299 页。
③ 喻良能《次韵周希稷咏芭蕉》，《全宋诗》第四三册，第 26995 页。
④ 薛瑄《芭蕉》，《敬轩文集》卷六。
⑤ 程敏政《分题得芭蕉分绿》，《篁墩文集》卷七五。
⑥ 吴宽《芭蕉》，《家藏集》卷三。
⑦ 钱惟善《芭蕉室为吴江上人赋》，《江月松风集》卷一二。

图44 〔明〕文徵明《蕉林酌酒图》。

夫园宅及僧寺乃时有之。"① 芭蕉不利主的说法或与民间流传的一些芭蕉精怪的传说有关，但这则材料也说明芭蕉常常种植在别致的文人园林或者方外之地。"幽山净土，生此芭蕉。"②环境的清雅静穆，更觉其不是凡品。

清雅不俗的芭蕉颇受文人追捧，成为文人风雅生活的点缀。前引《广群芳谱》云："书窗一日不可无此君。"清李渔亦曰："幽斋但有隙地，即宜种蕉。蕉能韵人而免于俗，与竹同功。"③在炎炎夏日可以享受蕉阴的清凉，"早凉日薄坐其下，爽气肃飒风来徐"④，不仅有生理上的舒适，更有精神上的愉悦。"蕉之易栽，十倍于竹，一二月即可成阴。坐其下者，男女皆入画图，且能使台榭轩窗尽染碧色。"⑤蕉阴为生活增添了些许诗情画意。听蕉雨也是文人悠闲自得生活方式的重要体现，如张耒《四月二十三日昼睡起》：

---

① 施宿编纂《会稽志》卷七。
② 杜奕《芭蕉偈》，孔延之编《会稽掇英总集》卷一五。
③ 李渔《闲情偶寄》卷五，第271页。
④ 楼钥《蕉庵杂言》，《全宋诗》第四七册，第29401页。
⑤ 李渔《闲情偶寄》卷五，第271页。

幽人睡足芭蕉雨，独岸纶巾几案凉。谁和熏风来殿阁，不知陋巷有羲皇。①

又如李洪《偶书》：

世事悠悠莫问天，一觞且醉酒中贤。阶前落叶无人扫，满院芭蕉听雨眠。②

皆是悠然自得，如同羲皇上人。听蕉雨还是一件雅事，文人兴建"蕉雨书屋""蕉雨山房"作为自己读书之所，"凄风苦雨之夜，拥寒灯读书，时闻纸窗外芭蕉淅沥作声，亦殊有致"③。听蕉雨甚至是文人"诗书耕读"雅致生活的重要组成部分，如方岳《过李季子丈》：

春晚有诗供杖屦，日长无事乐锄耕。家风终与常人别，只听芭蕉滴雨声。④

"蕉叶题诗"更是文人优雅生活艺术的体现。古人常在植物叶题诗，我们最为熟知的是"红叶题诗"和"蕉叶题诗"，"红叶题诗"代表着爱情，表现一种对邂逅浪漫爱情的艳羡，多了些香艳的色彩。"蕉叶题诗"则是文人的一种雅趣，如：

题诗芭蕉滑，对酒棕花香。⑤

坐牵蕉叶题诗句，醉触藤花落酒杯。⑥

苜蓿穷诗味，芭蕉醉墨痕。⑦

蕉叶题诗，总少不了饮酒助兴，文人士大夫的诗酒风流，跃然纸上，

---

① 张耒《四月二十三日昼睡起》，《全宋诗》第二〇册，第 13293 页。
② 李洪《偶书》，《全宋诗》第四三册，第 27190 页。
③ 谢肇淛《五杂俎》，第 258 页。
④ 方岳《过李季子丈》，《全宋诗》第六一册，第 38386 页。
⑤ 岑参《东归留题太常徐卿草堂》，《全唐诗》卷一九八，第 2041 页。
⑥ 方干《题越州袁秀才林亭》，《全唐诗》卷六五一，第 7478 页。
⑦ 唐彦谦《闻应德茂先离棠溪》，《全唐诗》卷六七一，第 7665 页。

足以展示文人之风雅。

三、佛性禅心

芭蕉是一种具有浓厚佛教色彩的植物，汉末安世高所翻译的《五阴譬喻经》就以芭蕉"中了无心，何有牢固"比喻"五蕴"皆空。此后的佛经中多用芭蕉象征不实、虚幻，正如陈寅恪先生在《禅宗六祖传法偈之分析》中所说"考印度禅学，其观身之法，往往比人身于芭蕉等易于解剥之植物，以说明阴蕴俱空，肉体可厌之意"[①]。魏晋时期，佛学逐渐昌盛，芭蕉比喻佛理已被文人所

图45　［清］金农《芭蕉罗汉图扇》。

熟知，谢灵运《维摩诘经十譬八赞·芭蕉》就是用芭蕉阐释大乘佛教物性本空、人生如梦幻不真的佛理。在很长一段时间内，芭蕉都是比喻肉体空虚、不实，如元稹《春月》："视身琉璃莹，谕指芭蕉黄。"[②]白居易《逸老》："筋骸本非实，一束芭蕉草。"[③]唐人更喜欢用芭蕉指代残病的身体，如刘禹锡《病中一二禅客见问，因以谢之》：

　　　　身是芭蕉喻，行须筇竹扶。[④]

李益《晚春卧病喜振上人见访》：

---

① 陈寅恪《金明馆丛稿二编》，第167页。
② 元稹《春月》，《全唐诗》卷四〇一，第4489页。
③ 白居易《逸老》，《全唐诗》卷四五九，第5218页。
④ 刘禹锡《病中一二禅客见问，因以谢之》，《全唐诗》卷三五七，第4018页。

灵寿扶衰力，芭蕉对病身。①

李端《病后游青龙寺》：

芭蕉高自折，荷叶大先沉。②

以上诗歌都是用芭蕉比喻人身之衰残。

唐代之后，随着禅宗的兴起，芭蕉常常被用来参禅悟道。芭蕉是寺庙常见植物，"惟士大夫园宅及僧寺乃时有之"，怀素曾在寺庙旁种万株芭蕉。韩愈《山石》：

山石荦确行径微，黄昏到寺蝙蝠飞。升堂坐阶新雨足，

芭蕉叶大栀子肥。③

李群玉《短褐》：

坐睡觉来清夜半，芭蕉影动道场灯。④

二诗都可以看出这一点。因此，这种本身就具有佛教渊源的植物常常成为体悟禅机的凭借，朱庆馀《送品上人入秦》云：

独去何人见，林塘共寂寥。生缘闻磬早，觉路出尘遥。

江雪沾新草，秦园发故条。心知禅定出，石室对芭蕉。⑤

禅定无法言传，但是诗歌必须用语言表达，"石室对芭蕉"，这一景物的组合就平淡中充满玄机。蕉、室相配，本是常见之景，符合禅宗平常生活中体悟的宗旨，一静一动，一刚一柔，静穆而又充满禅趣。石室芭蕉不只是对眼前实景的展现，更是内心的禅定映射在石室与蕉的

---

① 李益《晚春卧病喜振上人见访》，《全唐诗》卷二八三，第 3215 页。
② 李端《病后游青龙寺》，《全唐诗》卷二八四，第 3236 页。
③ 韩愈《山石》，《全唐诗》卷三三八，第 3785 页。
④ 李群玉《短褐》，《全唐诗》卷六七七，第 7761 页。
⑤ 朱庆馀《送品上人入秦》，《全唐诗》卷五一四，第 5872 页。

图 46　明永乐青花竹石芭蕉纹梅瓶。故宫
博物院藏。

静动之间。孟郊《送淡公》："橙橘金盖槛，竹蕉绿凝禅。"[1]也是其境
静穆庄重，富有禅机，透出禅趣。雨打芭蕉是参禅悟道的一个重要的
方式，如宋释可湘《寒山赞》其一：

　　一句子，少机杼。作是思惟时，吾心在何许。芭蕉叶上
三更雨。[2]

　　芭蕉夜雨，灵动，空寂，静穆，凄清，颇符合禅境。诗歌中也多
有表现禅趣，如徐凝《宿冽上人房》：

———————————

[1]　孟郊《送淡公》，《孟东野诗集》卷八。
[2]　释可湘《寒山赞》，《全宋诗》第六三册，第39313页。

100

浮生不定若飘蓬，林下真僧偶见招。觉后始知身是梦，更觉寒雨滴芭蕉。①

雨滴芭蕉成为一次佛理的顿悟，和僧人皎然"风回雨定芭蕉湿，一滴时时入昼禅"②之句有着殊途同归之趣。

第三节　"雨打芭蕉"专题研究

走进烟雨迷蒙的江南，随处可见三两株芭蕉，其优雅的身姿引起了无数文人的欣赏与吟咏。芭蕉偏又"多情管定风和雨"③，把最美的时光都交给了淅淅沥沥的雨。"种蕉可以邀雨"④，雨打芭蕉是古人偏爱的听雨方式之一，且"芭蕉声里催诗急"⑤，是"诗肠之鼓吹"⑥，能诱发文人创作冲动，成为寄托情感的载体。据笔者统计，雨打芭蕉意象在唐五代诗词中有 26 处，宋代诗词中有 217 处。元明清时期，随着芭蕉种植普遍化和以蕉雨为主题的景观营建，诗词文创作的数量也是为数不少。雨打芭蕉是古代文学中重要的意象，具有丰富的文化意蕴。前文已经对雨打芭蕉有所涉及，但是展开得不够充分，本专题就雨打芭蕉意象的发生发展与演变，美感特征以及情感意韵展开论述，试图全面、深入地展现其历史面貌和文学意义。

---

① 徐凝《宿冽上人房》，《全唐诗》卷四七四，第 5384 页。
② 皎然《山雨》，《全唐诗》卷八二〇，第 9250 页。
③ 张镃《菩萨蛮》，《南湖集》卷一〇。
④ 涨潮《幽梦影》，程不识编《明清清言小品》，第 293 页。
⑤ 陈棣《骤雨呈质夫兄》，《全宋诗》第三五册，第 22020 页。
⑥ 吴从先《小窗自纪》："论声之韵者，曰溪声、竹声……芭蕉雨声、落花声、落叶声，皆天地之清籁，诗肠之鼓吹也。"程不识编《明清清言小品》，第 184 页。

一、雨打芭蕉意象的发展与演变

图 47　齐白石《雨蕉》。

芭蕉在晋代已经成为文学作品重要的题材和意象，但是中唐之后雨打芭蕉这一自然景象才引起关注，成为文学表现的对象。岑参《寻阳七郎中宅即事》诗曰："雨滴芭蕉赤，霜催橘子黄。"[①]此是最早关于雨打芭蕉的诗篇。岑参虽然被称作盛唐诗人，但此诗却作于大历年间。[②]此后，雨打芭蕉意象出现的频率逐渐增多，韩愈、白居易、王建、杜牧、皮日休、徐凝、李煜等大家名家都描写过雨打芭蕉，其中杜牧的《芭蕉》一诗是咏雨打芭蕉的专题创作，借蕉雨寄托羁旅之思。在中晚唐时期，雨打芭蕉常常作为一个视觉意象出现在文学作品中，如上引岑参的诗作，又如何扶《送阆州妓人归老》："芭蕉半卷西池雨。"[③]王建《逍遥翁亭》："零落蕉花雨打开。"[④]皆是描写雨中芭蕉摇曳之姿。这一阶段，雨打芭蕉作为视觉意象和作为听觉意象在数量上大体相当。

宋代雨打芭蕉意象出现的数量是唐代 8 倍左右，参与的作家也更多。南宋时期诗词

---

① 岑参《寻阳七郎中宅即事》，《全唐诗》卷二〇〇，第 2086 页。
② 李嘉言《岑诗系年》："此亦大历二年初至嘉州后作。"《文学遗产增刊》第三辑，作家出版社，1957 年，第 149 页。
③ 何扶《送阆州妓人归老》，《全唐诗》卷五一六，第 5900 页。
④ 王建《逍遥翁亭》，《全唐诗》卷三〇〇，第 3404 页。

图 48 《雨打芭蕉》唱片封面。

中都出现了雨打芭蕉的专题创作，如万俟咏《长相思》、杨万里《芭蕉雨》、谢翱《芭蕉雨》等。这一阶段雨打芭蕉已基本作为听觉意象出现，并且形成"听蕉""蕉窗听雨"等固定的赏蕉模式，雨打芭蕉的美感特征和情感意蕴得到深入发掘。唐五代时期文学作品所描写的雨打芭蕉仅仅被当作自然声响，和雨滴梧桐、雨打荷叶等雨声并没有本质的区别，如唐孟浩然的"疏雨滴梧桐"[1]、徐凝的"更闻寒雨滴芭蕉"[2]，描写雨洒落在两种不同的植物叶上所使用的动词都是"滴"，很难区分出二者

---

① 孟浩然《句》，《全唐诗》卷一六〇，第 1669 页。
② 徐凝《宿冽上人房》，《全唐诗》卷四七四，第 5384 页。

之间的异同。进入宋代，雨打芭蕉之美逐渐被细化、美化，发现其音乐美，如苏辙《新种芭蕉》云"萧骚暮雨鸣山乐"①，就将蕉雨比作乐声。杨万里《芭蕉雨》用生动形象的文字将雨打芭蕉音色的"清更妍"、节奏的抑扬顿挫形象地展现出来。南宋时期还出现了《芭蕉雨》的词牌，雨打芭蕉的音乐之美得到了深入的挖掘和展现。蕴含的情感也更为丰富，不只是离别相思的悲情，更有喜悦、闲适等情趣。

元明清时期，雨打芭蕉意象不再局限于诗词，而是遍及文、赋、散曲、戏剧、小说等文体。文体的丰富为描写雨打芭蕉提供了更为广阔的表现空间，如《明文海》收录了李荫的《芭蕉夜雨赋》，运用大量的铺陈排比刻画夜雨芭蕉，极尽描写之能事，对其声音的清浊缓急和所引发的各种情感都有细致的书写。明代著名画家沈周的《听蕉记》兼用描写与议论，状蕉雨之声，体悟听雨之理趣。叙事文学常使用芭蕉夜雨来烘托氛围，抒发感情，戏剧创作中还出现了明代李文蔚《芭蕉雨》。

纵观历代文学作品，雨打芭蕉作为意象的价值要远远大于作为题材的价值。专咏之作出现时间晚，数量少，而雨打芭蕉意象却广泛地被用来写景抒情，造成了有名句无名篇的现象。有些名句被反复征用，如杜牧《雨》中有两句："一夜不眠孤客耳，主人门外有芭蕉。"②宋人晁补之《浣溪沙》化用这两句："一夜不眠孤客耳，耳边愁听雨萧萧。碧纱窗外有芭蕉。"③又如北宋张俞的残句："生涯自笑惟书在，旋种芭蕉听雨声。"④陆游《忆昔》的尾联借用了这两句，只将"书"改作"诗"。⑤

---

① 苏辙《新种芭蕉》，《全宋诗》第十五册，第 9977 页。
② 杜牧《雨》，《全唐诗》卷五二四，第 5996 页。
③ 晁补之《浣溪沙》，《全宋词》，第 573 页。
④ 张俞《句》，《全宋诗》第七册，第 4719 页。
⑤ 陆游《忆昔》，《全宋诗》第三九册，第 24493 页。

二、雨打芭蕉的美感特征

雨打芭蕉作为一种自然景象主要是由芭蕉和雨两种元素所构成，但同时也受季节和地域等外在因素影响，因此雨打芭蕉展现出丰富多彩的美感特征。随着认识的深化和不断的吟咏，雨打芭蕉的声情美、节令美、地域美得到了细致深刻的发掘和表现，为我们欣赏雨打芭蕉之美积累了丰富的经验。

（一）声情美

"雨打芭蕉"在视觉上有一定的可观性，芭蕉在风雨中摇曳之姿在文学作品中也有表现，但相对听觉来说雨打芭蕉的视觉美感比较单调，涉及的作品数量不多。雨打芭蕉的美感主要

图 49　蕉窗听雨。

是诉之于听觉，其声音之美成为文学作品重要的表现对象。中唐之后雨打芭蕉、桐叶、荷叶等听觉意象成为文学中重要的抒情意象，这些植物都有一个共同的特性——阔叶植物。芭蕉叶又是其中最大的，嵇含《南方草木状》曰："（芭蕉）叶长一丈或七八尺,广尺余。"[1]朱弁《风月堂诗话》:"草木叶大者莫大于芭蕉。"[2]蕉叶薄且宽大,表面平整光滑,

---

①　嵇含《南方草木状》，第 1 页。
②　朱弁《风月堂诗话》，第 106 页。

覆盖有角质，因此雨点打在蕉叶上，声音响亮，节奏清晰，如同鼓点，"芭蕉雨粗，莲花漏续，是有鼓意"①。雨打芭蕉与雨滴梧桐虽然同为雨声，但是蕉雨之声更加响亮，近人沈其光《瓶粟斋诗话》曰：

> 郭频伽诗："芭蕉不作寻常响，一阵花奴羯鼓催。"此的
> 是蕉雨；又云："梧桐叶上无多雨，一滴听他又几时。"此的
> 是梧桐雨。②

郭频伽即郭麐，清乾隆、嘉庆时期人，他这两句诗分别写芭蕉雨和梧桐雨，细致入微地刻画出二者的区别。朱熹甚至以是否体现雨打芭蕉声音响亮作为评判诗文优劣的标准，《朱子语类》：

> 举南轩（按：张栻）诗云："卧听急雨打芭蕉。"先生曰：
> "此句不响。"曰："不若作'卧闻急雨到芭蕉'。"③

黄昏和傍晚时的蕉雨之声更为响亮。"孤灯深夜听芭蕉"④，夜色褪去了白天的喧嚣，蕉雨之声更为清晰，最能挑动心弦，成为听蕉雨的最佳时间，以至"古之愁夜雨者，多以蕉叶为辞"⑤。

响亮悦耳的蕉雨之声并不单调，而是变化多端，丰富多彩。沈周《听蕉记》：

> 夫蕉者，叶大而虚，承雨有声。雨之疾徐、疏密，响应
> 不忒。⑥

雨声的大小疏密等客观条件不同，加上蕉叶"大而虚"，声音也相

---

① 朱锡绶《幽梦续影》，程不识编《明清清言小品》，第 397 页。
② 沈其光《瓶粟斋诗话》，张寅彭主编《民国诗话丛编》三编，第 657 页。
③ 黎锦德编《朱子语类》卷一四〇。
④ 蔡衍鎤《峡口听雨》，徐世昌编《晚晴簃诗汇》卷九四。
⑤ 朱彝尊《静志居诗话》卷一〇，第 265 页。
⑥ 沈周《听蕉记》，《石田诗文钞》。

应不同，因此给人多种审美感受。其一，"草木一般雨，芭蕉声最多"①。陆游也感叹"芭蕉正得雨声多"②，诗歌中常用"多"字状雨之声。"声多"即是响亮、稠密、铿锵有力，听上去清脆爽朗犹如金石："夜来雨打叶，惊闻金石响。"③"金石玎铮听未休。"④其二，"窗外芭蕉，数点黄昏雨"⑤。疏雨洒落蕉叶之上，其声似断还续，似续还断。点点、数点、点滴、滴滴、声声、几声等量词，萧萧、零零等象声词常常被用来形容和限定蕉雨之声，声音稀疏但又不绝于耳，缅渺悠远，如同流动的心绪、如丝的哀愁，似有似无。其三，"芭蕉得雨便欣然，终夜作声清更妍"⑥。蕉雨时而大，时而小，时而疏，时而密，"细声巧学蝇触纸，大声锵若山落泉。三点五点俱可听，万籁不生秋夕静"⑦，如同一曲优美的丝竹乐。明林鸿《赋得芭蕉雨》对蕉雨的音乐之美也有着生动的描写：

　　籁籁江城古梅落，征音羽音是耶非，嘈嘈切切鸣天机，

　　碎若珠玑落寒玉，清如素指调金徽。⑧

　　雨打芭蕉的音乐之美，用文字表达还是难以穷形尽相，南宋期间产生的《芭蕉雨》词调今已不传，但是古筝曲《蕉窗夜雨》和广东丝竹民乐《雨打芭蕉》，曲调优美凄切，广为流传。其四，"窗外芭蕉雨，檐前蟋蟀声"⑨。蕉雨之声常常与同样清旷幽深的蟋蟀声组合出现，如：

① 王十朋《芭蕉》，《全宋诗》第三六册，第 22642 页。
② 陆游《秋兴三首》其二，《全宋诗》第三九册，第 24784 页。
③ 李梦阳《蕉石亭》，《空同集》卷三四。
④ 赵完璧《蕉声》，《海壑吟稿》卷五。
⑤ 杜安世《凤栖梧》，《全宋词》，第 186 页。
⑥ 杨万里《芭蕉雨》，《全宋诗》第四二册，第 26206 页。
⑦ 杨万里《芭蕉雨》，《全宋诗》第四二册，第 26206 页。
⑧ 林鸿《赋得芭蕉雨》，《鸣盛集》卷三。
⑨ 释宗泐《秋夜》，《全室外集》卷八。

芭蕉叶上雨催凉，蟋蟀声中夜渐长。[1]

空阶鸣蟋蟀，寒雨滴芭蕉。[2]

这种组合极为常见。"惟闻绕砌虫声，和此惨淡音"[3]，蟋蟀之声凄切，与蕉雨合成清绝的二重奏。淋漓蕉雨声中，蟋蟀浅吟低唱，若有还无，惊扰了多少文人的清梦。

（二）时令美

雨打芭蕉在不同的季节展现出不同的物色美。芭蕉生长期较长，秦岭淮河以南地区从暮春至晚秋皆茂盛，福建广州等地更是四季常青，因此雨打芭蕉欣赏周期颇长。不同季节，雨打芭蕉展现出的美感也是不同的。春夏两季是芭蕉生长的旺盛期，古人有"一日之计种蕉"之说，雨中芭蕉更是生机盎然，如：

蕉叶卷舒雨，鸠声问答春。[4]

空斋数点黄梅雨，添得芭蕉绿满庭。[5]

燕子将雏语夏深，绿槐庭院不多阴。西窗一雨无人见，
展尽芭蕉数尺心。[6]

甘霖滋润的蕉叶迅速从心中抽出舒展开来，浓绿逼人，展现出强劲的生命力。

秋雨芭蕉则呈现出凄清萧肃之美。秋雨芭蕉具有秋天物候特征，"芭蕉急雨作秋声"[7]，听窗外点滴蕉雨之声，知秋之降至；"络纬独知秋

---

① 陆游《雨夕焚香》，《全宋诗》第三九册，第 24826 页。
② 释智圆《秋晚客舍寄故山友僧》，《全宋诗》第三册，第 1529 页。
③ 黄图珌《芭蕉夜雨》，《看山阁集》卷四。
④ 真山民《春行》，《全宋诗》第六五册，第 40874 页。
⑤ 吕徽之《夏景》，《全宋诗》第六八册，第 42930 页。
⑥ 汪藻《即事二首》其一，《全宋诗》第二五册，第 16553 页。
⑦ 张扩《博古堂》，《全宋诗》第二五册，第 16095 页。

色晚,芭蕉添得雨声多"①,听雨打芭蕉顿觉秋意袭人。宋赵彦镗《秋声》:

　　纷纷败叶扑西风, 呖呖征鸿度碧空。咿咿菱歌烟暝外,

丁丁衣杵月明中。潇潇细滴蕉窗雨, 唧唧悲鸣草砌蛩……②

　　诗中列举出各种秋之声,潇潇蕉雨声就是其一。秋在我国文化中不仅是指代一个季节,而且具有深广的文化含义和丰富的美学特征。宋玉曰:

　　悲哉! 秋之为气也, 萧瑟兮草木摇落而变衰。③

欧阳修曰:

　　盖夫秋之为状也, 其色惨淡, 烟霏云敛 ; 其容清明, 天

高日晶 ; 其气凛冽, 砭人肌骨 ; 其意萧条, 山川寂寥。④

　　秋表现为萧肃、苍凉、凄清、孤寒、幽冷的美学风味, 蕉雨作为秋天的一种标志性风物, 其神韵演绎着秋的文化与韵致。"忽闻声淅沥,自觉气潇森"⑤, 蕉雨也具有秋天所包含的某些美感特征, 呈现着凄冷、幽寒、清峻之美。而最能体现这种美感的是秋夜蕉雨 :

　　秋风多, 雨如和。帘外芭蕉三两窠, 夜长人奈何。⑥

　　数叶芭蕉数叶秋, 灯长雨久不眠愁。⑦

　　梦回蕉叶上, 残雨几番鸣。⑧

　　空阶夜滴秋宵雨, 雨入芭蕉动窗户。⑨

① 周紫芝《雨后顿有秋意得小诗四绝》其二,《全宋诗》第二六册, 第 17316 页。
② 赵彦镗《秋声》,《全宋诗》第六〇册, 第 37947 页。
③ 宋玉《九辩》, 洪兴祖补注《楚辞补注》卷八, 第 183 页。
④ 欧阳修《秋声赋》,《文忠集》卷一五。
⑤ 余翔《芭蕉雨》,《薛荔园诗集》卷二。
⑥ 李煜《长相思》, 李煜、李璟撰《南唐二主词》, 第 9 页。
⑦ 方岳《芭蕉》,《全宋诗》第十五册, 第 9862 页。
⑧ 蒋廷玉《秋意》,《全宋诗》第六三册, 第 39400 页。
⑨ 曹勋《夜坐吟》,《全宋诗》第三四册, 第 21042 页。

诗文中描写秋夜蕉雨的例子还有很多。夜色笼罩，听觉成为可以穿越黑暗的感知方式，寂静中，雨之声更为清晰，点点滴滴如同滴在心头。夜晚又延伸出灯意象：

幽人听尽芭蕉雨，独与青灯话此心。[1]

孤灯照残梦，雨滴芭蕉寒。[2]

昏黄幽暗的光线，冷清凄切的蕉雨声，夜深难眠的抒情主人公，三者构成了一幅"秋夜听蕉图"。

（三）地域美

芭蕉是热带植物，主要分布在淮河以南地区，岭南地区最为繁多茂盛。芭蕉中的耐寒品种在淮河以北甚至黄河以北地区也有少量分布，因此雨打芭蕉存在的地域极其辽阔。但在中国的文化传统中雨打芭蕉是江南水乡典型的风物。明李东阳《得李秋官若虚署秋官元勋邵户部文敬联句见寄次韵二首》其二曰："蓟北秋风歌杕杜，江南夜雨听芭蕉。"[3]这两句诗对偶精炼工整，将北方和江南的两组名物相对，展现了南北风光之差异。"杕杜"用了诗经中的典故，《诗经·唐风·杕杜》曰："有杕之杜，其叶湑湑……有杕之杜，其叶菁菁。"朱熹《诗集传》曰："杕，特茂也。杜，赤棠也。"[4]唐风乃今山西省中南部太原一带的民歌，赤棠也主要生长在黄河流域，"杕杜"具有鲜明的北方文化特征。夜雨芭蕉被作为江南的典型风物和"杕杜"相对。人们有时候即使在北方闻蕉雨，也会联想到江南。清人查揆聆听"京华"居所的夜雨芭蕉，情

---

① 陆游《雨夜》，《全宋诗》第三九册，第 24523 页。

② 郑会《拟行行重行行》，《全宋诗》第五六册，第 35256 页。

③ 李东阳《得李秋官若虚署秋官元勋邵户部文敬联句见寄次韵二首》其二，《怀麓堂集》卷九三。

④ 朱熹《诗集传》卷六。

不自禁地想起："芭蕉叶长雨声大，江南只在栏杆外。"①雨打芭蕉也是文学作品中常描写的江南景色，如宋洪适《虞美人》：

芭蕉滴滴窗前雨，望断江南路。②

明顾璘《寄题俞鲁用分绿轩》：

江南五月百草长，芭蕉绕檐十尺强……郡斋秉烛为君吟，

萧萧一夜闻秋雨。③

《诗人玉屑》论促句法所引诗歌："江南秋色摧烦暑，夜来一枕芭蕉雨，家在江南白鸥浦。"④也是言此。

江南不仅是一个地域概念，更是一个文化概念，说起江南，总是让人想起小桥流水，山明水秀，烟雨迷蒙，"江南越来越成了一道诗意的空间，其自然风光和人文氛围中洋溢着清秀、空灵、温柔、婉雅的美感"⑤。芭蕉雨本身所具有的柔美、轻盈、清婉的风味比较能体现江南的美学特点，在人们的审美经验中，雨打芭蕉是属于江南的。明清之际，江南园林多有"蕉雨轩""蕉雨书屋"等建筑，雨打芭蕉是江南园林常见的景观设计。计成《园冶·园说》曰：

夜雨芭蕉，似杂鲛人之泣泪；晓风杨柳，若翻蛮女之纤腰。

移竹当窗，分梨为院；溶溶月色，瑟瑟风声；静扰一榻琴书，

动涵半轮秋水……⑥

计成所描绘的正是江南园林极为代表性的景观，"是晚明江南文人

---

① 查揆《小秀野草堂卷为顾水部题》，《筼谷诗文钞》卷二〇。
② 洪适《虞美人》，《全宋词》，第 1374 页。
③ 顾璘《寄题俞鲁用分绿轩》，《息园存稿诗》卷七。
④ 魏庆之《诗人玉屑》上册，第 46 页。
⑤ 程杰《"杏花春雨江南"的审美意蕴与历史渊源》，《南京师范大学文学院学报》，2005 年第 9 期。
⑥ 计成《园冶》，第 51 页。

闲适、艺术生活的真实写照"①。蕉雨常常和极具江南特色的柳风、柳烟一同构建了江南水乡清雅明丽的风情，如：

> 疏雨听芭蕉。梦魂遥。惆怅柳烟何处。②

> 杨柳斜风力弱，芭蕉击雨声寒。③

> 杨柳春风垂地影，芭蕉夜雨隔窗声。④

> 雨里芭蕉风外杨。⑤

或者和另一江南水乡代表——荷联咏，"烟浓共拂芭蕉雨，浪细双游菡萏风"⑥。"芰荷香里散秋风，芭蕉叶上鸣秋雨。"⑦其景其境清新明媚，细致幽婉，读来宛然身在江南。

三、雨打芭蕉意象的情感意蕴

"应物斯感，感物吟志"⑧，雨打芭蕉引发了文人们丰富的感受与情趣。雨打芭蕉是雨景之一，蕴含的情感基本是属于"喜雨、苦雨、爱恋的三种基本情感模式"⑨，但蕉雨是特定情境中的雨景，情感指向更为明确，主要体现为：羁旅思乡、闺怨相思、闲适情趣。蕉雨所蕴含的此类情感意蕴被文人反复书写吟唱，成为诗词中常见的抒情模式。

（一）"小窗一夜芭蕉雨，倦客十年桑梓心"——羁旅思乡

雨意象的羁旅思乡情感意蕴可以追溯到《诗经》，如《采薇》："昔

---

① 张薇《〈园冶〉文化论》，第 219 页。
② 刘光祖《昭君怨》，《全宋词》，第 2063 页。
③ 释正觉《偶成示众》，《全宋诗》第三一册，第 19803 页。
④ 晁公遡《官舍》，《全宋诗》第三五册，第 22444 页。
⑤ 朱彝尊《曝书亭偶然作九首》，《曝书亭集》卷一七。
⑥ 皮日休《鸳鸯二首》之二，《全唐诗》卷六一四，第 7092 页。
⑦ 石孝友《踏莎行》，《全宋词》，第 2037 页。
⑧ 刘勰《文心雕龙》，第 32 页。
⑨ 傅道彬著《晚唐钟声——中国文化的原型批评》，第 127 页。

我往矣，杨柳依依。今我来思，雨雪霏霏。"《东山》："我来自东，零雨其蒙。"隋唐之后，文人多有漫游、出仕、贬谪等经历，背井离乡之际，雨打芭蕉便成了羁旅思乡之情的发酵剂。羁旅愁思大致可以分为两个方面：其一，思乡。"客思雨中深"[①]，客居他乡，在夜深人静，窗外淅淅沥沥的蕉雨激起的家园之思让人难以入眠，如杜牧《芭蕉》：

芭蕉为雨移，故向窗前种。怜渠点滴声，留的故乡梦。梦远莫归乡，觉来一翻动。[②]

李清照经历了国破家亡，寄居江南，对羁旅之苦有着深刻的体悟，"伤心枕上三更雨，点滴霖霪。点滴霖霪。愁损北人，不惯起来听"[③]，点点滴滴之声道尽了"北人"客居异乡的无限愁思。蕉雨之声还被用来形容这种愁思的程度，"空阶滴沥肠堪断，更向芭蕉叶上听"[④]，蕉雨比"空阶滴沥"之声让人更觉断肠。或用来表现愁思浓度，"人问孤舟多少恨，

图50　徐燕孙《芭蕉仕女》。

---

① 陈与义《愚溪》，《全宋诗》第三一册，第 19558 页。
② 杜牧《芭蕉》，《全唐诗》卷五二四，第 6008 页。
③ 李清照《添字丑奴儿》，《李清照集校注》，第 48 页。
④ 张嵲《夜雨有作》，《全宋诗》第三二册，第 20534 页。

五更寒雨报芭蕉"①。其二，孤独。客居他乡，寂寞孤独之情最让人煎熬。"一夜不眠孤客耳，主人窗外有芭蕉"②，孤独的烦闷又无处排解，只能"关心多少事，一一付芭蕉"③，又或者"幽人听尽芭蕉雨，独与青灯话此心"④。夜雨芭蕉，其境过清，让人更觉形影相吊。柔软绵长的蕉雨之声，已经在不眠之夜化作挥之不去思乡和孤独，千年之后仍有回响。

（二）"谢他窗外芭蕉雨，叶叶声声伴别离"——闺怨相思

"芭蕉送雨颠风，最能挑人离索。"⑤蕉雨哀婉凄迷的氛围常常触发闺阁幽怨之情。曹勋《夜坐吟》：

> 空阶夜滴秋宵雨，雨入芭蕉动窗户。佳人愁绝坐幽闺，
> 良人万里勤征戍。⑥

蕉雨惊梦，无法入睡，转而思念、伤感，成为诗词中写闺怨的常见模式。如明孙蕡《闺怨》：

> 夜雨偏伤独睡情，芭蕉点点助寒声。分明隔着窗儿纸，
> 直向心头滴到明。⑦

蕉雨悲凉之声激起内心的愁怨，雨泪同滴，一夜无眠。又如胡仲参《闺中词》：

> 听尽芭蕉雨，愁人夜不眠。凭谁将此意，为妾到郎边。⑧

---

① 白玉蟾《泊头场刘家壁》，《全宋诗》第六〇册，第 37603 页。
② 杜牧《雨》，《全唐诗》卷五二四，第 5996 页。
③ 俞德邻《客中雨》，《全宋诗》第六七册，第 42447 页。
④ 陆游《雨夜》，《全宋诗》第三九册，第 24523 页。
⑤ 施绍莘《夜雨》，《秋水庵花影集》卷二。
⑥ 曹勋《夜坐吟》，《全宋诗》第三四册，第 21042 页。
⑦ 孙蕡《闺怨》，《西庵集》卷一〇。
⑧ 胡仲参《闺中词》，《全宋诗》第六三册，第 39848 页。

蕉雨之声则引起对"情郎"的无限思念。有时又是引发来去无端的闺怨情怀，如陆游妾《卜算子》：

只知眉上愁，不知愁来路。窗外有芭蕉，阵阵黄昏雨。①

雨打芭蕉将不可言说的离情别绪形象再现，如万俟咏《长相思》：

一声声，一更更。窗外芭蕉窗里灯，此时无限情。

梦难成，恨难平。不道愁人不喜听，空阶滴到明。②

声声、更更显示蕉雨之声的单调、重复，是"无限情"的物化，"空阶滴到明"既是"景语"，又是"情语"，正如吴乔在《围炉诗话》中说："景物无自生，惟情所化。"③又如：

正忆玉郎游荡去，无寻出。更闻帘外雨潇潇，滴芭蕉。④

今宵魂梦知何处。翠竹芭蕉，又下黄昏雨。⑤

皆是将无形相思和惆怅化作绵绵不尽的蕉雨之声。

（三）"阶前落叶无人扫，满院芭蕉听雨眠"——闲适情趣

如前所述，雨打芭蕉触发的情感常常具有悲情色彩，多与离别相思相关联。但蕉雨也有自然恬淡的一面，如韩愈《山石》："升堂坐阶新雨足，芭蕉叶大栀子肥。"⑥空山新雨，空气清新，盛开的栀子花散发着幽香，浓翠硕大的蕉叶在雨中弹奏着优美的乐曲，沁人心脾。梁清标自题《蕉林书屋读书图》曰："人在西窗清似水，最堪听处有芭蕉。"⑦蕉窗听雨也是赏心乐事。因此，雨打芭蕉也能让人产生清

---

① 陆游妾《卜算子》，潘永因编《宋稗类钞》卷一七。
② 万俟咏《长相思》，《全宋词》，第811页。
③ 吴乔《围炉诗话》，郭绍虞编《清诗话续编》，第386页。
④ 顾敻《杨柳枝》，赵崇祚编，李谊注《花间集注释》，第263页。
⑤ 李石《醉落魄》，《全宋词》，第1299页。
⑥ 韩愈《山石》，《全唐诗》卷三三八，第3785页。
⑦ 梁清标《蕉林书屋》，戴璐编《藤阴杂记》，第71页。

图 51 ［清］石涛《芭蕉》。

新愉悦之感，寄托优雅闲适的情感体验。

我国古代是农耕社会，雨天能让人们停止田间劳作，享受休闲时光，就连文人士大夫也可"偷得浮生半日闲"。如宋代大儒张栻《偶作》：

> 世情易变如云叶，官事无穷类海潮。退食北窗凉意满，卧听急雨打芭蕉。①

清新淋漓的蕉雨让诗人获得片刻的闲暇，更让心灵从"世情""官事"的压抑中释放出来。听蕉雨成为文人闲适自得生活方式的重要体现，如张耒《四月二十三日昼睡起》：

> 幽人睡足芭蕉雨，独岸纶巾几案凉。谁和熏风来殿阁，不知陌巷有羲皇。②

又如李洪《偶书》：

> 世事悠悠莫问天，一觞且醉酒中贤。阶前落叶无人扫，满院芭蕉听雨眠。③

听蕉雨还是一件雅事，文人兴建"蕉雨书屋""蕉雨山房"作为自

---

① 张栻《偶作》，《全宋诗》第四五册，第 27930 页。
② 张耒《四月二十三日昼睡起》，《全宋诗》第二〇册，第 13293 页。
③ 李洪《偶书》，《全宋诗》第四四册，第 27190 页。

己读书之所，"凄风苦雨之夜，拥寒灯读书，时闻纸窗外芭蕉淅沥作声，亦殊有致"①。听蕉雨甚至是文人"诗书耕读"雅致生活的重要组成部分，如方岳《过李季子丈》：

> 春晚有诗供杖屦，日长无事乐锄耕。家风终与常人别，只听芭蕉滴雨声。②

听蕉雨还可以体悟禅理，超脱尘俗，身心两忘，如徐凝《宿冽上人房》："觉后始知身是梦，更觉寒雨滴芭蕉。"③僧人皎然《山雨》："风回雨定芭蕉湿，一滴时时入昼禅。"④在寂静中点滴蕉雨和空无的心境相契合，超然物外。

雨打芭蕉作为自然雨景，具有独特的客观特征和审美特质，在中唐进入人们的审美视野，成为重要的文学意象，正适应了盛唐之后文人偏于内敛、凄婉的文化心态。长时间的审美观照积累了丰富的创作经验，古人对雨打芭蕉的声情美、地域美、节令美等特征进行了深入的拓掘，展现了文化记忆中雨打芭蕉的美感和神韵。雨打芭蕉所蕴含的情感底蕴有阴柔哀婉，也有清新愉悦，正所谓"欢愉之词难好，而愁苦之词易工"，雨打芭蕉意象所承载的"愁苦"要远远多于"欢愉"。古人对此也有着理性的认识，如唐人无名氏之作："芭蕉叶上无愁雨，自是多情听肠断。"⑤"情哀则景哀，情乐则景乐"⑥，雨打芭蕉意象皆是特定境遇中主客体契合的产物，从一定程度上反映了古代士大夫的

① 谢肇淛《五杂俎》，第 258 页。
② 方岳《过李季子丈》，《全宋诗》第六一册，第 38386 页。
③ 徐凝《宿冽上人房》，《全唐诗》卷四七四，第 5384 页。
④ 皎然《山雨》，《全唐诗》卷八二〇，第 9250 页。
⑤ 无名氏《句》，《全唐诗》卷七九五，第 8951 页。
⑥ 吴乔《围炉诗话》，郭绍虞编《清诗话续编》，第 386 页。

审美心理和文化心态。随着历史的发展，雨打芭蕉意象的文化积淀日趋深厚，逐渐定格为具有丰厚底蕴的民族文化符号。

第三章　芭蕉的文化研究

芭蕉不仅是语言艺术的表现对象，也是园林、绘画等艺术形式重要的题材，并且涌现大量优美的作品。下面就芭蕉与园林、绘画展开论述，试图从多角度发掘芭蕉在中国传统文化中的美学价值。

第一节　芭蕉与园林

芭蕉的栽培与观赏是整个芭蕉审美文化活动中最直接、最核心的部分，主要包括园林建置，园艺欣赏两个方面。这两方面构成芭蕉审美欣赏的物质基础，其他审美文化活动多由此触发、衍生而来。

一、园林建置

芭蕉的园林种植可以追溯到西汉时期，但一直到魏晋南北朝，园林中芭蕉只是偶然一现。中唐之后，芭蕉在园林中的种植逐渐普及，尤其宋元明清时期，芭蕉已经在园林中获得较高的地位，成为园林中重要的植物，并形成一定的园林种植规模和和造景模式。

（一）种植模式

芭蕉的不同种植模式和搭配方式形成的审美风格是迥然不同的。

1. 丛蕉。芭蕉丛植是园林中最常见的种植方式。《格物总论》曰："芭

图 52 丛蕉。

蕉丛生，根出地面，两三茎成一簇。"①唐以前，芭蕉多种植于皇家园林，《三辅黄图》记载：

汉武帝元鼎六年（前111），破南越起扶荔宫。以植所得奇草异木：菖蒲百本；山姜十本；甘蕉十二本。②

沈约《修竹弹甘蕉文》曰：

窃寻苏台前甘蕉一丛，宿渐云露，荏苒岁月，擢本盈寻，垂荫含丈。③

此皆为丛植。丛植规模小，容易经营，更适合士大夫宅院种植。唐之后，芭蕉丛植趋于普遍。三五成簇，或种于庭前屋后，或植于窗前院落，掩映成趣，更加彰显芭蕉清雅秀丽之逸姿。对此，诗词多有描写，宋代僧人慧洪《惠侍者清梦轩》："小轩面层崖，丛蕉手自种。"④明高启《题斋前蕉》："丛蕉依孤石，绿映闲庭宇。"⑤唐姚合还别出心

---

① 引自陈元龙《格致镜原》卷六八。

② 何清谷校注《三辅黄图校注》，第195页。

③ 沈约《修竹弹甘蕉文》，沈约著，陈庆元校笺《沈约集校笺》，第106页。

④ 释慧洪《惠侍者清梦轩》，《石门文字禅》卷八。

⑤ 高启《题斋前蕉》，《大全集》卷一六。

裁地用丛蕉为屏,《芭蕉屏》诗曰:

芭蕉
丛丛生,
月照参差
影。数叶
大如墙,
作我门之
屏。稍稍
闻见稀,
耳目得安
静。①

图 53 ［清］恽寿平《蕉林书屋》。

2. 蕉林。蕉林也是常见的芭蕉景观。怀素"尝于故里种芭蕉万余株,以供挥洒",《清异录》记载:

怀素居零陵庵东郊,治芭蕉,亘带几数万,取叶代纸而书,号其所曰"绿天",庵曰"种纸"。厥后道州刺史追作《绿天铭》。②

虽然怀素主要的目的是为了练习书法,但是无意间却营造了一片蕉林。《清异录》又记载:

南海城中苏氏园,幽胜第一。广主尝与幸姬李蟾妃微至此憩,酌绿蕉林,广主命笔大书蕉叶曰"扇子仙"。苏氏于广主草宴之所,起扇子亭。③

① 姚合《芭蕉屏》,《全唐诗》卷四九九,第5673页。
② 陶谷《清异录》卷上。
③ 陶谷《清异录》卷上。

大片蕉林，更能体现芭蕉的清幽。元张昱《蕉林》：

愁怀常把酒，爱此满林玉。风回舞袖翻，欲近纱窗绿。①

展现的就是此景。种植小片蕉林，营造蕉坞，士大夫也多爱之。清毛奇龄《蕉坞》曰：

碧甃深成坞，丛蕉折作阿。雨余蛛自网，梦里鹿曾过。
翠影摇虚榻，冰心卷素罗。南方多草树，愁望奈君何。②

今江南多处有蕉坞地名，也可见此景颇为普遍。

图54　［明］陈栝《芭蕉紫薇图扇》。

3. 配植。芭蕉常与其他植物搭配种植，组合成景。蕉竹配植是最为常见的组合，二者生长习性、地域分布、物色神韵颇为相近，有"双清"之称。明方应选《病中有怀》序言："余病浃月，交知阔疏。兀坐一斋，惟蕉竹是友，漫题数韵。"诗中称蕉竹为"双清"："久坐翻今傲骨添，双清顿觉烦襟逐。"③这种配置方式在风雨中更有神韵："为爱芭蕉绿叶浓，栽时傍竹引清风。"④"翠叶离披傍竹林，几年雨露受恩深。"⑤另外一种常见配植方式是"怡红快绿"。《红楼梦》中"怡红院"海棠、芭蕉左右对植，棠

---

① 张昱《蕉林》，《可闲老人集》卷一。
② 毛奇龄《蕉坞》，《西河集》卷一七一。
③ 方应选《病中有怀》，《方众甫集》卷一。
④ 胡仲弓《芭蕉》，《全宋诗》第六二册，第39805页。
⑤ 黄庚《芭蕉》，《全宋诗》第六九册，第43595页。

红蕉绿，别有情趣。这种红绿相配颇为常见，如：

深院下帘人昼寝，红蔷薇架碧芭蕉。①

红了樱桃、绿了芭蕉。②

昼下珠帘猧子睡，红蕉窗下对芭蕉。③

（二）造景模式

芭蕉与建筑物、怪石等相互组合，形成一定的造景模式。

1．蕉窗。明计成《园冶》曰："窗虚蕉影玲珑。"④窗外植蕉，极为普遍，今江南宅院皆随处可见。古人也多爱之，"芭蕉为雨移，故向窗前栽"⑤，"西窗两芭蕉，谁见春萌抽"⑥。窗前多

图 55　蕉窗。

植三五株芭蕉，一可观蕉，窗成为欣赏芭蕉的一个角度，如同一个画框，几叶芭蕉，形成"尺幅窗"，如："窗外芭蕉三两叶。"⑦"西窗明月中，

①　韩偓《深院》，《全唐诗》卷六八一，第 7805 页。

②　蒋捷《一剪梅》，《竹山词》。

③　宋白《宫词》，《全宋诗》第一册，第 282 页。

④　计成《园冶》，第 61 页。

⑤　杜牧《芭蕉》，《全唐诗》卷五二四，第 6008 页。

⑥　张耒《将离柯山十月二十七日》，《全宋诗》第二〇册，第 13327 页。

⑦　石孝友《谒金门》，《全宋词》，第 2046 页。

图56　青花竹石芭蕉纹玉壶春瓶。

数叶芭蕉影。"①二可听蕉，蕉窗听雨，是古人喜欢的活动，明胡奎《题蕉窗夜雨》云：

碧窗数叶雨萧萧，绣佛灯前伴寂寥。我亦静中听得惯，声尘都向耳根消。②

三可享蕉阴，"芭蕉分绿与窗纱"③，"闭窗得阴多"④，芭蕉可以作为天然屏障，遮挡炎炎夏日，清凉宜人。

2.蕉石。蕉石是园林中常见的景观。芭蕉常植于假山上、怪石旁，如：

怪石如笔格，上植蕉叶青。苍然太古色，得尔增娉婷。⑤

丛蕉倚孤石，绿映闲庭宇。客意不惊秋，潇潇任风雨。⑥

与芭蕉组合最多的太湖石。

曾见画归丹禁里，太湖石后粉墙前。⑦

① 邵雍《不寝》，《全宋诗》第七册，第4486页。
② 胡奎《题蕉窗夜雨》，《斗南老人集》卷五。
③ 杨万里《闲居初夏午睡起二绝句》其一，《全宋诗》第四二册，第26109页。
④ 周紫芝《次韵元中芭蕉轩》，《全宋诗》第二六册，第17125页。
⑤ 顾璘《蕉石亭》，《息园存稿诗》卷四。
⑥ 高启《题芭蕉》，《大全集》卷一六。
⑦ 姜特立《红蕉二首》，《全宋诗》第三八册，第24135页。

太湖石畔绿丛丛，新叶乱抽青凤尾。[①]

太湖石以白色为主，多玲珑剔透、重峦迭嶂，以幽奇著称，无论是造型上还是色彩上都能彰显芭蕉幽古之姿。

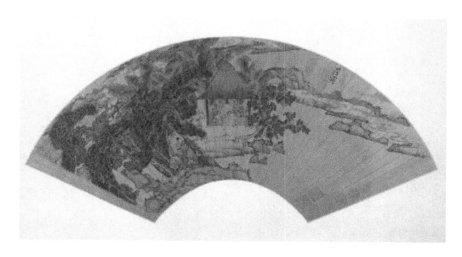

图 57　［明］陈洪绶《林亭清话图》。

3.蕉亭。芭蕉常与亭、轩等建筑物组合，构建芭蕉主题景点。在亭、轩等建筑物周围植数株芭蕉，亭、轩一般造型别致，轻巧玲珑，颇能衬托芭蕉优雅清爽。前引《清异录》言"苏氏于广主草宴之所，起'扇子亭'"，这可能是关于蕉亭的最早记载。宋华镇作有《高邮县尉听芭蕉轩记》[②]，可见唐宋之际已有蕉亭。景色优美、造型别致的蕉亭、蕉轩常常成为文人歌咏的对象，如元艾性夫《题叶氏分绿亭》、明蔡道宪《驿亭芭蕉》《次韵元中芭蕉轩》、清黄达《蕉轩》等诗歌。

4.盆玩。芭蕉可以做盆景，是古人喜爱的一种清玩。清汪灏《广群芳谱》云：

---

① 朱诚泳《芭蕉》》，《小鸣稿》卷三。
② 华镇《高邮县尉听芭蕉轩记》，《云溪居士集》卷二八。

图 58　芭蕉盆玩。

（芭蕉）小者以油簪横穿其根二眼，则不长大，可作盆景，书窗左右不可无此君。[①]

红蕉也可作盆玩，清陈淏子《花镜》记载：

（红蕉）叶瘦似芦箬，花若兰状，而色正如红榴。日折一两叶，其端有一点鲜绿可爱。夏开至秋尽犹芳，堪作盆玩。[②]

元代张伯雨曾制作"蕉池积雪"，"旧有汉铜洗，一作碧玉色，受水一斗，复有赠白石上树小芭蕉，吾因置洗中，名曰蕉池积雪"[③]。以古器皿种植芭蕉，并写诗题咏，且有多人唱和。

二、欣赏方式

（一）雨中听蕉

张潮《幽梦影》："种蕉以邀雨，植柳以邀蝉。"[④]计成《园冶》中曾论及"蕉雨"："夜雨芭蕉，似杂鲛人之泣泪。"[⑤]种蕉听雨，是最为

---

① 汪灏《御定佩文斋广群芳谱》卷八九。
② 陈淏子《花镜》卷五。
③ 卞永誉《式古堂书画汇考》卷一八。
④ 涨潮《幽梦影》，程不识编《明清清言小品》，第 293 页。
⑤ 计成《园冶》，第 51 页。

普遍的赏蕉活动。或植三五株芭蕉于窗前檐下，临窗听雨；或在园林中构建"听雨轩""蕉雨轩"以赏蕉听雨。正如苏州"耦园"中一幅著名对联所描述："卧石听涛，满衫松色；开门看雨，一片蕉声。"皆是赏心乐事。雨打芭蕉，如同丝竹之乐，悦耳动听，杨万里《芭蕉雨》赞"芭蕉得雨便欣然，终夜作声清更妍"[①]。杜牧是第一位着力写"蕉雨"的诗人，其《芭蕉》诗曰："芭蕉为雨移，故向窗前栽。"[②]其诗词中共有三处写到听"蕉雨"。宋代种蕉听雨的活动更为流行，如张耒《东堂四首》其二：

老翁还作小儿情，手种芭蕉为雨声。便有微泉出堂下，

一泓清彻照轩楹。[③]

又如张俞《忆昔》："生涯自笑惟诗在，旋种芭蕉听雨声。"[④]陆游《题书斋壁》："旋煎罂粟留僧话，故种芭蕉待雨声。"[⑤]舒岳祥《清绝》："最爱读书窗外雨，数声残剩过芭蕉。"[⑥]宋人把种蕉听雨升华为一种颇具文化气息的活动，体现着雅致的人生追求和闲情逸趣。明清之际，兴建了大量的"听雨轩""蕉雨轩""蕉雨亭"等以听蕉雨为主题的建筑，留存了大量描写蕉雨的诗文，可见此时，尤其江南地区听蕉雨极其盛行。

古人听蕉，对时间、场合有所选择。雨常常是微雨、细雨、绵绵秋雨、黄梅雨。如：

① 杨万里《芭蕉雨》，《全宋诗》第四二册，第 26206 页。
② 杜牧《芭蕉》，《全唐诗》卷五二四，第 6008 页。
③ 张耒《东堂四首》，《全宋诗》第二〇册，第 13298 页。
④ 张俞《忆昔》，《全宋诗》第三九册，第 24493 页。
⑤ 陆游《题书斋壁》，《全宋诗》第三九册，第 24582 页。
⑥ 舒岳祥《清绝》，《全宋诗》第六五册，第 41024 页。

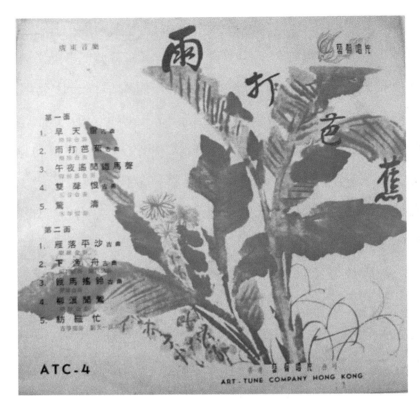

图 59　《雨打芭蕉》唱片封面内页。

点滴芭蕉疏雨过。①

疏雨听芭蕉。②

时间多是秋、黄昏、夜晚，如：

芭蕉衬雨秋声动。③

数点秋声侵短梦，檐下芭蕉雨。④

深院锁黄昏，阵阵芭蕉雨。⑤

① 李之仪《南乡子》，《全宋词》，第 348 页。

② 刘光祖《昭君怨》，《全宋词》，第 2063 页。

③ 贺铸《菩萨蛮》，《全宋词》，第 521 页。

④ 毛滂《雨中花》，《全宋词》，第 681 页。

⑤ 欧阳修《生查子》，《全宋词》，第 125 页。

窗外芭蕉，数点黄昏雨。[1]

特定环境氛围渲染蕉雨之声，或凄清、或空灵，最能涤荡人心。

（二）蕉叶题诗

蕉叶题诗是最为风雅的一种赏蕉的活动。古人多喜欢题诗于植物叶上，著名的有枫叶题诗、桐叶题诗、蕉叶题诗等。众所周知，红叶、桐叶题诗代表着爱情，表现一种对邂逅浪漫爱情的艳羡，多少有了些香艳的色彩，红叶题诗往往是红叶情书。蕉叶题诗则是文人的一种雅趣。蕉叶题诗最早兴起于南朝，但是盛行于中晚唐时期。白居易、韦应物、张籍、李益、司空图等著名诗人都曾在诗文中记述题诗蕉叶。宋至清，蕉叶题诗一直兴盛不衰。枫叶、桐叶题诗多题于落叶之上，所以才衍生出《题红记》这样"红叶传情"的爱情佳话。芭蕉不落叶，

图 60 ［明］唐寅（传）《红叶题诗仕女图》。

且植株较矮，不仅可以将叶片摘下，也可直接书于生长的芭蕉叶上，如：

坐牵蕉叶题诗句。[2]

---

① 杜安世《蝶恋花》，《全宋词》，第 186 页。

② 方干《题越州袁秀才林亭》，《全唐诗》卷六五一，第 7478 页。

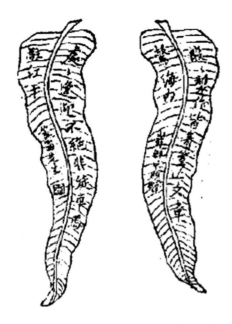

图 61 [清] 李渔蕉叶联。

闲拈蕉叶题咏诗。[1]

长对芭蕉闲不过，时留一偈叶中间。[2]

清蒋坦《秋灯琐记》记载：

秋芙所种芭蕉，已叶大成阴，阴蔽帘幕。秋来，雨风滴尘沥，枕上闻之，心与俱碎。一日，余戏题断句叶上，云："是谁多事种芭蕉？早也潇潇！晚也潇潇！"明日，见叶上续书数行云："是君心绪太无聊！种了芭蕉，又怨芭蕉！"[3]

蕉叶题字成为互传情愫，心灵沟通的方式，一问一答，诗情画意，成为美好而浪漫的回忆。正是蕉叶上直接书写文字，才有"雨洗芭蕉叶上诗"[4]，使原本迎风招展的芭蕉叶多了些文人的清雅气息，可玩可赏。将"蕉叶题诗"发展到极致的要数李渔，他受"蕉叶题诗"启发，制"蕉叶联"。《闲情偶记》云：

蕉叶题诗，韵事也；状蕉叶为联，其事更韵。但可置于平坦贴服之处，壁间门上皆可用之，以之悬柱则不宜，阔大难掩故也。其法先画蕉叶一张于纸于，授木工以板为之，一样二扇，一正一反，即不雷同。后付漆工，令其满灰密布，

① 白居易《春至》，《全唐诗》卷四四一，第4923页。

② 沈周《题蕉赠僧》，《石田诗选》卷九。

③ 蒋坦《秋灯琐忆》，沈复等撰，金性尧等注《浮生六记（外三种）》，第190页。

④ 司空图《狂题十八首》之十，《全唐诗》卷六三四，第7273页。

以防碎裂。漆成后，始书联句，并画筋纹。蕉色宜绝，筋色宜黑，字则宜填石黄，始觉陆离可爱，他色皆不称也。用石黄乳金更妙，全用金字则太俗矣。此匾悬之粉壁，其色更显，可称"雪里芭蕉"。①

可见，蕉叶题诗也是玩赏蕉叶的一种重要方式。

图 62　永州市高山寺内之绿天庵蕉林。

三、风景名胜

（一）绿天庵

绿天庵，位于今湖南永州市零陵区高山寺大雄宝殿后侧，是唐代著名书法家怀素(725～785)出家修行和练字的地方。此庵原名清阴庵，怀素在此种蕉，得"绿天"之名，可参见前引《清异录》。

《(光绪) 零陵县志》卷三记载：

<hr>

① 李渔《闲情偶寄》，第 174 页。

永州出东门北行半里，上小冈，又半里，为绿天庵，即唐僧怀素之故居也。世传怀素幼学书庵中，贫无纸，乃种蕉万余以供挥洒，庵故以是得名，然荒废矣。岁癸卯，江右僧慈月访其遗迹，结茅居焉。洗石种蕉，饶有逸致。庵正向东，小殿三间，制甚朴拙。中供毗卢佛一尊。前檐有匾，八分书"古绿天庵"四字，乃同寅刘公慰三所题也。前三间为半驾楼，推窗东望，一目数十里。潇水如带，远山叠翠，凭槛四眺，实可怡神。殿之后怪石嶙峋，大小相倚。石上镌"研泉"二字，字大三寸许，美丽秀逸，不知何代题刻。土人云："旧有清泉一道，斜穿石罅，曲折下注，足资衲子瓢钵，今无复涓滴矣。"石隙种蕉数株，时花掩映。殿右角有石，正圆，高二尺，大四周。上有铭字，磨灭不可辨识，乃怀素笔冢之塔顶也。昔怀素退笔为冢，后人重之，为修石塔。今塔已废，惟顶存焉，制颇古茂，亦可怀溯流风矣。[1]

此庵颇为著名，明清之际还多有文人诗词题咏，有明范凤翼《绿天庵》、明余绍祉《题绿天庵》、清蒋鈖《过绿天庵》、清汤相弼《绿天庵》、清王藻《绿天庵怀古》等。此庵清代已经荒废，无蕉可赏，王先谦《绿天庵》曰：

废院无蕉种，空亭一树荒。学书人不见，摩碣字犹香。静玩龙蛇势，如陪云鹤行。来愁赤日午，坐想绿天凉。[2]

此景已经荒废，只能在残存中凭吊。近年此景得以修复，依稀有旧时风貌。

---

[1] 嵇有度、徐保龄等编纂《零陵县志》卷三。
[2] 王先谦《绿天庵》,《虚受堂集诗存》卷二。

图 63 北京大观园之"怡红快绿"。

（二）"蕉红棠绿"

曹雪芹《红楼梦》中描写道：

两边都是游廊相接。院中点衬几块山石，一边种着数本
芭蕉，那一边乃是一棵西府海棠，其势若伞，丝垂翠缕，葩
吐丹砂。①

此便是贾宝玉居住的"怡红院"中的景致，蕉棠配置，色彩明丽，
颇具冲击力，是大观园最为美丽的景观之一。贾宝玉有一首《怡红快绿》，
专咏此景：

深庭长日静，两两出婵娟。绿蜡春犹卷，红妆夜未眠。

凭栏垂绛袖，倚石护青烟。对立东风里，主人应解怜。②

---

① 曹雪芹《红楼梦》，第 144 页。
② 曹雪芹《红楼梦》，第 155 页。

此景虽然只是小说家虚构，但艺术真实来源于生活真实，曹雪芹尝见之，也未可知。近年营建大观园，已将此景变为实景，成为游赏的好去处。

图 64　苏州拙政园之听雨轩。

（三）听雨轩

听雨轩、蕉雨轩是古代园林中常见景观，最为著名的要数苏州"拙政园"中听雨轩。听雨轩位于中园东南部的小院，院内有小池，池中有荷。池北为轩，轩采用四面厅形式，四面皆窗，窗南满植芭蕉。晴日芭蕉映窗，可以享蕉阴；雨天则可临窗而坐，倾听雨打芭蕉。如今此景尚存，吸引无数游人观赏。

历经两千多年的栽培和欣赏，人们积累了丰富的经验，为芭蕉园林栽培和造景创造了一些成功的范式，并且和文学、绘画、美术等艺术形式相互借鉴和影响，丰富了芭蕉审美的范畴。芭蕉不仅美化了人们的生活，在欣赏和把玩之际也为人们的生活增添了一些清新优雅的色彩。

第二节　芭蕉与绘画

芭蕉题材绘画是芭蕉审美的重要形式，研究芭蕉题材绘画可以看出不同时期的审美认识和审美情趣。本文就芭蕉绘画由工笔到写意，由形似到神似的发展过程将芭蕉绘画的发展分为工笔求似和写意求神两个阶段，分别探讨每一阶段的代表作家、代表作品，以及技法和画风的演变历程。另外，对历来争论不休的"雪里芭蕉"进行专题研究。

一、工笔求似

（一）初盛唐——人物画的附庸

今可见的最早芭蕉绘画是敦煌初唐时期的壁画。芭蕉在魏晋南北朝时期进入审美领域，成为文学艺术的题材和意象，但并没有成为绘画艺术的表现对象。唐代时期，随着佛教绘画的兴盛，芭蕉这种具有深厚佛教背景的植物成为佛经经变故事或佛像绘画的背景素材。敦煌壁画初唐 334 窟、盛唐 166 窟和 172 窟、中唐 112 窟画中皆有芭蕉。这些图中芭蕉形象单调，色彩单一，且呈现平面化，画法为勾勒染色，显示出早期芭蕉绘画的稚嫩，但也反映出写实求似的特征。另外，比较著名的是盛唐时期王维所画"雪中芭蕉"，沈括《梦溪笔谈》卷一七云："余家所藏摩诘《卧雪图》，有雪中芭蕉，此难与俗人道也。"[①]此画以东汉著名的"袁安卧雪"为题材，从沈括的记载可以推测芭蕉是作为

---

① 沈括撰，胡道静校注《新校正梦溪笔谈》，第 169 页。

图 65 [清] 任预《芭蕉孔雀图》。

历史人物画的背景点缀，并非此画的主题。但是后世关于"雪里芭蕉"的有无及其命意争讼不休，此画也因"雪里芭蕉"而闻名后世，成为文化史、绘画史上一个重要的现象。此画今已不传，"雪中芭蕉"具体如何，下文将进行专题论述。

纵观初盛唐时期，芭蕉基本作为人物画中的点缀，具有很强的象征和装饰性。

（二）中晚唐五代——花鸟画的题材

中唐之后，芭蕉渐渐成为花鸟画的重要题材。中唐时期花鸟画逐渐从山水人物画中分离，成为独立的分科，题材丰富，技法提高，芭蕉相应也成为花鸟画中的题材。中唐边鸾"善画花鸟，精妙之极"，《宣和画谱》记载边鸾有《孔雀芭蕉图》一幅，朱景玄《唐朝名画录》云：

> 边鸾京兆人也，少工丹青，最长于花鸟，折枝草木之妙，未之有也。或观其下笔轻利，用色鲜明，穷羽毛之变态，夺花卉之芳妍。[1]

边鸾注重勾线精细，设色浓艳，重视物象外在特征，追求逼真的艺术表现。

五代时期花鸟画兴盛，形成了"黄家富贵，徐熙野逸"的艺术风格。《宣和画谱》收录五代时期著名的花鸟画家黄荃、黄居宝、黄居寀父子

---

[1] 朱景玄撰，温肇桐注《唐朝名画录》，第 23 页。

的芭蕉题材作品三幅，分别是《红蕉下水鹤图》《红蕉山雀图》《红蕉山石图》。黄荃"精于写生，传神之妙"，沈括《论徐黄二体》说：

图 66　[宋]佚名《蕉石戏婴图》。

诸黄画花，妙在赋色，用笔极精细，殆不见墨迹，但以轻色染成谓之写生。[①]

黄家父子画花卉先以淡墨细细勾勒轮廓，再以色彩层层渲染，使其所绘花卉富丽典雅，称作"黄家富贵"，此时芭蕉绘画应该也属于这样的风格。

二、写意求神

（一）宋元——水墨芭蕉的产生

两宋期间，芭蕉绘画有所发展，但基本延续了五代画风。宋代甚至出现以画芭蕉闻名的画家，《宋朝名画评》记载：

高益……尝于四皓楼上画卷云芭蕉，京师之人摩肩争

① 沈括撰，胡道静校注《新校正梦溪笔谈》卷一七，第 173 页。

玩……今日四皓楼芭蕉见存。^①

图67 ［宋］佚名《蕉阴击球图》。

但芭蕉绘画并没有像梅、兰、竹、菊那样获得大幅度的发展。宋代文人水墨画创作已经具有相当的规模，如墨竹、墨梅、墨兰等，但注重"写意""比德"的文人很长时间都没有将芭蕉作为表现的对象，芭蕉还在五代"黄家父子"的风格笼罩之下。两宋期间基本延续五代"注重写生，造型写实"的画院派画风，芭蕉作为人物画的点缀或者花鸟画的题材，延续这个风格，没有多大突破。现在可见的两幅南宋佚名之作《蕉石婴戏图》《蕉阴击球图》（分别见图66、67），芭蕉作为人物

---

① 刘道醇《宋朝名画记》卷一。

画的背景，营造出闲适安逸的环境氛围。前画中芭蕉色彩单一，蕉叶整齐对称，缺少变化，和敦煌壁画中颇为相似。后画中的芭蕉要生动得多，叶脉清晰，蕉叶自然翻转，参差交错，疏密有秩。细线勾勒再加以染色，以墨色的深浅、浓淡体现着光线的变化，已具有水墨画的端倪。

宋末元初的画家赵孟坚创作过一幅《水墨芭蕉》，这可能是最早的芭蕉水墨画。此画已不可见，但是元人张语有一首题画诗《题赵子固墨写水蕉》：

因依水石间，小蕉露如洗。聊以观我身，浮脆政如此。
平原佳公子，沘笔写兰茝。君看数寸碧，气压凡花卉。①

赵孟坚以画墨兰与白描水仙闻名于世，其自题《水仙》云："观者可求于形似之外。"②其所画《水墨芭蕉》或也适用此语。元代文人画家钱选、王蒙偶尔将芭蕉作为人物、山水画的配景，多为水墨渲染。王蒙《蕉石图》就专以芭蕉为主题，墨线勾勒蕉叶，线条灵动轻盈，富于变化；画石用笔厚重，老辣浑厚。

（二）明清——水墨芭蕉的发展

水墨芭蕉到了明代中后期有了长足发展。芭蕉不仅是人物山水画的配景，而且常作为主题入画，如沈周《蕉石图》《墨蕉图》、文徵明《古洗蕉石图》、仇英《蕉阴结夏图》、谢时臣《蕉石独坐图》《芭蕉小憩图》、钱谷《蕉林会棋图》等。沈周是吴门画派的重要领袖，有多幅以芭蕉为题材的绘画。明李日华《味水轩日记》中说："沈石田水墨芭蕉，草

---

① 张语《题赵子固墨写水蕉》，顾瑛编《草堂雅集》卷五。
② 郁逢庆《书画题跋记》卷七。

图 68 ［明］沈周《芭蕉石头图扇》。

草数笔而清意溢出。"①沈周已经注重水墨笔意，在形似之中追求神似，注重写意。《随园诗话》记载了一条清人将沈周所画芭蕉误认为白菜的笑话：

> 康熙年间，汪东山绛……堂上挂沈石田芭蕉一幅，所狎
> 二美伶来，错呼白菜，人因以双白菜呼之。②

此处固然有嘲笑伶人无知之意，但一方面也体现出沈氏所画芭蕉已经不是苛求形似，而是具有一定写意的色彩。但沈氏存世的芭蕉图基本上还是"兼工带写"，以设色为主，水墨其次。纵观此时的芭蕉题材绘画，还是停留在以双钩设色为之，较为工整细巧，着意于芭蕉叶、枝、干线条的造型准确和色彩的柔丽，而并没有以墨色写意手法为主。

致力于水墨芭蕉创作的画家是徐渭。徐渭芭蕉题材绘画作品数量多，今存于世的有十四幅：《梅花蕉叶图》立轴、《梅花蕉石图》立轴、《墨花九段》横卷、《杂花图》长卷、《四时花卉》横卷、《泼墨十二段》横卷、

---

① 李日华《味水轩日记》卷四。
② 袁枚《随园诗话》卷一四，第 423 页。

《牡丹蕉石图》立轴、《芭蕉梅花图》立轴、《雪蕉梅石图》立轴、《花竹图》立轴、《蕉石图》立轴、《芭蕉梅花图》立轴、《杂花》横卷、《杂花》横卷。

徐渭所画芭蕉图明显不同于前代的创作，改变以往以线条为主的画法，而是用大写意的手法，酣畅淋漓。徐渭充分利用水墨在纸张上的晕染，以苍劲有力、流畅舒展的淡水墨中锋，在纸上拉出带有弧度的长线条，既富有弹性，又富有立体感，以此描写芭蕉躯干与蕉叶的枝条，落笔迅捷、肯定，一笔完成；接着以饱含不同水墨的侧锋，进行短促的快

图69 ［明］徐渭《芭蕉牡丹蕉石图》。

笔横涂，以渲染出芭蕉的阔叶。疏密浓淡的水墨，在半透明的互变中自然形成了筋叶的质感，乘着墨色未干之际，徐渭再用略带浓墨的中锋，添上线条，使之既晕化于横的水墨中，又突出于横的水墨中，成为蕉叶的粗茎，借以加强蕉叶的立体感。徐渭还擅长泼墨泼水，以及干笔的披擦，让蕉叶的块面在笔墨轻重徐疾中得以形成，似与不似之间，

别有一番奇妙之趣。①

图70 [明]程胜《蕉石图》。

徐渭完全打破以往芭蕉题材绘画对形似的追求，在似与不似之间，寻求诗意的抒发和性情人格的寄托。徐渭在作画之时，往往在豪饮之后，作《芭蕉鸡冠》之时是"老夫烂醉抹此幅"②，作《牡丹蕉石图》是"画已，浮白者五，醉矣。狂歌《竹枝》一阕，赞书其左"③。这种颇具"醉草"风格的手法被其运用到芭蕉绘画中，"烂涂蕉叶"的方式让其忽略了细节，更关注本质的真实。徐渭重神不重形，往往将芭蕉与梅花、雪、牡丹等不可能之景汇于一幅，正如他自己所言："芭蕉雪中尽，那得配梅花？"④"笔尖殷七七，深夏牡丹开。"⑤徐渭

① 参见任道斌《泼墨芭蕉第一人——论徐渭的芭蕉图》，《学术研究》，2006年第6期。
② 徐渭《芭蕉鸡冠》，《徐渭集》，第406页。
③ 徐渭《牡丹蕉石》，《徐渭集》，第1303页。
④ 徐渭《蔷薇芭蕉梅花》，《徐渭集》，第1306页。
⑤ 徐渭《牡丹蕉石》，《徐渭集》，第1303页。

芭蕉图不是写眼前景，而是心中景，其《芭蕉》诗曰：

　　　　种芭元爱渌漪漪，谁解将蕉染墨池。我却胸中无五色，
肯令心手便相欺。①

　　正是徐渭独特的性情和卓越的才华才让芭蕉绘画完成了从写实到写意，从勾勒填色到泼墨写意的转变。这一转变，不但是形式的变化，而且是芭蕉审美的一次升华，是由"悦目"到"赏心"的飞跃。

　　清代的芭蕉绘画沿着传统的模式和徐渭的模式发展，写实与写意齐头并进，相互交融。朱耷曰：

　　　　程偏勾勒雨涂徐，涂附芭蕉两弗如。作算覆堪冬酒瓮，
越吴鸿断友人书。②

　　程，是明画家程胜；徐，则是徐渭。程胜是明代著名的画家，传世之作颇多，芭蕉是其绘画的题材之一，主要是作为人物画的陪衬，偏重写实。程、徐二人分别代表写实与写意两种画风，朱耷自谦自己的芭蕉绘画不如两家，但也说明画家学习两家的特点，融合起来形成自己独特画风。清代的芭蕉题材绘画基本都如朱耷所言，写实与写意并重，在勾勒填色与水墨渲染之间，形神并重。这种画风一直影响了后代的石涛、高凤翰、李鱓、任伯年、吴昌硕等。

　　芭蕉成为绘画的题材相对较晚，但是无论是造型、色彩还是文化内涵都颇得画家们的青睐，成为我国传统花鸟和人物画的重要题材，并形成了工笔和写意两种技法并存的画法流派。以至今日，芭蕉题材绘画仍然长盛不衰，是国画乃至油画的重要表现对象。在园林观赏之余，绘画成为欣赏芭蕉最为直观的方式。

---

① 徐渭《芭蕉》，《徐渭集》，第 1304 页。
② 朱耷《杂画》之四，《八大山人书法集》上册，第 33 页。

三、“雪里芭蕉”研究

王维《袁安卧雪图》中有“雪里芭蕉”，北宋以来，“雪里芭蕉”就成为一个争论不休的话题。芭蕉为草本植物，分布于热带和亚热带地区，喜热不耐寒，冬季便枯萎凋零，因此“雪中芭蕉”为非常之景，难得一见。但是王维画中出现此不寻常景致，是写实还是写意，便成为一个聚讼不休的公案。本节意在对“雪里芭蕉”这一文化现象进行全面考察，梳理历来各家关于“雪里芭蕉”有无和命意的争论及对绘画与文学的影响。

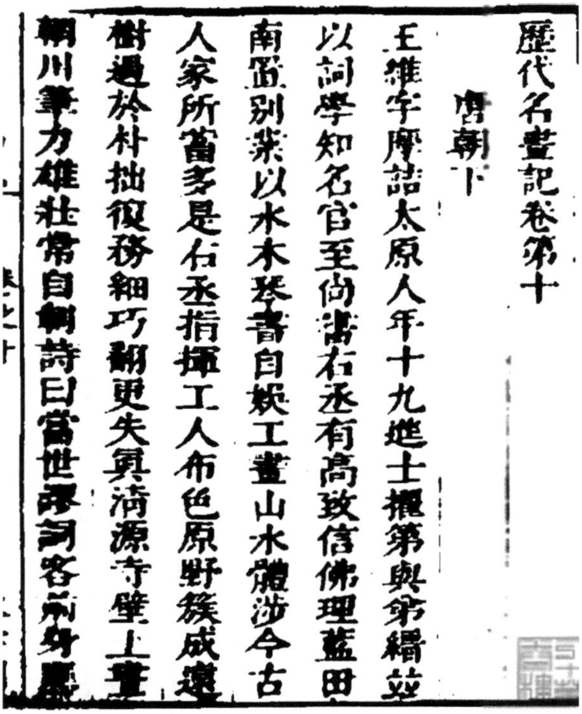
歷代名畫記卷第十
唐朝下
王維字摩詰太原人年十九進士擢第與弟縉並以詞學知名官至尚書右丞有高致信佛理藍田南置別業以水木琴書自娛工畫山水體涉今古人家所蓄多是右丞指揮工人布色原野簇成遠樹過於朴拙復務細巧翻更失真清源寺壁上畫輞川筆力雄壯常自製詩曰當世謬詞客前身應

图 71 《津逮秘书》本《历代名画记》书影。

（一）历代关于“雪里芭蕉”的争论

从立场上看，历代关于“雪里芭蕉”的争论大致可以分为两派：一派是批评，一派是褒赞。批评者认为王维“雪里芭蕉”失真，是误写了雪里芭蕉。褒赞者则又可细分为两派，一派认为王维是写实，“雪里芭蕉”为实景；另一派则认为王维是写意，“雪里芭蕉”并非实景，而是有所寄寓。

王维诗画皆工，唐人尊称其为"当代诗匠"，在诗坛拥有崇高的地位，但是时人对其绘画评价并不高。朱景玄《唐朝名画录》将唐代绘画分为神、妙、能、逸四品十等，王维的画作只列于"妙品上"，位列四等，被视为二流画家。[①]与朱景玄时隔不远的张彦远在《历代名画记》中对王维绘画有一定的肯定，但也批评他的作品存在"失真"之弊：

> （王维）工画山水，体涉今古。人家所蓄，多是右丞指挥工人布色，原野簇成，远树过于朴拙，复务细巧，翻更失真。[②]

《梦溪笔谈》记载：

> 彦远《画品》言王维画物多不问四时，如画花往往以桃、杏、芙蓉、莲花同画一景。[③]

张彦远《画品》今已不存，但从这段引述来看，张彦远认为王维将不同季节的花卉同置一画。桃、杏春季开花，芙蓉、莲花则是夏季盛开的花卉，从客观的角度看，四种花卉很难同时出现。张彦远此语也是批评王维绘画"失真"。

唐人注重人物画，如《唐朝名画录》曰："夫画者以人物居先，禽兽次之，山水次之，楼殿屋木次之。"[④]王维在唐代主要是作为山水画家进入评论家的视野，其人物画并未引起足够的关注，因此关于其绘画"失真"的讥评并未涉及《袁安卧雪图》。

北宋中期王维《袁安卧雪图》中的"雪里芭蕉"才引起人们关注，但历来对其评价不一。其中有一种观点认为王维不分寒暑，误画了芭蕉。南宋朱熹曾如是评价：

---

① 朱景玄《唐朝名画录目录》，朱景玄撰，温肇桐注《唐朝名画录》。
② 张彦远《历代名画记》，第 88 页。
③ 沈括撰，胡道静校注《新校正梦溪笔谈》卷一七，第 169 页。
④ 朱景玄《唐朝名画录序》，朱景玄撰，温肇桐注《唐朝名画录》，第 1 页。

他（笔者按：王维）是会画雪，只是雪中无芭蕉。他自不合画了芭蕉，人却道他会画芭蕉，不知他是误画了芭蕉。[①]

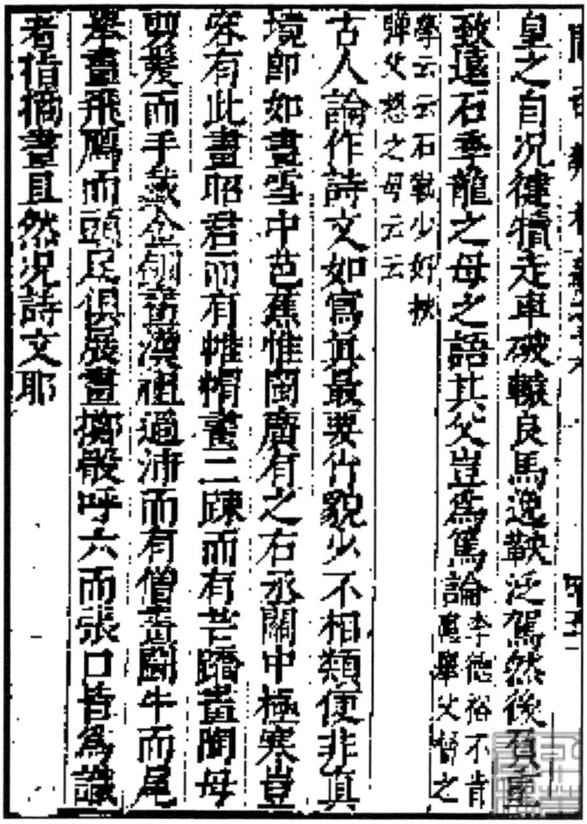

皇之自況律猜走卑破轅良馬逸鞅泛駕然後有重
致遠石季龍之母之語其父豈爲篤論李德裕不肯應舉父怒之
擊云石虎少好獵彈父怒之母云云
古人論作詩文如寫真最要肖貌少不相類便非真
境卽如畫雪中芭蕉惟閩廣有之右丞關中極寒豈
容有此畫昭君而有帷帽畫二疏而有芒屩畫陶母
剪髮而手戴金釧畫漢祖過沛而有僧畫鬭牛而尾
舉畫飛鴈而頭足俱展畫擲骰呼六而張口皆爲識
者指摘畫且然況詩文耶

图 72　明万历刻本《问奇类林》书影。

朱熹直言王维是误画芭蕉。王维因擅长画雪景为后世所称道，据文献记载，王维创作有多幅雪景图，但只有《袁安卧雪图》画有芭蕉。在朱熹看来，王维画“雪中芭蕉”是一时错误。明人郭良翰《问奇类林》也批评王维误画“雪里芭蕉”，曰：

古人论作诗文如写真，最要肖貌，少不相类，便非真境。即如画雪中芭蕉，惟闽广有之，右丞关中极寒，岂容有此画。[②]

郭良翰并不否认“雪里芭蕉”的存在，却认为王维之作并非“写真”。郭氏认为“雪里芭蕉”在南方闽广地区是存在的，明代确有不少人在诗文笔记中记载曾亲历此景。但“袁安卧雪”故事的发生地是北方关中，此地并无芭蕉，根本不可能出现“雪里芭蕉”的景象。因此，他认为

① 黎锦德编《朱子语类》卷一四〇。
② 郭良翰《问奇类林》卷一六。

王维绘画中“雪里芭蕉”并非实景。

一直到清代，质疑王维误画“雪里芭蕉”的言论仍时而有之。清人文廷式《纯常子枝语》卷五曰：

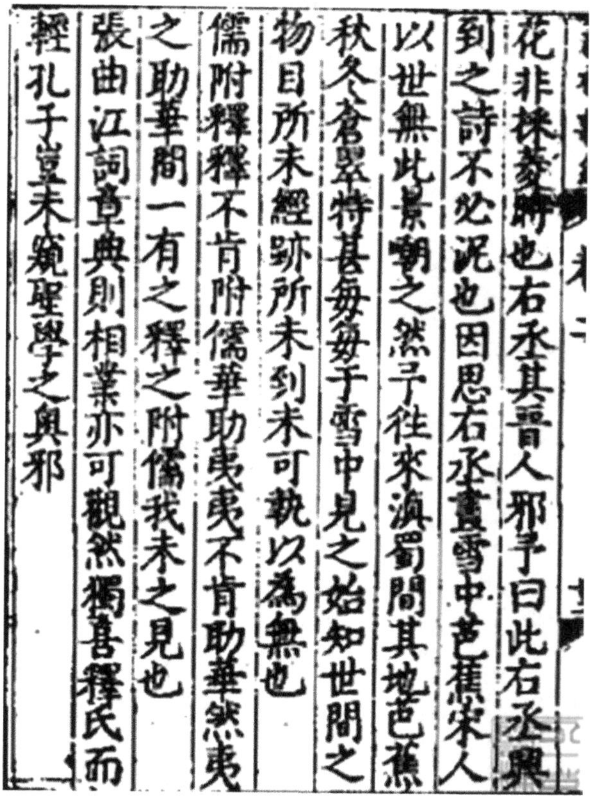
花非採菱時也右丞其晉人邪予曰此右丞興
到之詩不必泥也因思右丞畫雪中芭蕉宋人
以世無此景譏之然予往來滇蜀間其地芭蕉
秋冬蒼翠特甚每每于雪中見之始知世間之
物目所未經跡所未到未可執以為無也
儒附釋釋不肯附儒華助夷夷不肯助華然夷
之助華間一有之釋之附儒我未之見也
張曲江詞章典則相業亦可觀然獨喜釋氏而
輕孔子豈未窺聖學之奧邪

图 73　明刻本《泾林杂纪》书影。

> 郎瑛《七修续稿》云：“天地至大，风土各异，不可以未见者即为异，王维雪中芭蕉，人以为失寒暑，近知广东一种美人蕉雪中开花。”余谓仁宝所言之理是也，至引美人蕉以证摩诘之画则不必也，美人蕉种类与芭蕉异，亦二月着花，嫣红可爱，且广东安得常有雪乎。[①]

仁宝为郎瑛表字。文廷式委婉地批驳了郎瑛“广东一种美人蕉雪中开花”的说法，认为美人蕉和芭蕉并非一种，且二月开花，广东之地此季节一般无雪。文氏不认为王维所画是“实景”。他未明确批评王维画作失真之弊，但是认为极力证明“雪里芭蕉”为写实者是一种无知的诡辩。宋元以来，质疑王维误画“雪里芭蕉”的声音持续不断，但是和褒赞者相比，要微弱得多。

---

① 文廷式《纯常子枝语》卷五。

褒赞者中有人认为王维所画“雪里芭蕉”乃为“实境”，力证“雪里芭蕉”是客观存在的。宋朱翌《猗觉寮杂记》就持此观点，曰：

皆以芭蕉非雪中物。岭外如曲江，冬大雪，芭蕉自若，红蕉方开花。①

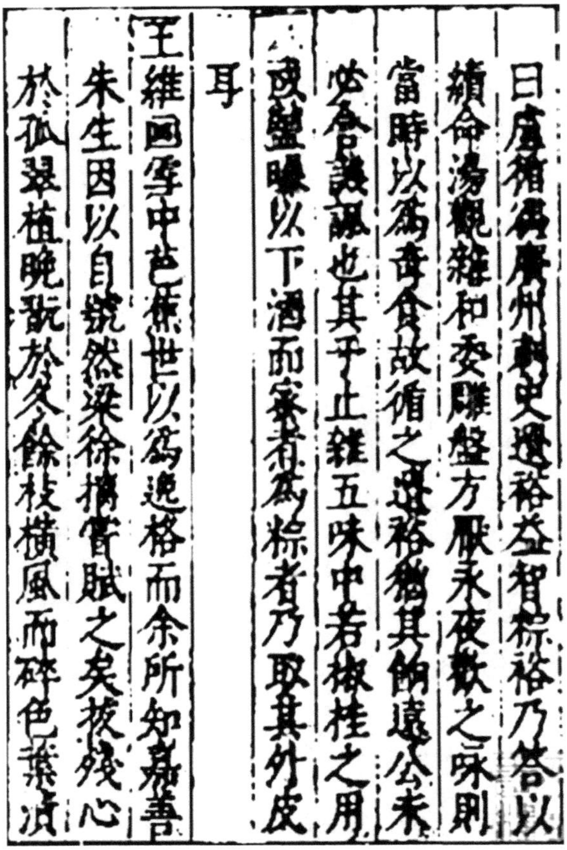
曰盧循爲廣州刺史遺裕益智粽裕乃答以
續命湯觀雜和委雕盤方厭永夜歎之咏則
當時以爲奇食故循之遺裕猶其餉遠公米
必含譏諷也其乎止雜五味中若椒桂之用
或盤曝以下酒而家者爲粽者乃取其外皮
耳
王維畫雪中芭蕉世以爲逸格而余所知嘉善
朱生因以自號然梁徐摛嘗賦之矣披殘心
於孤翠植晚翫於冬餘枝橫風而碎色雜寘

图74　明万历刻本《郁冈斋笔麈》书影。

朱翌批驳了前人雪里无芭蕉的说法，认为“雪里芭蕉”在岭南地区是客观存在。持此观点的大有人在，明周复俊《泾林杂纪》曰：

右丞画雪中芭蕉，宋人以世无此景嘲之，然予往来滇蜀间，其地芭蕉秋冬苍翠特甚，每每于雪中见之。始知世间之物，目所未经，迹所未到，未可执以为无也。②

周氏用亲身经历证实“雪里芭蕉”在滇蜀一带为常见之景。明人王肯堂《郁冈斋笔麈》认为王维所画“雪中芭蕉”并非凭空臆造，乃有所本，曰：

王维画雪中芭蕉，世以为逸格，而余所知嘉善朱生，因

① 朱翌《猗觉寮杂记》卷上。

② 周复俊《泾林杂纪》卷二。

以自号。然梁徐摛尝赋之矣："拔残心于孤翠，植晚玩于冬余。枝横风而碎色，叶渍雪而傍枯。"则右丞之画固有所本乎？松江陆文裕公深尝谪延平，北归建阳公馆时，薛宗铠作令，与小酌堂后轩。是时闽中大雪，四山皓白，而芭蕉一株横映粉墙，盛开红花，名美人蕉。乃知冒雪着花，盖实境也。①

梁朝徐摛《冬蕉卷心赋》描写冬日芭蕉，"叶渍雪而傍枯"则是直接描写雪中芭蕉，此语足以说明"雪里芭蕉"古人曾经见之。文裕乃明儒陆深谥号，深字子渊，号俨山。陆深《豫章漫抄》云：

予往岁谪延平，北归宿建阳公馆，时薛宗铠作令，与小酌堂后轩。是岁闽中大雪，四山皓白，而芭蕉一株横映粉墙，盛开红花，名美人蕉。世称王维雪蕉画为奇格，而不知冒雪着花，乃实境也。②

陆深自叙曾亲见雪中芭蕉，且见冒雪开花，并推论王维"雪里芭蕉"乃为实境。王肯堂引陆深之语为论据，证明"雪里芭蕉"并非虚无。明清学人持此论者为数不少，大多以自身或他人见闻为依据。但所见芭蕉大多为美人蕉，地域也多为闽广，颇有强为之说的味道。

褒赞者中有认为雪中芭蕉并非实景，但别有寓意和寄托。北宋沈括之说影响甚大：

书画之妙，当以神会，难以形器求也。世之观画者，多能指摘其间形象、位置、彩色瑕疵而已，至于奥理冥造者，罕见其人。如彦远《画评》言王维画物多不问四时，如画花往往以桃、杏、芙蓉、莲花同画一景。予家所藏摩诘画《袁

---

① 王肯堂《郁冈斋笔麈》卷二。
② 陆深《豫章漫钞》，《俨山外集》卷一九。

安卧雪图》有雪中芭蕉，此乃得心应手，意到便成，故造理入神，迥得天意，此难可与俗人论也。[1]

从这段言论来看，沈括当曾过眼《袁安卧雪图》，他不赞成世人对王维绘画失真的指责，认为王维之画“造理入神，迥得天意”，不是写实，而是“写意”，“雪里芭蕉”之非常之景乃是有所寄寓。北宋僧人惠洪在《冷斋夜话》中表达了和沈括类似的观点，曰：

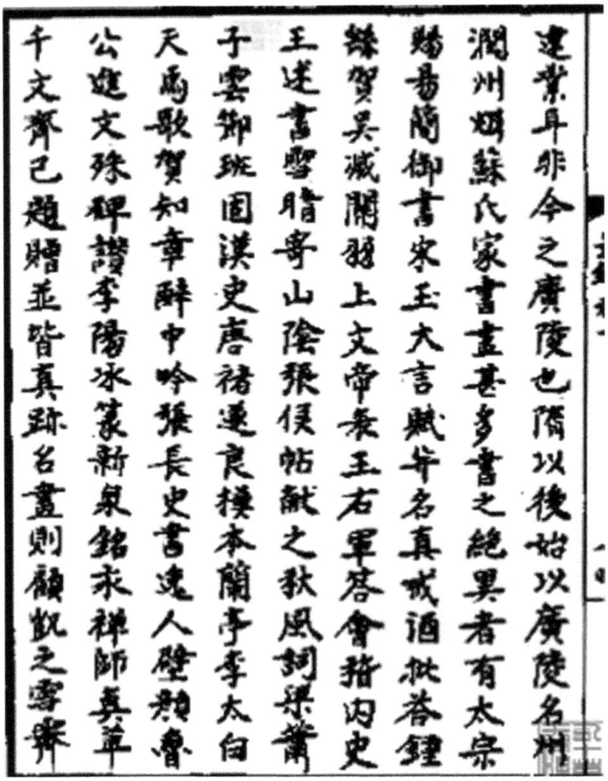
建業耳非今之廣陵也隋以後始以廣陵名州
潤州姻蘇氏家書畫甚多書之絕異者有太宗
賜易簡御書宋玉大言賦并名真戒酒批荅鍾
繇賀吳滅關羽上文帝表王右軍荅會稽內史
王述書雪晴寄山陰張侯帖獻之秋風詞梁蕭
子雲御班固漢史唐褚遂良模本蘭亭李太白
天馬歌賀知章醉中吟張長史書逸人壁顏魯
公進文殊碑讚李陽冰篆新泉銘永禪師真草
千文齊己題贈並皆真跡名畫則顧凱之雪霽

图 75 《四部丛刊》本《墨庄漫录》书影。

今人之诗例无精彩，其气夺也。夫气之夺，百种禁忌，诗亦如之。富贵中不得言贫贱事，少壮中不得言衰老事，康强中不得言疾病死亡事，脱或犯之，人谓之诗谶，谓之无气，是大不然。诗者妙观逸想之诗者妙观逸想之所寓也，可限以绳墨哉！如王维作画雪中芭蕉，诗法眼观之，知其神情寄寓于物；俗论则讥以为不知寒暑。荆公方大拜，贺客盈门，忽点墨书其壁曰：“霜筠雪竹钟山寺，投老归欤寄此生。”坡在儋耳作诗曰：“平生万

① 沈括撰，胡道静校注《新校正梦溪笔谈》，第169页。

事足，所欠惟一死。"岂可与世俗论哉！予尝与客论至此，而客不然予论。予作诗自志其略曰："东坡醉墨浩琳琅，千首空余万丈光。雪里芭蕉失寒暑，眼中骐骥略玄黄。"云云。[1]

惠洪由诗而及画，认为诗画互通，不可以俗眼观之，鼓瑟胶柱，便为俗论。他和沈括一样，认为"雪里芭蕉失寒暑"，并非实景，却也不是误画，乃是"情寄寓于物"，有意为之。元明清时期，此说获得极大的认同，但是说法基本祖述沈括和惠洪。

后人大多认同"雪中芭蕉"有所寄寓，但是到底是何种寄寓，却都言而不详。近代以来，学人对此多有猜想。陈允吉《王维"雪中芭蕉"寓意蠡测》是较早系统探讨"雪中芭蕉"寓意的论文，该文广征博引，认为"王维'雪中芭蕉'这幅作品，寄托着'人生虚空'的佛教神学思想"[2]。杨军《"雪中芭蕉"命意辨》也认为此景"命意在宣传佛教教义"[3]。二川《王维〈袁安卧雪图〉画理抉微》认为此画吸收了禅宗的思维观念和表达方式，"'雪中芭蕉'，是在既宣扬袁安卧雪'身冷心热'儒家仁义道德思想的同时，又以艺术形式将自己对禅宗教义的内心体验表达出来"[4]。和陈、杨二人认为寄寓禅理不同，二川则认为"雪里芭蕉"还象征儒家君子人格。近年以来，探讨"雪里芭蕉"寓意的专题论文有十余篇，或认为隐喻禅宗思想，或认为象征儒家君子人格。

综合来看，无论是批评者，还是褒赞者，对"雪里芭蕉"的评价

---

[1] 释惠洪《冷斋夜话》，第 37 页。
[2] 陈允吉《王维"雪中芭蕉"寓意蠡测》，《复旦学报（社会科学版）》，1979 年第 1 期。
[3] 杨军《"雪中芭蕉"命意辨》，《陕西师大学报（哲学社会科学版）》，1983 年第 2 期。
[4] 二川《王维〈袁安卧雪图〉画理抉微》，《中国文化月刊》第 191 期，1995 年 9 月。

都有失偏颇。由于王维《袁安卧雪图》早已不存，后世亲见者甚少。相关文献记载大多语焉不详，古今学人对"雪里芭蕉"的各种解读都带有猜测性，很大程度属于再创造。不休止的争论使得"雪里芭蕉"成为文化热点，宋代以后的绘画和诗文将之作为一个重要的表现对象。

（二）雪里芭蕉与绘画

本部分主要探讨王维《袁安卧雪图》的流传情况，以及后世绘画对"雪里芭蕉"题材的接受与再创造情况。

《袁安卧雪图》在北宋引起关注，宋代沈括、米芾、苏泊和元代倪瓒、杨维桢等曾收藏或题咏此图，此后便不知所踪。

最早明确记载王维《袁安卧雪图》的是上引沈括《梦溪笔谈》，曰："予家所藏摩诘画《袁安卧雪图》有雪中芭蕉。"此后王维《袁安卧雪图》大概经历了米芾和苏泊之手。明汪砢玉《珊瑚网》卷四七引张邦基《墨庄漫录》曰：

> 宋润州苏氏家藏：顾恺之《雪霁图》《望五老峰图》、北齐《舞鹤图》、阎立本《醉道士图》、吴道子《六甲神》、薛稷《戏鹤》、陈闳《蕃马》、韩干《御马》、戴嵩《牛图》、王维《卧雪图》、边鸾《雀竹》……①

查今本《墨庄漫录》有此条，曰：

> 苏氏家书画甚多……顾恺之《雪霁图》、《望五老图》、北齐《舞鹤图》、阎立本《醉道图》、吴道子《六甲神》、薛稷《戏鹤》、陈闳《蕃马》、韩干《御马》、戴嵩《牛图》、王维《卧披图》、边鸾《雀竹》……②

---

① 汪砢玉《珊瑚网》卷四一七。
② 张邦基《墨庄漫录》，第15页。

二书所载文字略有差异。《珊瑚网》记载王维《卧雪图》，而今本《墨庄漫录》却作《卧披图》。文献记载王维并未有《卧披图》，汪砢玉可能所见《墨庄漫录》与今本不同，今本《墨庄漫录》之《卧披图》当是《卧雪图》传抄之讹。

苏氏家族所藏王维《卧雪图》可能是和米芾交易而来。润州苏氏为北宋名臣苏易简家族，其子苏耆，孙苏舜元、苏舜钦皆有名于时。米芾《书史》记载：

> 苏耆家兰亭三本，一是参政苏易简参赞……第二本在苏舜元房，上有易简子耆天圣岁跋、范文正、王尧臣参政跋云："才翁东斋书尝尽览焉。"苏泊，才翁子也，与余友善。以王维雪景六幅，李主翎毛一幅、徐熙梨花大折枝易得之。①

图 76 ［元］颜辉《袁安卧雪图》。

米芾曾用六幅王维雪景图以及其他名人画作与苏泊交换《兰亭序》摹本。王维擅画雪景，文献记载有多幅雪景图。联系苏氏家族曾收藏王维《卧雪图》，那么此六幅雪景图中极可能有《卧雪图》。从零星记载大概可以梳理《袁安卧雪图》在北宋的流转情况。此图曾在沈括家，

① 米芾《书史》，第8页。

此后被润州苏氏家族所收藏。而在这之间，此图可能在米芾之手。

南宋此画几乎销声匿迹。直接提及的只有周紫芝，其《题王摩诘画袁邵公卧雪图》云：

> 东京数人物，矫矫称袁公。经纶有能事，早岁初未逢。
> 何许结蓬茅，草树风淅沥。幽梦寄一椽，暮雪深几尺。平田
> 已无路，况复知公门。人言公苦寒，谓死宁当存。鸣驺入空谷，
> 暖律破寒冱。岂伊逢异人，天实起僵仆。汉明号贤主，杖击
> 无名郎。冤囚我自理，微绪渠当昌。摩诘亦可人，六幅写奇事。
> 浩荡怀远图，徘徊有佳思。炎天挂空壁，一洗毛骨寒。意岂
> 在冰雪，高风薄云端。[①]

王维《袁安卧雪图》本事源自范晔《后汉书·袁安传》李贤注引晋周斐《汝南先贤传》：

> 时大雪积地丈余，洛阳令身出案行，见人家皆除雪出，
> 有乞食者。至袁安门，无有行路。谓安已死，令人除雪入户，
> 见安僵卧。问何以不出。安曰："大雪人皆饿，不宜干人。"
> 令以为贤，举为孝廉。[②]

周氏诗歌主要敷衍袁安事迹，重点在歌颂袁安的气节和功绩。但是，周紫芝所见的《袁安卧雪图》似乎并未画芭蕉。北宋以来，王维《袁安卧雪图》之蕉雪一景已经被议论纷纷，但是周氏却无一言及此，不能不让人疑窦丛生。周氏花了大量的笔墨叙述袁安卧雪的前因后果，而对图画本身描述并不多。最后四句描写了冰雪，但是芭蕉却未曾出现。宋代有不少和王维同题的画作，这些作品中都不画芭蕉。周氏所题咏

---

① 周紫芝《题王摩诘画袁邵公卧雪图》，《全宋诗》第二十六册，第 17106 页。
② 周斐《汝南先贤传》，转引自范晔《后汉书》，第 1518 页。

的《卧雪图》似乎并不是王维的作品。
且诗中言"六幅写奇事",关于王维《袁
安卧雪图》的卷幅并无明确记载,但是
从后世的临摹情况来看,应该是一幅。
周紫芝极可能将他人《卧雪图》误为王
维之作。在南宋时期,此画的流传情况
不明。

宋元之交,此画似曾得赵孟頫题赞。
明刘绩《霏雪录》记载:

> 吴人有称雪庵居士者,书刺谒
> 赵松雪公。公曰:"青莲居士耶?
> 香山东坡邪?吾今未闻有此人也。"
> 不许见。公一日送客,不觉出外门,
> 见一人伏于地。公惊问之,局蹐不
> 敢言,但致愿见之诚。公徐曰:"尔
> 非昨来雪庵居士者乎?"遂呼使入,
> 赞见之礼颇丰,羊酒茶饵,又出郴
> 笔两枚,王右丞《雪里芭蕉》一幅。
> 初献公,未言。公遽曰:"尔来欲

图77 [明]沈周《袁
安卧雪图》。

> 吾题此画耶?"濡笔题而归之,其人拜谢而去。公为人敬慕
> 如此。[①]

雪庵居士生平已不可考。据《霏雪录》可知,雪庵居士曾据有王维《袁
安卧雪图》,并请赵孟頫题赞。此为小说家言,真实性有待深考。

---

① 刘绩《霏雪录》。

元代此画入倪瓒之手，杨维桢曾题诗。明代陈继儒《泥古录》曰："王维雪蕉曾在清閟阁，杨廉夫题以短歌。"①清閟阁为倪瓒藏书读书之所，王维《袁安卧雪图》曾藏于此。杨维桢曾为之赋诗一首，其《题清閟堂雪蕉图》曰：

洛阳城中雪冥冥，袁家竹屋如笄簹。老人僵卧木偶形，不知太守来扣扃。辋川画得洛阳亭，千载好事图方屏。寒林脱叶风寥冷，胡见为此芭蕉青？花房倒抽玉胆瓶，盐华乱点青鸾翎。阶前老石如秃丁，银瘤玉瘿鲨星星。鸣呼妙笔王右丞，陨霜不杀讥麟经。右丞执政身彤庭，爕理无乃迷天刑。胡笳一声吹羯腥，血沥劲草啼精灵。鸣呼尔身如蕉不如蓂，凝碧池上先秋零。②

杨维桢直呼此图为《雪蕉图》，雪蕉成为他题咏的重点。"花房倒抽玉胆瓶，盐华乱点青鸾翎"，图中芭蕉生命力正旺盛，枝叶繁茂，颜色鲜绿。此后，王维《袁安卧雪图》流转情况再无明确记载。

王维之后，"袁安卧雪"成为重要的绘画题材，出现大量的同题材之作。但是，早期的同题之作多不画芭蕉。据二川《王维〈袁安卧雪图〉画理抉微》统计，董源、李升、黄筌、范宽、李公麟、李唐、马和之、郑思肖、颜辉、赵孟頫、王恽、沈梦麟、倪瓒、盛懋、沈周、陶宗仪、祝允明、文徵明、文嘉等都曾作《袁安卧雪图》，另外还有不少无名之作未列入。王维开创了此题材，但五代至宋的同题材作品，皆不画"雪里芭蕉"。

宋元人所作《袁安卧雪图》今已基本不传，但是从所作题画诗来看，

---

① 陈继儒《泥古录》卷一。
② 杨维桢《题清閟堂雪蕉图》，杨维桢著，邹志方点校《杨维桢诗集》，第396页。

皆无一言及"雪中芭蕉"。以下胪列笔者所见宋元题咏《袁安卧雪图》的诗歌。

杨万里《题无讼堂屏上袁安卧雪图》：

云窗避三伏，竹床横一丈。退食急袒跣，病身聊僵仰。有梦元无梦，似想亦非想。满堂变冥晦，寒阴起森爽。门外日如焚，屏间雪如掌。萧然耸毛发，皎若照襟幌。拔地排瑶松，倚天立银嶂。遥见幽人庐，茅栋压欲响。有客叩柴门，高轩隘村巷。剥啄久不闻，徙倚觉深怅。幽人寐政熟，何知有令长。谁作卧雪图，我得洗炎瘴。[1]

宋刘克庄《卧雪图》：

冻合千门闭，传呼一市惊。岂无僵卧者，辇毂未知名。[2]

元郑思肖《袁安卧雪图》：

飞玉堆寒二丈过，杜门僵卧养天和。不愁屋外六花大，但觉胸中清气多。[3]

元傅若金《题袁安卧雪图》：

积雪既填户，冲风或入衣。空庐独僵卧，岂不念寒饥。薄俗何足干，固穷良自为。自非洛令贤，谁能顾荆扉。兹事已云往，高风今绝稀。[4]

元李存《题蔡敬所袁安卧雪图》：

大雪深三尺，高眠正自奇。无端扣门者，遂使世人知。[5]

---

① 杨万里《题无讼堂屏上袁安卧雪图》，《全宋诗》第四十二册，第26413页。
② 刘克庄《卧雪图》，《后村集》卷一一。
③ 郑思肖《袁安卧雪图》，《郑思肖集》，第215页。
④ 傅若金《题袁安卧雪图》，《傅与砺诗文集》，第35—36页。
⑤ 李存《题蔡敬所袁安卧雪图》，《俟庵集》卷七。

元郭钰《题袁寅亮进士所藏袁安卧雪图》：

　　大雪僵眠呼不起，锦袍公子何由至。苦寒未可更干人，斯言便尔含春意。他日登庸勋业崇，素心已见卑微中。党家歌舞拥炉红，欢娱一晌寒烟空。画史经营自风致，琪树琼花照天地。旧家青毡君勿忘，公侯子孙当复始。[1]

元沈梦麟《袁安卧雪图》：

　　朔风觱发冰崖裂，千蹊万径行踪绝。乔林一夜天回春，琪花玉叶纷成结。汝南岁暮云四同，闾阎不识袁邵公。门前大雪深数尺，先生高卧气如虹。洛阳县令民之特，造门扫雪春无迹。先生咄咄不下床，能使顽廉懦夫立。清风懔懔高无邻，名垂图画如有神。呜呼！如今眼中寒士谁甘贫，有如洛阳县令能几人。[2]

元王恽《题袁安卧雪图》三首：

　　曲突无烟雪拥关，引书高卧自怡颜。须知四世三公业，不在人情冷暖间。

　　突不烟黔雪拥扉，一编羲易疗朝饥。火城莫羡沙堤相，论士当观未遇时。

　　穷巷无人与叩关，长安风雪一家寒。挺然不为饥驱去，肯逐时人作热官。[3]

元末陶宗仪《题袁安卧雪图》：

　　玉琢芙蓉朵朵开，乾坤清气费诗裁。先生一榻高千古，

---

① 郭钰《题袁寅亮进士所藏袁安卧雪图》，《静思集》卷五。
② 沈梦麟《袁安卧雪图》，《花溪集》，第361页。
③ 王恽《题袁安卧雪图》，《秋涧集》卷二五。

不管门前县令来。①

此类题画诗基本都是以书写本事为主，盛赞袁安清贫乐道的气节。笔墨基本围绕"袁安卧雪"本事展开，无一语提到芭蕉。可见，王维虽然开创了"卧雪图"这一绘画题材，宋元画家多有仿作，但是却并未将雪中芭蕉作为《袁安卧雪图》的要素。这种情况大概在明代有所改变，"卧雪图"出现芭蕉，"雪里芭蕉"也逐渐独立为一种绘画题材。

明代画家作《袁安卧雪图》，始有意于画芭蕉。明陈继儒《致富奇书》卷四曰：

图 78 ［明］赵左《仿王维雪蕉图》。

王摩诘画《袁安卧雪图》，旁列芭蕉以淡绿色衬雪，后多仿之。②

从以上所列举材料可知，这种模仿在宋元时期还极少见，到了明代，

① 陶宗仪《题袁安卧雪图》，《南村诗集》卷四。
② 陈继儒《致富奇书》卷四。

图79 [明]徐渭《雪蕉梅竹图》。

画家才有意在《袁安卧雪图》中加入芭蕉。文徵明所临摹赵孟頫《卧雪图》就增添芭蕉。《珊瑚网》卷三九"名画题跋十五"记载:

赵松雪为袁道甫作《卧雪图》,老屋疏林,意象萧然,自谓颇尽其能事。而龚子敬题其后,乃以不画芭蕉为欠事。余为袁君与之临此,遂于墙角着败蕉,似有生意。又益以崇山峻岭,苍松茂林,庶以见孤高拔俗之蕴,故不嫌于赘也。壬寅六月二十日徵明识。[1]

此为文徵明自题《袁安卧雪图》。龚子敬即宋元之际龚璛(1221—1331),工诗善书,特以赵孟頫《袁安卧雪图》无芭蕉为憾事。这种观点为文徵明所接受,其临摹之作则仿王维,"遂于墙角着败蕉,似有生意"。稍后的画家赵左也继承了这种做法,其所作《袁安卧雪图》就在屋旁画有雪中芭蕉数株,观其画境,又有"崇山峻岭,苍松茂林",似模仿文徵明之作。

"雪里芭蕉"虽然最早出现在王维《袁安卧雪图》中,但是宋元时期同题仿作,舍弃了这一非常之景。直到

———————————————

[1] 汪砢玉《珊瑚网》卷四三九。

160

明代的画家才在作品中加入雪中芭蕉。但在元代，雪中芭蕉逐渐独立为一种绘画题材，并且明人将王维雪中芭蕉的"写意"精神充分发挥。

就笔者所见文献，元人孙君泽、陈惟允、李息斋曾作雪蕉图。清卞永誉《式古堂书画汇考》卷三二记载：

> 孙君泽:《秋江静钓图》二、《群山霁雪图》《松月流泉图》《烟岚晚景图》二、《渊明漉酒图》《右军书扇图》《摹王维雪里芭蕉图》三。①

元顾瑛《雪霁与郯久成陈惟允坐剑池上惟允为写图因次久成韵》：

> 饮涧长虹挂深岭，千尺辘轳断修绠。夜寒月黑鬼赋诗，白日清风人写影。藤萝阴阴蔓山椒，长松落雪如花飘。烦君画我掩书卧，窗前更着青芭蕉。②陈惟允画图能写雪蕉，仿王右丞笔意，末句因及之。③

清吴其贞《书画记》卷五：

> 李息斋《雪蕉图》绢画一大幅，画雪用粉笔洒成，上有王觉斯题，李息斋之笔。④

从以上记载可以看出，元代已经出现雪蕉题材绘画。孙君泽所临摹王维"雪里芭蕉图"，应当是指王维《袁安卧雪图》，此画今已不得见。但从卞氏记载来看，似乎"雪里芭蕉"才是这幅画的中心。顾瑛记陈惟允所画"雪里芭蕉"，应是脱离了"袁安卧雪"的故事主题，"雪

---

① 卞永誉《式古堂书画汇考》卷三二。
② 顾瑛《雪霁与郯久成陈惟允坐剑池上惟允为写图因次久成韵》，顾嗣立编《元诗选》初集，第 2360—2361 页。
③ 顾瑛诗后注，不见于《元诗选》初集，见于钱谦益《列朝诗集》所录该诗后。钱谦益《列朝诗集》甲集，卷一九。
④ 吴其贞《书画记》卷五。

图80　[明]徐渭《蕉叶梅花》。

里芭蕉"成为独立的绘画题材。李息斋《雪蕉图》也当是以"雪里芭蕉"为题材。大约在元代，"雪里芭蕉"已经从人物画的背景，独立为花鸟画的一个种类。

明代"雪里芭蕉"题材绘画大量涌现，名家作品层出不穷。沈周、徐渭、仇英、杜堇、陈道复等人皆有雪蕉图。据庞元济《虚斋名画录》卷四记载：

余家旧藏有雪蕉图，始于孙汉阳，终于宋石门，凡六种。中间侯沈孙钱，亦皆知名士。一时吴中文人，各有题咏，或录前人诗，或制新词，凡二十有三人。为逸品中第一甲。①

孙汉阳即孙克弘，宋石门即宋旭，侯、沈、孙、钱当也是明代知名画家。可见，在明代画家普遍参与创作雪蕉图。

明代雪蕉图已经发展为一种独立的绘画题材，王维"卧雪图"所构建的文化内涵依然影响着后世雪

---

① 庞元济《虚斋名画录》卷四。

蕉图的创作和欣赏。明李日华《味水轩日记》卷五记载：

> 二十七日，客携示沈石田大幅《雪蕉图》，上有擘窠书长
> 律一首："王维偶写雪中蕉，一种清寒尚未消。前辈风流思旧观，
> 后生模拟见新标。残黄潦倒留诗迹，破绿离披折扇朽。今日
> 蒙翁同渑墨，晓窗呵笔费词招。石田沈周。"[1]

沈周《雪蕉图》题画诗对王维首创雪蕉之功极为推崇，直言自己的创作是模拟王维。二人的图画今已不存，从这段记载很难看出沈周和王维的雪蕉图之间有多少继承关系。沈周也应未见过王维《袁安卧雪图》，但是从这首题画诗可以看出，他明显是在向王维致敬。

又如明张宁《画雪蕉》：

> 风送飞琼拂地垂，映窗烟绿半离披。清贫不共繁华改，
> 犹记袁安冻饿时。[2]

张宁《画雪蕉》也应当是一首题画诗。从诗歌可以看出，这已经是一幅以雪蕉为题材的景物画，但是在品评之时，仍然可以解读出"袁安卧雪"的文化内涵。明代"雪里芭蕉"成为独立的绘画题材，但是创作的灵感和命意仍然受到王维的影响。

一部分画家的雪蕉图则完全摆脱"袁安卧雪"的主题，淋漓尽致地发挥王维"雪里芭蕉"的写意精神，徐渭是其中的代表。徐渭自题《蕉叶梅花》图曰："芭蕉伴梅花，此是王维画。"[3]他的画作继承了王维的"写意"手法，完全打破"袁安卧雪"的表现模式，对"雪蕉图"进行了随意的改造，加入梅花和耐寒长青的竹子。物种、气候的反差，

---

[1] 李日华《味水轩日记》卷五。
[2] 张宁《画芭蕉》，《方洲集》卷五。
[3] 徐渭《蕉叶梅花》，《徐渭集》，第1307页。

鲜艳的颜色对比，新颖的构图，表达了自己的孤高和不羁。另外，徐渭还作有《芭蕉梅花图》《蕉雪梅竹图》，以梅花代替雪，突破了"雪蕉"的表现方式，此类绘画皆是对传统"雪蕉图"题材的开拓。徐渭还用"雪蕉图"的模式画其他花卉，他的绘画中有"雪中牡丹""雪里荷花"，正如清吴肃公评价此类绘画曰："画诸卉于雪中，雪中安得牡丹，其亦摩诘雪蕉意。"①徐渭还有《水仙兰花图》，其《题水仙兰花》诗曰：

　　　　水仙开最晚，何事伴兰苕？亦如摩诘叟，雪里画芭蕉。②

　　徐渭《水仙兰花图》无雪也无芭蕉，吸收了王维"不以四时"的创造精神，不拘泥于形似。

　　王维《袁安卧雪图》从北宋开始进入收藏家和评论家的视野。几经流转，在元代之后，此图亡佚。宋元之后，"雪里芭蕉"成为独立的绘画题材，所蕴含的"造理入神"手法和不拘一格的创造精神对后世的绘画技巧和绘画理论都有极大的影响。

（三）"雪里芭蕉"与文学

　　"雪里芭蕉"进入文学比较晚，大致经历了由非文学到文学，由典故征引到专题吟咏的过程。

　　"雪里芭蕉"最初在文人的笔记中受到关注，虽然笔记小说一般不被看作文学文体，但是有些记载已经涉及文学。最早记载"雪里芭蕉"的《梦溪笔谈》对其中的画理有独到的见解："此乃得心应手，意到便成，故造理入神，迥得天意，此难可与俗人论。"此是论画，但是中国诗画一理，已经深入到艺术接受和创作理论。惠洪则直接用"雪里芭蕉"论诗，《冷斋夜话》卷四"诗忌"条曰："诗者，妙观逸想之所寓也，

---

① 吴肃公《街南续集》卷七。
② 徐渭《水仙兰花图》，《徐渭集》，第 840 页。

岂可限以绳墨哉。如王维作画雪中芭蕉，自法眼观之，知其神情寄寓于物，俗论则讥以为不知寒暑。"惠洪认为诗乃是"妙观逸想之所寓"，此和沈括所言"得心应手，意到便成，故造理入神，迥得天意"相似，诗理同画理，借物寓意，读者不可胶柱鼓瑟。懂得欣赏的人，不以寒暑论"雪里芭蕉"。在北宋，雪里芭蕉已经成为文人谈论艺术创作和艺术规律的一个重要概念。

图81　［清］袁耀《雪蕉双鹤图》。

"雪里芭蕉"进入文学比较晚，最早描写雪蕉的文学作品可以上溯到徐摛《冬蕉卷心赋》，其中"叶渍雪而傍孤"①已经是描写雪中芭蕉。但是此赋只有残篇，描写雪蕉也只剩下些只言片语。唐宋时期，也出现一些描写"雪蕉"的文学作品，如唐骆宾王《陪润州薛司徒桂明府游招隐寺》："绿竹寒天笋，红蕉腊月花。"②此处的"红蕉"并非"芭蕉"，应是美人蕉。到了北宋，王维"雪里芭蕉"成为一个热点话题为人们所熟悉，诗歌中常常涉及。如陈与义《题赵少隐清

① 徐摛《冬蕉卷心赋》，《全上古三代秦汉三国六朝文》，第3242页。
② 骆宾王《陪润州薛司徒桂明府游招隐寺》，《全唐诗》卷七八，第852页。

白堂三首》其三：

　　　　雪里芭蕉摩诘画，炎天梅蕊简斋诗。它时相见非生客，
看依琅玕一段奇。①

　　陈与义，号简斋，其诗歌被后世称为"简斋体"。此处他将自己
的诗称作"炎天梅蕊"，与王维"雪里芭蕉"之画并举。蕉清梅白，此
或正是"清白堂"命名之意。陈与义"炎天梅蕊"当是从"雪里芭蕉"
生发而来，皆为"失寒暑"之物，而这种反常之景正是寄托着诗人独
特的情志。楼钥《下元日暖甚夜风雨大作早微雪从子溁以酴醾来》也
引用了"雪里芭蕉"的典故：

　　　　眼明喜见早酴醾，窗外风号集霰时。梅蕊已惭前腊破，
芳心休用怨春迟。纳凉除夜昨几似，见雪芭蕉今不疑。若使
洛人真得此，应须更诧百宜枝。②

　　荼蘼为春夏季开花，农历七月十五下元节尚在花期。天气骤变，
七月飘雪，雪中得见盛开荼蘼，此也为罕事。见雪中荼蘼而联想到雪
中芭蕉，雪蕉已经成为此类异常现象的代名词。王维偶然之作赋予此
类反常景物不可言说、只可意会的寓意。楼氏见雪中荼蘼而赋诗，创
作冲动或许正是源自"雪里芭蕉"的启示。

　　"雪里芭蕉"逐渐成为诗歌创作的题材。"雪里芭蕉"难得一见，
这种客观特性限制了芭蕉题材文学的创作。诗文中提及"雪里芭蕉"
除了征引典故之外，大多为题画诗。题画诗大多为敷衍图画的应景之作，
艺术手法和思想内容鲜少特别之处。明清时期，越来越多的文人有机
会亲自接触雪蕉，"雪里芭蕉"成为直接歌咏的对象。

---

① 陈与义《题赵少隐清白堂三首》其三，《陈与义集》，第422页。
② 楼钥《下元日暖甚夜风雨大作早微雪从子溁以酴醾来》，《攻媿集》，第163页。

诗歌中大多描写残蕉。蕉雪图以写意为主，画中芭蕉往往充满生命力，呈现茁壮成长的姿态。雪白蕉绿，在颜色上和雪相映衬，从绘画的角度更加具有美感。诗歌则更多赋咏眼前实景，雪中芭蕉多呈衰败气象。明朱豹《喜雪》："卧闻密密响残蕉，早起看山粉黛娇。"[1]风雪之夜的"残蕉"，是经历风霜寒冷之后枯黄衰败的芭蕉。清严熊《雪蕉》一诗对雪蕉之衰败有更细致的描写：

> 小窗风日暖，岁晚一丛芳。数点飞新白，残枝没半黄。昂霄愧松立，倒地护兰藏。北客休惊顾，江南是故乡。[2]

雪中芭蕉并非完全枯萎，衰残中还留有一丝生命力，倾斜颓败之际仍保存昔日的挺立

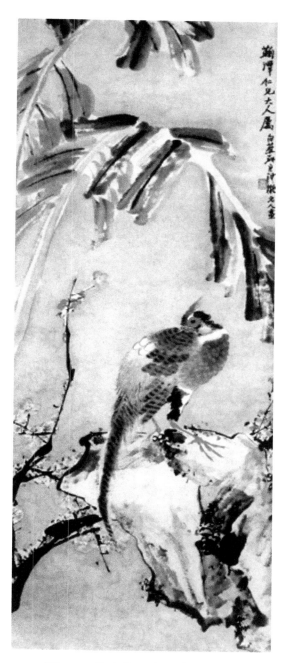

图82　［清］王礼《蕉梅锦鸡图》。

---

① 朱豹《喜雪》，《朱福州集》卷一。
② 严熊《雪蕉》，《严白云诗集》卷四。

之姿。雪中芭蕉蕴涵着凄凉、萧条，是一种残缺之美。明张宁《雪蕉亭》：

　　寒压亭蕉叶半枯，离披残绿伴愁孤。凭谁唤起王摩诘，

并作袁安卧雪图。[①]

　　雪压芭蕉，蕉叶半枯，其状下垂分散，颜色枯黄中残余一点绿色，已是雪中残蕉。芭蕉是观叶植物，叶大色绿的生物特性吸引了人们较多的审美注意。但是这种不常见之景色因为王维的图画和人们长久的争论，已经赋予独特的文化象征意义和情感蕴涵。当诗人遭遇现实中的雪蕉，便与王维的雪蕉之间建立某种联系，简洁的描绘中蕴涵更多的诗情画意。

　　雪蕉题材诗歌情感意蕴多为悲凉，弥漫着孤独哀伤之情。明蒲秉权《雪蕉廊》曰：

　　点点芭蕉雪，丁丁到枕清。莫教愁里听，恐作断肠声。[②]

　　不状雪蕉之貌，而专写蕉雪之声。听蕉是赏蕉的重要方式，雨打芭蕉是诗歌重要的表现对象。雪打芭蕉和雨打芭蕉类似，情感格调哀婉凄清，让人愁绪百结。蕉雪诗逐渐摆脱王维蕉雪图的影响，"袁安卧雪"高远的寄托已经被日常化的情感所替代。如明祝祺《雪里芭蕉》二首：

　　夜静玉堂寒，罗衣不耐单。谁怜寂寞意，写向画图看。

　　置我琼瑶台，安知心内苦。长袖向春风，能得几回舞。[③]

　　"写向画图看"则是引用了"袁安卧雪"的典故，但是抒发的是闺怨。将芭蕉比喻为一绿衣女子，内心结满哀怨。罗衣虽美，但苦于寒冷；琼瑶虽贵，但不解内心之苦；长袖善舞，但无春风解情。明陶望龄所

---

①　张宁《雪蕉亭》，《方洲集》卷一一。
②　蒲秉权《雪蕉廊》，《硕薖园集》卷二。
③　祝祺《雪里芭蕉》，《朴巢诗集》卷六。

赋雪蕉也是如此,《雪蕉为商叔护赋》其二:

> 风回长袖自郎当,斜倚幽斋怨夕阳。莫道柔枝能带雪,罗衣偏称玉为妆。①

昔日如同美人绿袖的蕉叶已经衰败,芭蕉如同一位迟暮的美人在夕阳下独自哀婉神伤。此类诗歌已经走出《袁安卧雪图》的影响,或触景生情,或景由情设。

抒情之外,雪蕉诗也常常谈论禅理。自古以来,王维所画"雪里芭蕉"都被认为别有寄托,前文已经论及。芭蕉的佛教寓意以及王维本身信佛等因素让后世之人猜想"雪里芭蕉"如"火中莲花"一样,充满禅理禅趣。李流芳《和朱修能蕉雪诗》:

> 蕉阴六月中,风前飒萧爽。夜半孤梦回,时作山雪想。冬寒雪片深,敲窗得清响。庭空碧叶尽,幽意犹惚恍。亦知不相遭,所贵在相赏。

图83　李可染《雪蕉书屋图》。

达人观世间,真幻岂有两。雪中蕉正绿,火里莲亦长。②

此诗并未正面写雪蕉。前四句因蕉而联想到雪,中间四句由雪而

① 陶望龄《雪蕉为商叔护赋》,《歇菴集》卷一。
② 李流芳《和朱修能蕉雪诗》,《檀园集》卷一。

联想到蕉。蕉和雪在客观上不属于同一个季节，二者难以相遇。但是，"雪里芭蕉"已经将二者建立了精神联系。芭蕉与雪"不相遭"在诗人看来是为遗憾，二者好像是相知相惜的知音。后四句言理，雪中芭蕉与火里莲花皆为幻象，但是真与幻之间并无区别。又如明韩奕《雪蕉》：

> 希微倏起灭，于世何亏盈。浮生本来静，忍逐众营营。①

"是身如芭蕉，空虚不实"，雪蕉更是残缺破灭之物。名声与行迹转瞬即逝，人生不过沧海一瞬。诗人自注云："雪蕉因王维所画，叹是物柔脆，当此岁寒自保其全也。"②借芭蕉表达对人生幻灭的无奈和超脱的情怀。

"雪里芭蕉"源于王维《袁安卧雪图》，因为其不寻常性，北宋开始就引起了人们极大的兴趣。褒赞与批评都是尝试对"雪里芭蕉"进行阐释，不同的理解代表着不同的艺术创作和欣赏理论。"雪里芭蕉"在宋元之后，已经成为中国古代文艺理论的一个重要概念，乃至是中国古代一个重要的文化符号。本文通过考察"雪里芭蕉"的文化内涵以及在绘画、文学中的表现与嬗变，进而厘清了"雪里芭蕉"在中国文化史中的演变轨迹，从此角度窥探中国古代思想文化演进的特征。

---

① 韩奕《雪蕉》，《韩山人诗集》。
② 韩奕《雪蕉》，《韩山人诗集》。

总　结

　　芭蕉是中国古代文学中重要的植物意象和题材。"永嘉南渡"以来，芭蕉一直是人们乐于欣赏和吟咏的对象。六朝时期是芭蕉题材文学创作的萌芽期，相对于梅兰竹菊等植物来说，芭蕉的审美欣赏还处于初级阶段，文学描写基本停留于图貌求似的水平。唐五代时期是芭蕉题材文学创作的发展期，作品数量有明显的增加，名家名作也颇为可观，在充分发掘其物色美感的同时也寄托着文人的各种情感和情趣，芭蕉的情感意蕴和人格象征也已初步形成。此时芭蕉已经成为绘画、园林中较为常见的题材，这为芭蕉的审美欣赏提供了更为宽广的空间。宋金时期是芭蕉题材文学创作的繁盛期，作品数量有大幅度的增加，并且出现了次韵、组诗等创作情况。栽培芭蕉、亲自把玩的经历使得宋人对芭蕉的认识更为深刻细腻，能够从多角度、多层面去体悟芭蕉的物色美感。蕉阴的清雅和雨打芭蕉的声韵之美是宋人独到的发现，丰富了芭蕉的神韵。元明清时期是芭蕉题材文学创作的延续期，此时芭蕉仍然是诗词等雅文学中的重要意象，同时成为小说、戏剧等俗文学重要的表现对象。在叙事文学中芭蕉不仅是重要的景物陪衬，而且还象征着人物的性格和命运。尽管相关创作起步较迟，发展也不够普遍，但千百年来还是出现了为数不少的作品，表达了人们对芭蕉形象的深切认识和美好感受，体现出丰富的观赏经验和审美情趣。芭蕉的叶、花、姿态等方面的美感以及整体显现的独特风韵都成为文学作品重要的表现对象。蕉叶浓翠如绿绮，婆娑似旌旗、凤尾；未展蕉叶如少女婉转之芳心；蕉花火红热烈，艳若火焰，灿若红霞；在不同的环境中芭蕉也是风采各异。芭蕉偏于阴柔清雅的审美特质也颇符合文人意趣，承载着文人清雅、愁怨、禅空等情感和情趣。中唐之后，雨打芭蕉成为人们审美观照的对象，审美认识逐渐深化，由重视觉欣赏向重听觉欣赏演变，注重体悟其音乐美。雨打芭蕉主要是由雨和芭蕉两种元素组成，但同时也受气候、地域等外在因素影响，因此，雨打芭蕉呈现出声韵、节令、地域等丰富的美感特征。在欣赏吟咏的同时，雨打芭蕉引发了古代文人羁旅思乡、闺怨相思、闲适情趣等复杂的情感体验。

芭蕉不仅是语言艺术的表现对象，而且是园林、绘画等艺术形式重要的题材。芭蕉的栽培与观赏是整个芭蕉审美文化活动中最直接、最核心的部分，主要包括园林建置，园艺欣赏两个方面。芭蕉的不同种植模式和搭配方式形成的审美风格是迥然不同的。芭蕉的种植模式主要有丛蕉、蕉林、对植几种方式，同时芭蕉与建筑物、怪石等相互组合构成一定的造景模式，形成多样的审美风格。观蕉、听蕉、题蕉是最为常见的欣赏方式，构成了芭蕉审美欣赏的物质基础，其他审美文化活动多由此触发、衍生而来。芭蕉题材绘画是芭蕉审美的重要形式。芭蕉题材绘画出现在盛唐时期，但是很长一段时间都是作为人物画的衬景，直到元代才成为绘画的主要表现对象，技法也经历了由工笔到写意，由形似到神似的发展过程。芭蕉的造型、色彩和文化内涵都颇得画家们的青睐，成为我国传统花鸟和人物画的重要题材。"雪里芭蕉"成为一个文化热点问题，千年以来聚讼不休，所体现的"造理入神"的艺术观念影响着中国绘画、文学的创作与欣赏。

"花不解语还多事"，经过人们近两千年的审美观照，芭蕉积淀了深厚的文化和情感底蕴，成为具有丰富意蕴的文化象征符号。通过对芭蕉文学与文化的全面梳理和研究，不仅系统地揭示了芭蕉题材和意象文学创作的特点、芭蕉意象的文学、文化内涵，也从一个角度窥探了古代文人审美心理和文化追求的演变与特点。小小芭蕉也凝聚着中华民族的智慧和情感，是反映中国传统文化的一面镜子。

征引书目

说明：

1．本论文征引之文学总集、别集、资料汇编、学术专著等均在此列，引用之现、当代期刊所载之学术论文则分别在相应内容的脚注中标出。

2．所列书目按书名汉语拼音字母顺序排列。

1．《八大山人书法集》，[清]朱耷撰，北京：人民美术出版社，2005 年版。

2．《白氏长庆集》，[唐]白居易撰，影印文渊阁《四库全书》本。

3．《北郭集》，[明]徐贲撰，影印文渊阁《四库全书》本。

4．《本草纲目》，[明]李时珍撰，影印文渊阁《四库全书》本。

5．《别雅》，[清]吴玉搢撰，影印文渊阁《四库全书》本。

6．《草堂雅集》，[元]顾瑛编，影印文渊阁《四库全书》本。

7．《苍梧词》，[清]董元恺撰，清刻本。

8．《陈与义集》，[宋]陈与义撰，北京：中华书局，1982 年版。

9．《辞源（合订本)》，北京：商务印书馆，1988 年第 1 版。

10．《词综》，[清]朱彝尊编，影印文渊阁《四库全书》本。

11．《楚辞补注》，[宋]洪兴祖补注，北京：中华书局，1985 年版。

12．《纯常子枝语》，[清]文廷式撰，民国二十三年刻本。

13．《大正新修大藏经》，台北：新文丰出版公司，1983 年版。

14．《大全集》，［明］高启撰，影印文渊阁《四库全书》本。

15．《斗南老人集》，［明］胡奎撰，影印文渊阁《四库全书》本。

16．《东江家藏集》，［明］顾清撰，影印文渊阁《四库全书》本。

17．《方洲集》，［明］张宁撰，影印文渊阁《四库全书》本。

18．《方众甫集》，［明］方应选撰，明万历刻本。

19．《霏雪录》，［明］刘绩撰，明刻本。

20．《枫窗小牍》，［宋］袁褧撰，上海：上海古籍出版社，2012 年版。

21．《风月堂诗话》，［明］朱弁撰，陈新点校，北京：中华书局，1988 年版。

22．《傅与砺诗文集》，［元］傅若金撰，北京：文物出版社，1982 年版。

23．《浮生六记（外三种)》，［清］沈复等撰，金性尧等注，上海：上海古籍出版社，2000 年版。

24．《格致镜原》，［清］陈元龙撰，影印文渊阁《四库全书》本。

25．《攻媿集》，［宋］楼钥撰，北京：中华书局，1985 年版。

26．《观堂集林》，王国维撰，北京：中华书局，1961 年版。

27．《古今名扇录》，［清］陆绍曾辑，清钞本。

28．《归田诗话》，［明］瞿佑撰，清《知不足斋丛书》本。

29．《古今禅藻集》，［明］释正勉编，影印文渊阁《四库全书》本。

30．《广东新语注》，［清］屈大均撰，邓光礼等注，广州：广东人民出版社，1991 年版。

31．《桂海虞衡志》，［宋］范成大撰，影印文渊阁《四库全书》本。

32．《海壑吟稿》，［明］赵完璧撰，影印文渊阁《四库全书》本。

33．《汉书补注》，［清］王先谦注，北京：中华书局，1983 年影印本。

34．《汉魏六朝百三家集选》，［明］张溥编，长春：吉林人民出版社，

1998 版。

35．《韩山人诗集》，［明］韩奕撰，清钞本。

36．《后汉书》，［南朝］范晔撰，北京：中华书局，1965 年版。

37．《后村集》，［宋］刘克庄撰，《四部丛刊》本。

38．《红楼梦》，［清］曹雪芹撰，北京：人民文学出版社，1990 年版。

39．《花史左编》，［明］王路撰，明万历刻本。

40．《花间集注释》，［后蜀］赵崇祚编，李谊注，成都：四川文艺
出版社，1986 年版。

41．《花镜》，［清］陈淏子辑，清刻本。

42．《花溪集》，［元］沈梦麟撰，北京：知识产权出版社，2006 年版。

43．《怀麓堂集》，［明］李东阳撰，影印文渊阁《四库全书》本。

44．《黄御史集》，［唐］黄滔撰，影印文渊阁《四库全书》本。

45．《篁墩文集》，［明］程敏政撰，影印文渊阁《四库全书》本。

46．《汲古堂集》，［明］何白撰，明万历刻本。

47．《家藏集》，［明］吴宽撰，影印文渊阁《四库全书》本。

48．《街南续集》，［清］吴肃公撰，清康熙刻本。

49．《江月松风集》，［元］钱惟善撰，影印文渊阁《四库全书》本。

50．《金明馆丛稿二编》，陈寅恪撰，上海：上海古籍出版社，
1980 年版。

51．《景观植物实用图鉴》第一辑，薛聪编，昆明：云南科学技术
出版社，1999 年版。

52．《泾林杂纪》，［明］周复俊撰，明刻本。

53．《静思集》，［元］郭钰撰，影印文渊阁《四库全书》本。

54．《绛跗草堂诗集》，［清］陈寿祺撰，清刻本。

55．《镜花缘》，[清]李汝珍撰，合肥：合肥文艺出版社，2003年版。

56．《敬轩文集》，[明]薛瑄撰，影印文渊阁《四库全书》本。

57．《静志居诗话》，[清]朱彝尊撰，北京：人民文学出版社，1990年版。

58．《看山阁集》，[清]黄图珌撰，清乾隆刻本。

59．《可闲老人集》，[元]张昱撰，影印文渊阁《四库全书》本。

60．《空同集》，[明]李梦阳撰，影印文渊阁《四库全书》本。

61．《会稽志》，[宋]施宿编纂，影印文渊阁《四库全书》本。

62．《会稽掇英总集》，[宋]孔延之编，影印文渊阁《四库全书》本。

63．《兰韵堂诗文集》，[清]沈初撰，清乾隆刻本。

64．《冷斋夜话》，[宋]释惠洪撰，中华书局，1988年版。

65．《离骚草木疏》，[宋]吴仁杰撰，影印文渊阁《四库全书》本。

66．《历代名画记》，[唐]张彦远撰，沈阳：辽宁教育出版社，2001年版。

67．《李益集注》，[唐]李益撰，王亦军等注，兰州：甘肃人民出版社，1989年版。

68．《李清照集校注》，[宋]李清照撰，王仲闻校注，北京：人民文学出版社，1979年版。

69．《列朝诗集》，[清]钱谦益编，清汲古阁刻本。

70．《岭外代答》，[宋]周去非撰，影印文渊阁《四库全书》本。

71．《岭南群雅》，[清]刘彬华辑，清嘉庆十八年玉壶山房刻本。

72．《零陵县志》，[清]嵇有度、徐保龄编纂，清光绪二年刻本。

73．《幔亭集》，[明]徐熥撰，影印文渊阁《四库全书》本。

74．《墨庄漫录》，[宋]张邦基撰，上海：上海书店，1936年版。

75.《孟东野诗集》，[唐] 孟郊撰，影印文渊阁《四库全书》本。

76.《鸣盛集》，[明] 林鸿撰，影印文渊阁《四库全书》本。

77.《民国诗话丛编》三编，张寅彭主编，上海：上海书店出版社，2002 年版。

78.《南史》，[唐] 李延寿撰，北京：中华书局，1975 年版。

79.《南齐书》，[南朝梁] 萧子显撰，北京：中华书局，1972 年版。

80.《南村随笔》，[清] 陆廷灿撰，清雍正十三年陆氏寿椿堂刻本。

81.《南村诗集》，[明] 陶宗仪撰，民国《台州丛书后集》本。

82.《南方草木状》，[晋] 嵇含撰，北京：中华书局，1985 年版。

83.《南湖集》，[宋] 张镃撰，影印文渊阁《四库全书》本。

84.《南唐二主词》，[南唐] 李煜、李璟撰，上海古籍出版社，2004 年版。

85.《泥古录》，[明] 陈继儒撰，明刻本。

86.《埤雅》，[宋] 陆佃著，王敏洪校，杭州：浙江大学出版社，2008 年版。

87.《薜荔园诗集》，[明] 余翔撰，影印文渊阁《四库全书》本。

88.《品花宝鉴》，[清] 陈森撰，北京：宝文堂书店，1989 年版。

89.《曝书亭集》，[清] 朱彝尊撰，影印文渊阁《四库全书》本。

90.《朴巢诗集》，[明] 祝祺撰，清刻本。

91.《齐民要术》，[北魏] 贾思勰撰，北京：中华书局，1956 年版。

92.《秋水庵花影集》，[明] 施绍莘撰，明末刻本。

93.《秋涧集》，[元] 王恽撰，《四部丛刊》本。

94.《青城山人集》，[明] 王燧撰，影印文渊阁《四库全书》本。

95.《清诗话续编》，郭绍虞编，上海：上海古籍出版社，1983 年版。

96.《全上古三代秦汉三国六朝文》，[清]严可均编，石家庄：河北教育出版社，1997年版。

97.《全唐文》，[清]董诰等编，北京：中华书局，1983年版。

98.《全唐诗》，[清]彭定求等编，北京：中华书局，1960年版。

99.《全唐诗补编》，陈尚君辑校，北京：中华书局，1992年版。

100.《清异录》，[宋]陶谷撰，影印文渊阁《四库全书》本。

101.《全唐文纪事》，[清]陈鸿墀辑，北京：中华书局，1959年版。

102.《全宋诗》，北京大学古文献研究所编，北京：北京大学出版社，1991年版。

103.《全宋词》，唐圭璋编，北京：中华书局，1965年版。

104.《全室外集》，[明]释宗泐撰，影印文渊阁《四库全书》本。

105.《容春堂集》，[明]邵宝撰，影印文渊阁《四库全书》本。

106.《少室山房集》，[明]胡应麟撰，影印文渊阁《四库全书》本。

107.《三辅黄图校注》，何清谷校注，西安：三秦出版社，1995年版。

108.《三国志》，[晋]陈寿撰，北京：中华书局，1971年版。

109《珊瑚网》，[明]汪砢玉撰，影印文渊阁《四库全书》本。

110.《沈约集校笺》，[南朝梁]沈约撰，陈庆元校笺，杭州：浙江古籍出版社，1995年版。

111.《升庵集》，[明]杨慎撰，影印文渊阁《四库全书》本。

112.《十国春秋》，[清]吴任臣撰，中华书局，1983年版。

113.《氏族大全》，[元]无名氏撰，影印文渊阁《四库全书》本。

114.《思伯子堂诗集》，[清]张际亮撰，清刻本。

115.《十驾斋养新录》，[清]钱大昕撰，上海：上海书店出版社，1983年版。

116.《石田诗选》，[明]沈周撰，影印文渊阁《四库全书》本。

117.《石仓历代诗选》，[明]曹学佺编，影印文渊阁《四库全书》本。

118.《石田诗文钞》，[明]沈周撰，影印文渊阁《四库全书》本。

119.《石门文字禅》，[宋]释慧洪撰，影印文渊阁《四库全书》本。

120.《说郛》，[明]陶宗仪撰，影印文渊阁《四库全书》本。

121.《宋史》，[元]托托等撰，北京：中华书局，1977年版。

122.《宋稗类钞》，[清]潘永因编，影印文渊阁《四库全书》本。

123.《宋代咏梅文学研究》，程杰著，合肥：安徽文艺出版社，2002年版。

124.《宋朝名画记》，[宋]刘道醇撰，影印文渊阁《四库全书》本。

125.《诗人玉屑》，[宋]魏庆之编，北京：中华书局，2007年版。

126.《诗集传》，[宋]朱熹集注，影印文渊阁《四库全书》本。

127.《俟庵集》，[元]李存撰，影印文渊阁《四库全书》本。

128.《式古堂书画汇考》，[清]卞永誉撰，影印文渊阁《四库全书》本。

129.《书画题跋记》，[明]郁逢庆辑，影印文渊阁《四库全书》本。

130.《书史》，[宋]米芾撰，北京：中华书局，1985年版。

131.《书画记》，[清]吴其贞撰，清乾隆写《四库全书》本。

132.《随园诗话》，[清]袁枚撰，长春：时代文艺出版社，2002年版。

133.《硕薖园集》，[明]蒲秉权撰，清光绪刻本。

134.《逃虚子集》，[明]姚广孝撰，清钞本。

135.《檀园集》，[明]李流芳撰，影印文渊阁《四库全书》本。

136.《唐朝名画录》，[唐]朱景玄撰，温肇桐注，成都：四川美术出版社，1985年版。

137.《藤阴杂记》，[清] 戴璐撰，上海：上海古籍出版社，1985 年版。

138.《童山集》，[清] 李调元撰，清乾隆刻函海道光五年增修本。

139.《铜鼓书堂遗稿》，[清] 查清淳撰，清乾隆刻本。

140.《天中记》，[明] 陈耀文撰，影印文渊阁《四库全书》本。

141.《铁琴铜剑楼藏书目录》，[清] 瞿镛撰，上海：上海古籍出版社，2000 年版。

142.《晚晴簃诗汇》，徐世昌辑，民国退耕堂刻本。

143.《晚唐钟声——中国文化的原型批评》，傅道彬撰，北京：东方出版社，1996 年版。

144.《维摩诘经》，[汉] 支谦译，长春：吉林人民出版社，2006 年版。

145.《味水轩日记》，[明] 李日华撰，民国《嘉业堂丛书》本。

146.《文心雕龙》，[南朝梁] 刘勰撰，北京：中国社会科学出版社，2005 年版。

147.《文靖公遗集》，[清] 宝鋆撰，清光绪三十四年羊城刻本。

148.《文忠集》，[宋] 欧阳修撰，影印文渊阁《四库全书》本。

149.《问奇类林》，[明] 郭良翰撰，明万历增修本。

150.《梧溪集》，[元] 王逢撰，影印文渊阁《四库全书》本。

151.《吴兴艺文补》，[明] 董斯张辑，明崇祯六年刻本。

152.《五杂俎》，[明] 谢肇淛撰，上海：上海书店出版社，2001 年版。

153.《息园存稿诗》，[明] 顾璘撰，影印文渊阁《四库全书》本。

154.《西庵集》，[明] 孙蕡撰，影印文渊阁《四库全书》本。

155.《西河集》，[清] 毛奇龄撰，影印文渊阁《四库全书》本。

156.《小山画谱》，[清] 邹一桂撰，影印文渊阁《四库全书》本。

157.《小草斋集》，[明] 谢肇淛撰，明万历四十四年刻本。

158.《小鸣稿》，[明]朱诚泳撰，影印文渊阁《四库全书》本。

159.《小窗自纪》，[明]吴从先撰，程不识编《明清清言小品》，武汉：湖北辞书出版社，1993年版。

160.《先秦汉魏晋南北朝诗》，逯钦立辑校，北京：中华书局，1983年版。

161.《闲情偶寄》，[清]李渔撰，杭州：浙江古籍出版社，1985年版。

162.《谢灵运集校注》，[南朝]谢灵运撰，顾绍柏校注，郑州：中州古籍出版社，1987年版。

163.《谢宣城集校注》，[南朝齐]谢朓撰，曹融南校注，上海：上海古籍出版社，1991年版。

164.《歇菴集》，[明]陶望龄撰，明万历刻本。

165.《性理群书句解》，[宋]熊节编，[宋]熊刚大注，影印文渊阁《四库全书》本。

166.《新校正梦溪笔谈》，[宋]沈括撰，胡道静校注，北京：中华书局，1975年版。

167.《荥阳外史集》，[明]郑真撰，《文渊阁四库全书》本补配《文津阁四库全书》本。

168.《徐渭集》，[明]徐渭撰，北京：中华书局，1983年版。

169.《虚受堂集诗存》，[清]王先谦撰，清光绪二十八年苏氏增刻本。

170.《虚斋名画录》，[清]庞元济撰，清宣统刻本。

171.《严白云诗集》，[清]严熊撰，清乾隆刻本。

172.《俨山外集》，[明]陆深撰，影印文渊阁《四库全书》本。

173.《杨维桢诗集》，[元]杨维桢著，邹志方点校，杭州：浙江古籍出版社，2010 年版。

174．《幽梦影》，[清] 涨潮撰，程不识编《明清清言小品》，武汉：湖北辞书出版社，1993 年版。

175．《幽梦续影》，[清] 朱锡绶撰，程不识编《明清清言小品》，武汉：湖北辞书出版社，1993 年版。

176．《艺文类聚》，[唐] 欧阳询等编，影印文渊阁《四库全书》本。

177．《益部方物略记》，[宋] 宋祁撰，影印文渊阁《四库全书》本。

178．《猗觉寮杂记》，[宋] 朱翌撰，影印文渊阁《四库全书》本。

179．《庾子山集注》，[北周] 庾信撰，倪璠注，北京：中华书局，1980 年版。

180．《郁冈斋笔麈》，[明] 王肯堂撰，明刻本。

181．《御制乐善堂全集定本》，[清] 爱新觉罗·弘历撰，影印文渊阁《四库全书》本。

182．《御制佩文斋广群芳谱》，[清] 汪灏编，影印文渊阁《四库全书》本。

183．《御定历代赋汇》，[清] 陈元龙等编，影印文渊阁《四库全书》本。

184．《云仙杂记》，[唐] 冯贽撰，北京：中华书局，1998 年版。

185．《元诗选》初集，[清] 顾嗣立编，北京：中华书局，1987 年。

186．《园冶》，[明] 计成撰，北京：中国建筑工业出版社，1988 年版。

187．《永嘉县志》，[清] 王棻编纂，清光绪八年刻本。

188．《〈园冶〉文化论》，张薇撰，北京：人民出版社，2006 年版。

189．《云溪居士集》，[宋] 华镇撰，影印文渊阁《四库全书》本。

190．《筤谷诗文钞》，[清] 查揆撰，清道光刻本。

191．《中国农史辞典》，夏享廉、肖克之编，北京：中国商业出版社，1994 年版。

192．《中国植物志》第 16 卷第 2 分册，中国科学院《中国植物志》编辑委员会编，北京：科学出版社，1981 年版。

193．《种艺必用》，[宋]吴欑撰，明《永乐大典》本。

194．《镇江志》，[元]俞西鲁编纂，清刻《宛委别藏》本。

195．《郑思肖集》，[元]郑思肖撰，上海：上海古籍出版社，1991 年版。

196．《致富奇书》，[明]陈继儒撰，清乾隆刻本。

197．《植物名实图考》，[清]吴其濬撰，北京：商务印书馆，1957 年版。

198．《朱福州集》，[明]朱豹撰，明嘉靖刻本。

199．《朱子语类》，[宋]黎锦德编，影印文渊阁《四库全书》本。

200．《尊前集》，[明]顾梧芳编，明汲古阁刻本。

201．《竹山词》，[宋]将捷撰，影印文渊阁《四库全书》本。

202．《遵生八笺》，[明]高濂撰，影印文渊阁《四库全书》本。

203．《檇李诗系》，[清]沈季友撰，影印文渊阁《四库全书》。

古代石榴题材文学研究

郭慧珍 著

目　录

绪　论

本书选题的理由及意义

石榴作为异域引进之花，不但栽培历史悠久，而且使用与观赏价值极高。它一直是文人笔下咏叹的对象，在整个咏物文学中占据着举足轻重的地位。虽然古人吟咏较多，但是有关石榴题材的文学与文化研究至今仍未引起足够的重视。

石榴是异域之花，但在中国的大地上却绽放得如此绚烂，展示出独有的顽强生命力。它的花朵美如绮霞，它的枝杈婀娜飘洒，它的果实晶莹如珠，味道甘如琼浆。它犹如幽山隐士，不慕荣华，不羡众芳，有着独特的魅力。它在五月开花，秋季结实，这又注定了它从未赶在明丽春日盛放的命运，花期的迟来为其蒙上了迷离伤感的色彩。历代的文人墨客，要么赞其为幽质奇树、如玉如珠、清香无比，要么哀叹其生不逢时的不幸命运，要么称道其独立不迁的品格以寄一己之情思。石榴亦作为寄寓相思情意的意象，传递着诗人们复杂微妙的感情，这与其他花木相比毫不逊色。石榴可以作为登科之信，所以又与桂树齐名。石榴多子，所以在民间的风俗中它是多子多福的象征。石榴可以酿酒，可以治疗很多疾病，有很高的医用价值。

作为"中国花卉题材文学与花卉审美文化研究"的子课题，本书选题的意义不仅是纯文学的、纯学术的：石榴是花卉的一种，它不仅是一种文学题材，同时也是艺术、农学、园艺学等领域的题材，表现在广泛的文化领域。本课题以文学研究为主题，同时兼顾其他方面的文化内容，力求在广阔的文化视野上透视石榴的审美认知和文化功能。

国内外研究现状及趋势

目前国内外已有许多有关花卉类题材的文学专题研究，有关石榴题材的也有 3 篇单篇论文。如杨传珍的《鲁南石榴文化浅论》（《民俗研究》1989 年第 3 期），大致介绍了安石榴的命名、植物特性、食用价值和药物功能，并分析了石榴深受当地百姓喜爱的原因。石榴吉利的名字暗含当地百姓渴望安定吉祥、早生贵子，以及企盼风调雨顺、封侯拜相，能留住他人的心理；石榴果的天然造型与月神似，有阖家团圆的意味；石榴果肉粒粒晶莹，中有子房相隔，团团相抱，暗含多子多福、兄弟和睦的祝愿；石榴花的颜色为火红色，故能镇妖辟邪、带来升官发财的好运；石榴树的造形苍劲古朴，象征着老人家健康长寿与人丁兴旺；石榴树的更新能力强，与当地百姓希望香火不断、传宗接代的心理一致；其耐瘠薄的植物特性与当地百姓艰辛的生活同病相怜；石榴浑身是宝，集各类药用价值与饮食价值于一体；石榴怡情与功利相统一，可观可赏又可品；它满足了鲁南人民在饥饿岁月里果腹的需要；石榴形成大面积栽种的历史原因，是由西汉凿壁丞相匡衡从皇家禁苑移入等各方面的内容。张宪昌的《石榴崇拜考》（《聊城大学学报》（社会科学版）2006年第5期），分析了石榴作为生育之神而被人们广泛地崇拜的原因。张建国的《中国石榴文化概览》（《中国果业信息》2007年第11期），大致介绍了石榴的起源，石榴的植物学文化，石榴的食用药用文化，石榴文学，石榴与艺术，石榴文化与地域经济，石榴文化与旅游等。该论文只是写了概貌，相对比较粗略。除此之外，还有一篇会议记录，即《中国石榴文化专题学术研讨会暨山东省民俗学会2002年年会在枣庄召开》（李凡整理，载《民俗研究》2002年第4期），此会议记录综述了以"中国石榴文化"为主题而展开的研讨，主要从"石榴文化"的象征含义，如石榴意象象征着多生贵子、笑口常开、平平安安、团团圆圆、幸福美满、红红火火等，以及其民俗价值和实用价值入手，进一步推广石榴文化，扩大其影响力。纵观以上论文及会议纪要，对于石榴介绍最多的是其作为文化符号与民俗符号的象征，而非有关石榴题材的文学作品的专题研究，而笔者则试从文学方面为有关石榴的文学作品作一次专题性的研究，弥补这一方面的空白。

研究目标、研究内容和拟解决的关键问题

一、研究目标

本书拟通过对石榴在漫漫历史长河中出现的文学意象的研究，探究其形象特色、情蕴内涵、文学和文化作用，以及其相应的历史演变过程与社会文化背景，以达到对其细致而又深入的全面认知的目的。

二、研究内容

中国是花木王国，花木种类繁多，但并非所有的花木都源于本土，而我们这里所要研究的花木之一石榴，是西汉张骞出使西域十八年后所带回的。石榴产于极具异域风情之地，是人类历史上最早的引种栽培的花木果树之一。但是，石榴究竟出于西域何处，文献记载不一。笔者揣测，其原产之处不应于大漠之中，而在花光林海之盛地。魏晋南北朝时期是人们将石榴作为审美对象、身份象征、多子象征、寄意象征的开端。此后，有关吟咏石榴的文学作品随着石榴的广泛种植而逐渐增多。从此，也开始了它由贵族逐渐走向平民化的道路。随着石榴栽种技术的不断推广，到了隋唐五代，石榴树已不再是只有豪门贵胄才能拥有并欣赏把玩的珍贵花木。这一时期，石榴已在大江南北处处培植，其花芬芳馥郁明艳动人的特色为神州大地增添了无与伦比的光彩。石榴有多子的寓意，萱草是宜男的象征，且二者均夏季开花，有许多相似之处，故宋代多出现"萱草石榴情更多"①之类的诗句，这又寄寓了人们美好的祝愿，显现出一派温情。石榴这一意象作为友人间互相赠答的文学题材，在宋代可以说是发展到了一个高潮，文人将其作为友情的象征，以寄寓友人之间的深情厚谊。榴本与"留"谐音，古代士人宦游他乡，与亲友生离，每每看到榴花便想起故园，故榴花又是漂泊异乡的游子在羁旅途中的心灵寄托。石榴在唐宋时期无论是其功用价值还是内涵意蕴，都在进一步扩大，并形成了中国所特有的石榴文化。明清时期是石榴文学繁盛的时期，这一时期的人们普遍既关注自然培植的挂在枝头的石榴花果，又对于瓶中所供石榴花以及画家笔下千姿百态的石榴加以吟咏；除此之外，人们还致力于对相关文

---

① 裘万顷撰：《裘竹斋诗集》卷三，清抄本。

献进行搜集、整理、保存，方便了后人对石榴文学的研究。

石榴作为外来引进花木，有着繁盛的花色，曼妙的枝条，以及晶莹的榴实，这些都给人以视觉的美感。石榴花开于初夏，此时已是众芳芜秽，作为一枝独秀的花儿，有着天然的傲人的资本。种植石榴树的成活率很高，只要将其种子或者枝干埋入土中，就会生根发芽，成丛生长，这足以证明它有着旺盛的生命力。石榴的这些特点，使得它有着明显不同于其他花木的独特的审美形象特征。石榴初夏开花，秋季成实，其间经过春日熏风晨露的滋润，酷夏午后骄阳的暴晒、无情风雨的敲击，以及秋季寒夜飞霜的欺凌，可以说是历经千辛万苦、重重磨难，才于秋后结成芬芳甘甜的果实。在不同的自然条件下，石榴的美亦是各有千秋。当然，不仅仅只有五月开花的石榴，在一年中各个季节，石榴都有可能开花，只是这种情况比较特殊。人们会赋予自然界中各种花木以人的情思，将众芳人格化。中国本土的花木都有各自独特的象征意味，每一个意象都有其特定的含义。比如在中国的历史文化积淀中，已经形成共识的"花中四君子"——梅、兰、竹、菊，是不慕荣华、清雅正直的君子与山中高士的象征；浮萍与飞蓬，是漂泊羁旅的象征；牡丹是倾城国色的象征；海棠风韵天成，唐朝宰相贾元靖著《百花谱》，将其誉为"花中神仙"①，被人称作解语花，是多情女子的象征；芍药是青春爱情的象征；杨柳是离别情深的象征；松树是凌寒傲骨的象征；柏树是傲岸人格的象征；等等。并且这些花很多都有自身的花谱，如牡丹有《洛阳牡丹谱》（宋欧阳修撰），芍药有《扬州芍药谱》（宋王观撰），梅有《范村梅谱》（宋范成大撰），菊有《刘氏菊谱》（宋刘蒙撰）、《史氏菊谱》（宋史正志撰）、《范村菊谱》（宋范

---

① 陈思撰：《海棠谱》卷上，宋《百川学海》本。

193

成大撰)、《百菊集谱》《菊史补遗》(宋史铸撰),兰有《金漳兰谱》(宋赵时庚撰),海棠有《海棠谱》(宋陈思撰),荔枝有《荔枝谱》(宋蔡襄撰),橘有《橘录》(宋韩彦直撰),竹有《竹谱》(晋戴凯之撰);而石榴则只散存于花草类汇编的书中,如宋陈景沂编撰的《全芳备祖集》、明王象晋整理的《群芳谱》、清汪灏等编的《广群芳谱》之中,而并无系统完备的只属于自身的花谱与果谱。

石榴是从西域不远万里移植至中土的。作为外来引进品种,自然会引起人们的重视,文人们亦会将自己的思想意志寄寓石榴这一意象。只是,人们大多数仅将其作为多子多福的象征,并由此衍生出有着香艳色彩的石榴裙意象;至于文人通过石榴所抒发的身世之感与一己之思,几乎全被这种约定俗成的含义所掩盖,这是十分令人叹惋的。石榴是士人忠诚勇敢的象征,能够在逆境中锻造自己坚强的意志,它在文人的笔下有着独立不迁的高洁人格,寄托着人们的爱情、友情、乡情等各种复杂而深微的情感,又象征着如绽放于枝头的纤柔弱花般薄命的红颜,实则有着多重的情韵内涵。

三、拟解决的关键问题

本书拟解决的是石榴的产地的问题、石榴的形象特征、石榴的情韵内涵、石榴的民俗含义、东坡咏石榴诗等一系列问题。

第一章 石榴意象和石榴题材文学创作的发生与发展

第一节 两汉时期——石榴的源起

中国是花木王国，花木种类繁多，但并非所有的花木都源于本土，而我们所要研究的石榴，是西汉张骞出使西域十八年后所带回，其时间之弥久漫长、空间之迂回辽远，均是无与伦比的；可以说是历经千难万险，才得以在中土扎根繁衍。石榴产于外国，是人类历史上最早的引种栽培的花木果树之一，这点是毋庸置疑的。但是，石榴究竟出于何处，文献记载不一，这也是笔者在此节所要论述的要点所在。

唐代知名学者李善作注的南朝梁代昭明太子萧统所编的《文选》，是现存史料中第一次明确提及石榴来历的文献。在潘安仁《闲居赋》"石榴蒲陶之珍，磊落蔓衍乎其侧"一句中，李善注云："石榴即若榴也……张骞使大夏得石榴……"[1]从中我们似乎可以得出石榴来自于大夏。而李善的这一条注引，源自于西晋张华的《博物志》，在现存的《博物志》中，此条已失。在《四库全书·〈博物志〉提要》中，我们可以清楚地看到，"李善注《文选》引张华《博物志》十二条，见今本者九条。其……《闲居赋》注引张骞使大夏得石榴……今本皆无此语"[2]。

---

① 萧统编，李善注：《文选》卷一六，影印文渊阁《四库全书》本。
② 纪昀等编：《四库全书·〈博物志〉提要》，影印文渊阁《四库全书》本。

西晋张华《博物志》记载："张骞使西域还，得大蒜、安石榴、胡桃、蒲桃、胡葱、苜蓿、胡荽、黄蓝可作燕支也。"①后无名氏作注云："此上原本但云张骞使西域还，乃得胡桃种，余并脱去，依《北户录》注补正。"②也就是说，我们无法确切知晓《博物志》中有无关于石榴来历的记载，也无法由李善之注就断定石榴一定来自于大夏。据《汉书·张骞李广利传》"骞身所至者，大宛、大月氏、大夏、康居，而传闻其旁大国五六"③可知，张骞曾到过大夏。在宋人高承所著《事物纪原》中，言石榴"其生自西域，汉武时博望侯穷河源回，得其种，遂传中国也；《陆机与弟书》曰：张骞为汉使外国十八年得涂林，盖安石榴也；《博物志》曰：张骞使西域回所得葡萄亦出于大夏，盖与石榴同来中土"④。此书甚是详尽地将前人著述统编一处，石榴自大夏来可备一考。

《史记·大宛列传》记载："大夏在大宛西南二千馀里妫水（今主要干流被称为阿姆河）南。其俗土著，有城屋，与大宛同俗。无大王长，往往城邑置小长。其兵弱，畏战。善贾市。及大月氏西徙，攻败之，皆臣畜大夏。大夏民多，可百馀万。其都曰蓝市城，有市贩贾诸物。其东南有身毒国……身毒国在大夏东南可数千里。其俗土著，大与大夏同，而卑湿暑热云。其民乘象以战。其国临大水焉。"⑤孟康作注云身毒即为天竺国，即今印度，印度西北即为古大夏国；而大夏在妫水之南，据《禹贡指南》记载，"汉《西域传》妫水自于阗之西迳大

---

① 张华撰：《博物志》卷六，清《指海》本。
② 张华撰：《博物志》卷六，清《指海》本。
③ 班固撰，颜师古注：《汉书》卷六一，影印文渊阁《四库全书》本。
④ 高承撰：《事物纪原》卷一〇，影印文渊阁《四库全书》本。
⑤ 司马迁撰：《史记》卷一二三，影印文渊阁《四库全书》本。

图 01　石榴果实。

夏西流至条支（两河流域，今主要为伊拉克地区）入西海（咸海）"①，
《禹贡山川地理图》"妫水之西入西海"②，可知大夏即大致在如今中亚
地区的伊朗、阿富汗一带。

　　有人认为石榴产自交趾，"刘刘杕注出交趾，陆本'趾'作'阯'，
郑樵曰，即石榴，《本草》谓之安石榴"③。交趾乃古越国名，大致地
理范围在今广东及越南北部地区;《尔雅》成书于上古时期,由多人作注,
郑樵是宋代人，去古已远，此种情况下难免出现诸多纰漏。而石榴的
原产地并非在此，故此说只是一家之言，不足为凭。有人认为石榴产

①　毛晃撰：《禹贡指南》卷二，影印文渊阁《四库全书》本。
②　程大昌撰：《禹贡山川地理图》卷下，影印文渊阁《四库全书》本。
③　郭璞注，陆德明音义，邢昺疏:《尔雅注疏》卷九,影印文渊阁《四库全书》本。

于新罗国，其说源于石榴又称"海石榴"之名，但新罗国是公元 6 世纪初在朝鲜半岛建立的国家之一，当时石榴早已大量载于古人的诗文之中，故此说亦不可靠。

也有人认为石榴来自于涂林，这种说法源于后魏贾思勰的《齐民要术》"陆机曰：张骞为汉使外国十八年，得涂林，涂林，安石榴也"①，并且此说常见于唐宋人的文献记载中。如唐人欧阳修的《艺文类聚》载："《陆机与弟云书》曰：张骞为汉使外国十八年，得涂林安石榴也。"②宋人陈景沂的《全芳备祖》云石榴"一名海榴，凡花以海名，皆自海外来（《杂志》）。汉张骞奉使西域远得安石榴，花系出涂林种（《博物志》）"③。前文《事物纪原》中已载涂林是安石榴的别名，在此处文献记录中，涂林似既为地名，又为石榴别名。在曲泽洲所著的《果树种类论》中，记述道："'涂林'二字，也是从'Touria'地名音译而来；德国学者 F.Hirth 氏认为'涂林'是从梵语石榴（Darin）音译而来。"④在此书中，作者又转述桑原隲藏氏的论述，言说石榴从身毒（天竺，即印度，前文已备述）及其附近地方首先引进中国，因而才得到了梵语石榴"涂林"的名字。此亦可备一考。

关于石榴的来源，广为流传的说法是它源自于安石国。这主要源于唐代诗人元稹的《感石榴二十韵》中"何年安石国，万里贡榴花"⑤的说法。自此之后，人们便认为石榴源自于安石国。于是在明清的文献记载中，大都认为石榴产于安石国，其他说法渐趋于消失。如：

---

① 贾思勰撰：《齐民要术》卷四，影印文渊阁《四库全书》本。
② 欧阳询编：《艺文类聚》卷八六，影印文渊阁《四库全书》本。
③ 陈景沂编：《全芳备祖》前集卷二四，影印文渊阁《四库全书》本。
④ 曲泽洲、孙云蔚撰：《果树种类论》，农业出版社，1990 年，第 140 页。
⑤ 元稹撰：《元氏长庆集》卷一三，《四部丛刊》景明嘉靖本。

石榴垂垂如赘瘤也。《广雅》谓之若榴。旧云汉张骞使西域得涂林安石国榴种以归，故名安石榴。①

汉张骞使西域得涂林安石榴种，中国有石榴始此，安石，国名。②

石榴一名丹若,《本草》云：若木乃扶桑之名，榴花丹类似之，故亦有丹若之称。本出涂林安石国，汉张骞使西域得其种以归，故名安石榴。③

更有甚者，后人言之凿凿地认为在其所著文献中收录的有关石榴产于安石国的记载，是源于张华的

图02 ［宋］唐慎微《证类本草》安石榴图。

《博物志》；前文已述《博物志》原文此处散佚，已无法考究得知真相。元人王祯曾言："石榴，一名若榴，一名丹若。旧不著所出州土。陆机云张骞使西域得涂林安石榴种。今人称为海榴，以产海外也。"④从中可以看出，并没有确切地记载石榴究竟产于何方，仅知其是从域外引进的而已。明人李时珍《本草纲目》言：

又按《齐民要术》云：凡植榴者，须安僵石枯骨於根下，

① 鲍山撰：《野菜博录》卷四，影印文渊阁《四库全书》本。
② 彭大翼撰：《山堂肆考》卷二七〇，影印文渊阁《四库全书》本。
③ 汪灏等编：《广群芳谱》卷二八，清康熙刻本。
④ 王祯撰：《王氏农书》卷九，影印文渊阁《四库全书》本。

即花实繁茂，则安石之名义或取此也。若木乃扶桑之名，榴花丹頬似之，故亦有丹若之称。①

他认为贾思勰的《齐民要术》里面记载安石榴的名字来源或许是因为栽种时需要安放石头的缘故。但《齐民要术》里只转述了张华的《博物志》里张骞出使西域得到安石榴、胡桃、蒲桃之事，并说栽种安石榴在其根部放骨石是树性所宜，并未言其名来自于其栽植方法。曲泽洲在其《果树种类论》②中论述道：

"安国"，系指今日的布哈拉；"石国"系指今日的塔什干……据上野实郎氏在《石榴渡来考》（1937）中说：安石榴是"'安石＋榴'"而成。但安石指的是汉代西域的安息国（Parthia），今天是伊朗的地方。"榴"是古代伊朗语的音译而来，是"小粒"的意思。

从此段记载可以看出，中日学者均认为石榴原产地在今伊朗一带。

当代从事观赏园艺等教学研究工作的张建国在《中国石榴文化概览》中，认为马王堆汉墓帛书中《杂疗方》里已有关于石榴的记载，早于张骞出使西域的年代。《杂疗方》原文中共出现"蕃石"四次，现录入其中一处原文："约：取蕃石、蕉荚，禹熏三物等，□□□一物，皆治，并合。为，为小囊，入前中，如食间，去之。"③据周一谋考注："蕃石，即礜石。《说文》：'礜，毒石也。'《神农本草经》：'礜石，味辛大热，

---

① 李时珍著：《本草纲目》卷三〇，影印文渊阁《四库全书》本。
② 曲泽洲、孙云蔚撰：《果树种类论》，农业出版社，1990年，第140页。
③ 周一谋、萧佐桃主编：《马王堆医书考注》，天津科学技术出版社，1988年，第320～321页。

主寒热鼠疫，蚀疮死肌，风痹，腹中坚。'"①从中可以得知，《杂疗方》中的蕃石实则是一味药石，而非张建国所称的"石榴"，医学家相对更懂药理，故张说难以成立。

综上所述，笔者认为，石榴原产于大夏、安息，即今伊朗、阿富汗一带，是西汉博望侯张骞出使西域十八年，历经艰辛所得到的西域珍品。

图 03　张骞出使西域路线图。

由于石榴是外来引进品种，中土本无，所以初到中国时，只能供奉于皇室之中，标为珍本。从当时的文献记载"初修上林苑，群臣远方各献名果异树……安石榴十株……"②可以看出，安石榴在西汉只是作为皇家园林中的珍贵花木而种植，一般人是无缘见到产自西域的奇果异木的，所以有关石榴的记载只有寥寥几字。

东汉时期，石榴开始从皇室传到贵胄之家，从东汉时期仅有两位文学家吟咏石榴可以看出，对于普通人来说，石榴依旧极为罕见。西

---

① 周一谋、萧佐桃主编：《马王堆医书考注》，天津科学技术出版社，1988年，第321页。

② 葛洪撰：《西京杂记》卷一，影印文渊阁《四库全书》本。

图04 石榴花。

汉刘安所著的《淮南鸿烈解》中提及木槿，东汉许慎为其作注曰："其叶与安石榴相似也。"①这是我们所能了解到的当时人们对于石榴的外形的认知的仅有的材料。至于假托所谓的西汉初年著名女相学家许负之名而实则为明人周履靖所著之《相法十六篇》"齿如石榴，富贵他求"②的说法仅可作为参考，因非许负手迹，故不论是从石榴在我国开始栽种的年代，还是从石榴推广普及到已移栽至普通百姓家来说，均无说服力，不足为凭。

东汉末年的神医张仲景在他的《金匮要略》中提及"安石榴不可多食，损人肺"③。这是最早的有关石榴的食用价值的记载。东汉中期，南阳张衡应该是现存文献中，第一个将石榴引入文学作品中的辞赋家。张衡在《南都赋》中，叙述其家乡山川风物"若其园圃……乃有樱梅山柿，侯桃梨栗。樗枣若留，穰橙邓橘。其香草则有薜荔蕙若，薇芜荪苌。晻暧蓊蔚，含芬吐芳"④。李善注解曰："《广雅》曰：石留，若榴也。"⑤在《南都赋》中，张衡仅仅将石榴一笔带过，罗列故乡珍果，泛泛而谈。纪昀认为，东汉末年陈留的蔡邕应该是真正将自己的情怀寄托于石榴

① 刘安撰，许慎注：《淮南鸿烈解》卷五，《四部丛刊》本。
② 周履靖撰：《许负相法十六篇·相齿篇第七》，《夷门广牍》本。
③ 张仲景撰：《金匮要略方论》下卷，《四部丛刊》本。
④ 萧统编，李善注：《文选》卷四，影印文渊阁《四库全书》本。
⑤ 萧统编，李善注：《文选》卷四，影印文渊阁《四库全书》本。

诗篇的第一人，在其所编著的《四库全书·〈咏物诗〉提要》中，提及"其托物寄怀见于诗篇者，蔡邕《咏庭前石榴》其始见也。沿及六朝，此风渐盛"[1]。可以得知，自蔡邕之后，文人开始了吟咏物象以寄托自己情怀的历程。只可惜在现存的《蔡中郎集》中，并无《咏庭前石榴》一诗，只有《翠鸟诗》[2]，内容如下：

> 庭陬有若榴，绿叶含丹荣。
>
> 翠鸟时来集，振翼修形容。
>
> 回顾生碧色，动摇扬缥青。
>
> 幸脱虞人机，得亲君子庭。
>
> 驯心托君素，雌雄保百龄。

虽然《翠鸟诗》歌咏对象为翠鸟，而此时石榴也得以以起兴的方式正式在诗歌中出现，也因此和中国的其他花木一样作为人们托物寄意的对象，并因此开启了它本土化的进程。

第二节　魏晋南北朝时期——石榴文学的兴起

由于石榴是外来品种，刚到中土时只有皇室能够接触到，一般人无缘一睹其真面目。东汉中期，张衡的《南都赋》是现存汉赋中第一次提及"若榴"这一意象的文学作品。到了东汉末年，出现了第一篇专门吟咏石榴的诗，可惜现已亡佚。不过，蔡邕的《翠鸟诗》是现存古诗中第一次提及石榴这一意象的诗篇。从张衡和蔡邕的籍贯来看，石榴在东汉时期应该主要栽种在中原贵胄之庭。随着汉末大乱，各路

---

① 纪昀等编：《四库全书·〈咏物诗〉提要》，影印文渊阁《四库全书》本。

② 蔡邕撰：《蔡中郎集》卷四，影印文渊阁《四库全书》本。

英雄问鼎中原，曹刘孙三分天下，原来的王公贵戚，渐趋没落，石榴也随之传入文人士大夫之家，与之相应的石榴文学也开始逐渐兴起。

建安诗人曹植在他的《弃妇诗》①中写道：

石榴植前庭，绿叶摇缥青。丹华灼烈烈，帷彩有光荣。光好晔流离，可以戏淑灵。有鸟飞来集，树翼以悲鸣。悲鸣夫何为，丹华实不成。拊心长叹息，无子当归宁。有子月经天，无子若流星。天月相终始，流星没无精。栖迟失所宜，下与瓦石并。忧怀从中来，叹息通鸡鸣。反侧不能寐，逍遥于前庭。踟蹰还入房，肃肃帷幕声。褰帷更摄带，抚弦弹素筝。慷慨有余音，要妙悲且清。收泪长叹息，何以负神灵。招摇待霜露，何必春夏成。晚获为良实，愿君且安宁。

诗中用石榴这一意象起兴，并把榴花的丹华荣光赋予年少时的闺中妇人，如琉璃般光彩映人的榴花引来众鸟的青睐，可是当丹华摇落，尚无子实时，妇人同已备受冷落的庭前榴一样，遭受了被遣归的命运，有子与无子的遭际犹如天渊之别；妇人叹息难寐，弹筝自适，宽慰石榴只有经过风霜雨露的历练，才能拥有良实，自身亦如此，故不必自怨自艾；诗的最后，妇人为夫君发起美好的祝愿。这是文学史上第一次将榴花喻为成熟美丽、幽怨多才而又深明大义的女子，将榴实作为生子的象征。南朝梁代王筠的《摘安石榴赠刘孝威》②：

中庭有奇树，当户发华枝。

素茎表朱实，绿叶厕红蕤。

既标太冲赋，复见安仁诗。

---

① 徐陵编：《玉台新咏》卷二，《四部丛刊》景明活字本。
② 李昉等编：《文苑英华》卷三二二，影印文渊阁《四库全书》本。

宗生仁寿殿，族代河阳湄。

有美清淮北，如玉又如龟。

退书写虫篆，进对多好辞。

我家新置侧，可求不难识。

相望阻盈盈，相思满胸臆。

高枝为君采，请寄西飞翼。

诗中认为石榴是奇花异树，本植于尊贵之地，备受青睐，造成洛阳纸贵的辞赋大家左思的《蜀都赋》有"若乃大火流，凉风厉。白露凝，微霜结。紫梨津润，樗栗鳞发。蒲陶乱溃，若榴竞裂。甘至自零，芬芬酷烈"[1]之语，才华与姿仪并称于世的潘岳在其诗《金谷集作诗》中有"灵囿繁若榴，茂林列芳梨"[2]之句；诗人用备受清贵们推崇的石榴来送给如玉如珪的友人，用以传递诗人的盈盈相思之意，这是文人以石榴作为传递友情和寄托

图05　朱梅邨《仕女与榴》。

思念之情的物象的发端。而北齐裴泽[3]等用石榴诗微以托意亦是文人将石榴作为自身理想寄托及讽咏时政的滥觞。

两晋南北朝时期，随着各民族的大融合，农业栽培技术随之提升，

① 萧统编，李善注：《文选》卷四，影印文渊阁《四库全书》本。
② 萧统编，李善注：《文选》卷二〇，影印文渊阁《四库全书》本。
③ 李延寿撰：《北史》卷三八，影印文渊阁《四库全书》本。

图 90 [明] 徐渭《榴实图》。

专门记载农事之书的《齐民要术》（北魏贾思勰著）也应运而生，这部堪称中国古代农业百科全书的巨著的广泛流传，使得石榴的栽种技术得以进一步推广。这时，专门吟咏石榴的篇章开始兴起。据《古今图书集成》《广群芳谱》等文献统计，这时，吟诵石榴的诗散句有 13 句，赋散句有 2 句，赋 13 篇，颂 1 篇，诗 5 首。两晋南北朝（公元 266 年至公元 589 年)距离当代时间久远，中间可能有大量诗文散佚的情况出现，虽然现存文献中有关石榴的文学作品数量较少，但对于石榴这样一种外来品种来说，有这么多的文人将其作为一种题材去吟咏，已实为不易。

石榴最初是以观赏性植物被人们所重视的。南朝梁代文学家、炼丹家陶弘景曾言"石榴花赤可爱，故人多植之"①。所以这一时期的文人在文章中多赞美石榴的花实枝叶等外在形象，而少有人去赋予它

---

① 陈梦雷编：《古今图书集成》卷二八二，中华书局，1985 年。

更深刻的情韵内涵。由于石榴作为异域之花果的特殊身份，当时的文人几乎都把石榴当作美木珍树去歌颂，如西晋潘岳在《闲居赋》中言"石榴蒲桃之珍，磊落蔓乎其侧"①。而以石榴为题材的赋作更是极尽夸耀之能事，像西晋潘尼《安石榴赋（有序)》，序言中交代"安石榴者，天下之奇树，九州之名果"，并在赋中写道，"遥而望之，焕若隋珠耀重川；详而察之，灼若列宿出云间"②，与潘岳在《河阳庭前安石榴赋》中所写"实有嘉木,曰安石榴……遥而望之,焕若隋珠耀重渊;详而察之，灼若列星出云间"③中均认为石榴是天下奇树，九州名果，若隋珠焕亮深渊，如群星闪耀云间。西晋张协"考草木于方志，览华实于园畴；穷陆产于包贡，嗟英奇于若榴"④ (《安石榴赋》)，遍察向王室进贡的风物之后，嗟叹石榴含英吐华，实乃天下英奇之物；与之相应的"有石榴之奇树,肇结根于西海"⑤(晋张载《安石榴赋》),"览华圃之嘉树兮,羡石榴之奇;滋玄根于夷壤兮,擢繁干于兰庭"⑥ (晋夏侯湛《石榴赋》)，均感叹石榴乃是从西域而来的奇树异木。这些赋颂虽不无溢美夸张之辞，但也反映了当时的文人对于石榴由衷的热爱与赞美。

晋代文人用其生花妙笔，为人写下最令人意想不到的篇章，石榴树的美可以为凡间佳人增添姿色，让奇丑无比的女子顷刻变成倾国倾城的美人，"荫佳人之玄鬓，发窈窕之素姿；游女一顾倾城，无盐化为南威"⑦ (晋张协《安石榴赋》)；可以让天上的神仙为之流连忘返，"湘

---

① 萧统编，李善注：《文选》卷一六，影印文渊阁《四库全书》本。
② 陈元龙辑：《历代赋汇》卷一二七，影印文渊阁《四库全书》本。
③ 陈元龙辑：《历代赋汇》卷一二七，影印文渊阁《四库全书》本。
④ 陈元龙辑：《历代赋汇》卷一二七，影印文渊阁《四库全书》本。
⑤ 陈元龙辑：《历代赋汇》卷一二七，影印文渊阁《四库全书》本。
⑥ 陈元龙辑：《历代赋汇》卷一二七，影印文渊阁《四库全书》本。
⑦ 陈元龙辑：《历代赋汇》卷一二七，影印文渊阁《四库全书》本。

涯二后，汉川游女，携类命俦，逍遥避暑；托斯树以棲迟，溯祥风而容与；尔乃擢纤手兮舒皓腕，罗袖靡兮流芳散"①（晋潘尼《安石榴赋(有序)》），石榴竟

图 07　成熟石榴果实。

然引来娥皇女英和汉江女神呼朋引伴,来此树下避暑。南朝梁代江淹《山中石榴》："美木艳树，谁望谁待，缥叶翠萼，红华绛采，炤烈泉石，芬披山海，奇丽不移，霜雪空改。"②认为石榴花美艳到光彩可以炤烈清泉奇石，芬芳弥散到崇山深海之间，它的奇丽之质不因霜雪而改变，有着坚贞的意志。这时的石榴可以说是处在最辉煌的时代，一个被无数文学大家歌颂赞美，并视之为庭中奇树与座上珍品的时代。

　　魏晋南北朝时，石榴是向皇室进贡的果中上品，并被人们视为吉祥之物。西晋时武陵人献安石榴被载于史书："晋安帝隆安三年（公元399年）武陵临沅献安石榴，一蒂六实，云有五色，太平之应也。曰：庆云。若云非云，若烟非烟，五色纷缊，谓之庆云。"③可知石榴在当时不仅罕见，而且被当做天下太平的吉兆。王公贵族争以栽种石榴作

---

① 陈元龙辑：《历代赋汇》卷一二七，影印文渊阁《四库全书》本。
② 江淹撰，胡之骥注：《江文通集注》卷一，明万历二十六年刻本。
③ 沈约撰：《宋书》卷二九，影印文渊阁《四库全书》本。

为高贵身份的象征，如石崇园中有以石崇的名字命名的石崇榴，石虎苑中有大而甜的石榴，潘岳庭前栽种安石榴，其他如龙刚县石榴、濑乡老子祠紫石榴、白马甜榴等都作为异树散记于各种文献中。石榴的其他价值随着观赏价值的提高，逐渐得到开发利用。

图 08　杨柳青年画《福寿三多图》。

石榴花外形皦若朝日，晃如龙烛，光明燐烂，含丹耀紫，红萼参差，色丽琼蕊，朱芳赫奕，又可以作胭脂，作羹，作为一味中药，还可以酿酒；石榴枝冉弱纷柔，纤条窈窕，洪柯流离，从风飘扬；石榴子缤纷磊落，垂光耀质，馨香流溢，玉洁冰清，味滋芳神，贵冠众果，这种天然风韵加上文人大肆渲染与极度追捧，很快便产生了一些有关石榴的动人传说。吴主孙权潘夫人乃江东绝色，容态少俦，时人谓之神女，每游昭宣之台，于醉酣之际唾于玉壶中，侍女泻于台下，得火齐指环，夫人挂于石榴枝上，并于此处起台，名曰"环榴台"①，后来有人进谏

---

① 王嘉撰，萧绮录：《拾遗记》卷八，《汉魏丛书》本。

图09　唐邢窑树叶纹石榴尊。

吴蜀争雄，"环榴"之名必将为妖，孙权遂改名为"榴环台"。

　　在宋朝李昉编纂的《太平御览》中，有南朝宋张畅婉言拒绝进献魏主拓跋焘安石榴①的故事，尽显张畅的风骨气节，南朝梁沈约的《宋书·张畅传》中记载北魏拓跋焘大军压境，进逼彭城，城内兵多食乏，镇守彭城的江夏王刘义恭意欲弃城南归，就在此时，拓跋焘遣使致意，欲求甘蔗与酒，后又求取柑橘，皆南土风物，张畅经刘宋孝武帝同意，与北魏至此建立友好贸易关系，化干戈为玉帛，虽然这与安石榴无分毫关系，但也无妨小说家附会，让名果与名士相得益彰。还有梁武帝第五女于梁天鉴三年②在从海外浮来的合肥浮槎山上建道林寺，并在寺内落发为尼，亲手栽植根干伟茂的安石榴的浪漫传说。刘亮做益州

---

① 李昉等编：《太平御览》卷九七〇，《四部丛刊三编》本。
② 王象之撰：《舆地纪胜》卷四五，清影宋钞本。

刺史时斋前安石榴凌冬开花①，十分反常，刘亮因此问道士邵硕，邵硕言此为狂花，并预言两年后刘亮当卒，九年后南朝宋诸刘必将灭亡。这些离奇的故事，均为石榴蒙上了一层神秘的色彩。

魏晋南北朝时佛道盛行，不论佛家还是道教，都记载着有关石榴的故事。石榴作为多子的象征，从曹植的《弃妇诗》肇始，到梁朝大同年间东州后堂石榴皆生双子的记载，再到安德王延宗纳赵郡李祖收女为妃，北齐文宣帝幸李宅，在宴席上妃母宋氏向文宣帝进献一双安石榴，文宣帝不解其意，随手投出，旁边大臣魏收进言，"石榴房中多子，王新婚，妃母欲子孙众多"②，开启了它作为多子多孙的祥瑞之物的历程。

总之，这一时期是人们将石榴作为审美对象、身份象征、多子象征、寄意象征的开端。此后，有关吟咏石榴的文学作品随着石榴的广泛种植而逐渐增多，也开始了它由贵族走向平民化的道路。

第三节　唐宋时期——石榴文学的高峰

随着石榴栽种技术的不断推广，到了隋唐五代时期，石榴树已不再是只有王公贵族才能拥有的珍贵花木。这一时期，石榴已在大江南北处处培植。唐人封演《封氏闻见记》载："汉代张骞自西域得石榴苜蓿之种，今海内遍有之。"③该记载切实地反映了这一情况。

这一时期出现的郭橐驼《种树书》将石榴的种植培育过程描写得

---

① 李延寿撰：《南史》卷四三，清乾隆武英殿刻本。
② 李百药撰：《北齐书》卷三七，清乾隆武英殿刻本。
③ 封演撰：《封氏闻见记》卷七，影印文渊阁《四库全书》本。

相当详尽，进一步提高了人们在栽种石榴时的成活率。在唐代学者段公路所著的《北户录》的记载中，提及"涂林花有五色，黄碧青白红，如杏花。汉东都尉于吉献一株，花杂五色，云是仙人杏"①，涂林花即石榴花，前文已备述，汉朝时已经有五色繁复的品种；书中又言"今岭中安石榴花实相间，四时不绝，亦有绀者"②，从而可知，石榴在隋唐时期已由园艺之人精心培育出四季花开不绝、花果相间的各类品种；唐人段成式在《酉阳杂俎》中记载"衡山祝融峰"③下法华寺中的石榴树春秋都开花，"南诏石榴味绝于洛中"④，南诏即在今日云南境内，在唐朝时为落后的蛮夷之邦，此乃石榴树广泛种植且品种繁多，甚至连蛮荒之地的园艺师培育出的果实滋味都超越中原繁华之地洛阳一带的有力佐证。就连娇媚万端、令六宫粉黛失色、宠极一时的杨太真都亲手在有温泉氤氲的道教圣地朝元阁七圣殿周遭种植石榴⑤，可见石榴备受唐人喜爱。

石榴的名称在隋唐五代时亦十分丰富。段成式的《酉阳杂俎》中称石榴为"天浆"，言其美味，又称其为"丹若"，言其艳质。由于杨妃曾在七圣殿亲手栽石榴树，遭逢马嵬之变，杨贵妃自缢，"上发马嵬道旁见石榴，爱之，呼为瑞正树"⑥。瑞乃祥瑞之兆，正乃匡正之意，其中饱含唐玄宗对杨妃的深切忆念，同时又寄寓了他期许石榴树能带来好运，进而能"回狂澜于既倒，支大厦于将倾"⑦，可以扭转大唐颓

---

① 段公路撰：《北户录》卷三，影印文渊阁《四库全书》本。
② 段公路撰：《北户录》卷三，影印文渊阁《四库全书》本。
③ 段成式撰：《酉阳杂俎》续集卷九，影印文渊阁《四库全书》本。
④ 段成式撰：《酉阳杂俎》卷一八，影印文渊阁《四库全书》本。
⑤ 程大昌撰：《雍录》卷四，明《古今逸史》本。
⑥ 潘自牧撰：《记纂渊海》卷九三，影印文渊阁《四库全书》本。
⑦ 苏轼撰：《东坡全集》卷九九，影印文渊阁《四库全书》本。

势的愿景。更有
许多人称石榴为
海榴："石榴花
本名安石榴，而
亦名海榴。"①
据相关文献记
载，"新罗多海
红并海石榴。唐
赞皇李德裕言花
中带'海'者，
悉从海东来"②。
虽然石榴是从西
域而来，不是从

图 10　唐鎏金石榴花纹银盒。

海东新罗国（即今日朝鲜半岛）而来，但是唐人依旧喜欢称石榴为海
石榴。

　　沈立《海棠记》记载："凡今草木以海为名者，《酉阳杂俎》云，
唐赞皇李德裕尝言，花名中之带海者，悉从海外来，故知海棕，海柳，
海石榴，海木瓜之类，俱无闻于记述……诚恐近代得之于海外耳。"③
从此段文献中可以看出，海石榴之名的由来似无可考证。唐朝著名边
塞诗人岑参的《白雪歌送武判官归京》有云"瀚海阑干百丈冰"④，可
知唐人有称沙漠为"瀚海"的习惯，而从西域传到东土的石榴恰好经

① 田汝成撰：《西湖游览志馀》卷二四，影印文渊阁《四库全书》本。
② 李昉等编：《太平广记》卷四九〇，影印文渊阁《四库全书》本。
③ 陈思撰：《海棠谱》卷上，宋《百川学海》本。
④ 徐倬编：《全唐诗录》卷一四，影印文渊阁《四库全书》本。

过沙漠地区，因此笔者推测海榴之名由此而来。有因避讳而改石榴的名称，五代时杭州临安"钱王讳镠，以石榴为金樱。改刘氏为金氏"①故石榴又有了一个美丽的名字"金樱"，至今杭越间仍然沿用此名。郭橐驼的《种树书》称其为"三十八"，是因为每颗石榴果里面均有三十八粒子，这种石榴只有河阴（今河南孟津东北）才有。从这些文献记载可以看出，石榴的名称十分丰富。

杜鹃花的花色与火红的石榴花相近，唐人便称杜鹃花为山石榴。白居易写过许多以山石榴为题的诗歌，并自注云"山石榴一名山踯躅，一名杜鹃花"②。后人不明此理，以为唐人喜用山石榴来称呼石榴，宋人对此有详尽的考辨：

> 杜鹃花一名山石榴，一名山踯躅，蜀人号曰"映山红"，所在深山中多有之。此花数种，有黄者、紫者、红者、五出者、千叶者，树高四五尺或丈许。春生苗，叶浅绿，枝无多叶，而花极烂漫，杜鹃啼时始开，故名焉。近似榴花样，故号"岩榴"。羊误食其叶，则踯躅而死，故亦以山踯躅名之也。③

从中可以看出，山石榴与石榴有着本质区别，在此特别澄清。唐人文献载"山茶似海石榴，出桂州，蜀地亦有"④，这说明山茶花与石榴花的花色亦相近，明人言"山茶有云南红、石榴红"⑤，所以人们亦常将山茶花与石榴花的名称相混淆。除石榴的名称易与其他花木混淆之外，石榴子与晶莹剔透的玛瑙的外形亦极为相似，《扬州事迹》记载

---

① 王楙撰：《野客丛书》卷九，影印文渊阁《四库全书》本。
② 白居易撰：《白氏长庆集》卷一二，影印文渊阁《四库全书》本。
③ 谢维新编：《事类备要》卷三〇，影印文渊阁《四库全书》本。
④ 段成式撰：《酉阳杂俎》续集卷九，影印文渊阁《四库全书》本。
⑤ 何宇度撰：《益部谈资》卷中，影印文渊阁《四库全书》本。

了一个有趣的故事："李汉碎胡玛瑙，盘盛送王莒。曰：'安石榴。'莒见之不疑。既食乃觉。"①可见二者相似度极高。

石榴的药用价值在唐代被进一步发掘。在唐

图 11　盛放之石榴花。

人孙思邈《千金要方》和王焘《外台秘要》中详尽地介绍了许多有关石榴的药用价值，如酸石榴皮配合其他草药可治妇人妊娠下痢，妊娠患脓血赤滞、鱼脑白滞、脐腹绞痛不可忍，妊娠注下不止，产后痢赤白、心腹刺痛，大肠虚冷、痢下青白、肠中雷鸣相逐，中焦寒洞泄下痢或因霍乱后泻黄白无度、腹中虚痛；石榴皮配合其他草药可治妇人欲痢辄先心痛腹胀满、日夜五六十行，小肠虚寒痛、下赤白、肠滑、肠中懊憹，诸热毒下黄汁赤如烂血、滞如鱼脑、腹痛壮热，下血痢腹痛，治白痢疾、冷痢疾、久痢，虚劳尿精，还可治小儿寸白虫、小儿痢疾；酸石榴子配合其他草药可治虚劳口干；整颗酸石榴绞汁后可治冷热不调或水或脓或五色血。作者还在《千金要方·食治》篇中告诫人们吃石榴要适可而止，"安石榴，味甘、酸、涩、无毒，止咽燥渴。不可多食，损人肺"②。宋人唐慎微的《证类本草》转引唐人孟诜的《食疗本草》

①　冯贽撰：《云仙杂记》卷六，《四部丛刊续编》景明本。
②　孙思邈撰：《千金要方》卷七九，影印文渊阁《四库全书》本。

所载，认为石榴多食损齿，可令牙齿变黑。

石榴除了药用和食用价值外，其花还可以作胭脂，这在第一章第二节中已简要介绍过，唐人段公路《北户录》载"郑公虔云：石榴花堪作烟支。代国长公主睿宗女也，少尝作烟支，弃子于阶，后乃丛生成树，花实敷芬。既而叹曰：'人生能几？我昔初笄，尝为烟支，弃其子。今成树阴映琐闼，人岂不老乎！'"①这里不仅涉及石榴花堪作美人用以修饰容颜的胭脂的实用价值，更是融入了公主对于佳人迟暮、世事沧桑、物是人非的深沉感叹。石榴树亦是名贵的木材，"隋炀帝时朱宽征南，得此木数十片，用以作枕及案面，沈檀所不及"②，作枕头和几案时，连沉檀木都无法比拟的木材，可见其材质之优良。

众所周知，李唐王朝之人，上自帝王，下至黔首，均喜好佛道，这自然不免为石榴这一花木披上一层迷蒙而又神奇的仙释传说的外衣。唐人谷神子《博异记》里记载：

> 天宝中，处士崔玄微洛苑东有宅。耽道，饵术伏苓三十载。因药尽，领童仆入高山采之，采毕方回。宅中无人，蒿莱满院。时春季夜间，风月清朗，不睡，独处一院，家人无故辄不到。三更后，忽有一青衣人云："在宛中住，欲与一两女伴过至上东门表里处，暂借此歇，可乎？"玄微许之。须臾，乃有十余人，青衣引入。有绿裳者前曰："某姓杨。"指一人曰："李氏。"又一人曰："陶氏。"又指一绯衣小女曰："姓石，名醋醋。"各有侍女辈。玄微相见毕，乃命坐于月下。问出行之由，对曰："欲到封十八姨，数日云欲来相看，不得，今夕众往看之。"

---

① 段公路撰：《北户录》卷三，影印文渊阁《四库全书》本。

② 朱国祯撰：《涌幢小品》卷二七，影印文渊阁《四库全书》本。

坐未定，外报："封家姨来也。"坐皆惊喜，出迎。杨氏云："主人甚贤。只此从容不恶，诸处亦未胜于此也。"玄微又出见封氏，言词泠泠，有林下风气，遂揖入坐，色皆殊绝，满坐芳香，馥馥袭人。处士命酒，各歌以送之。玄微志其二焉。有红裳人与白衣送酒，歌曰："皎洁玉颜胜白雪，况乃当年对芳月。沉吟不敢怨春风，自叹容华暗消歇。"又白衣人送酒歌曰："绛衣披拂露盈盈，淡染胭脂一朵轻。自恨红颜留不住，莫怨春风道薄情。"至十八姨持盏，性轻佻，翻酒污醋醋衣裳。醋醋怒曰："诸人即奉求，余不奉求。"拂衣而起。十八姨曰："小女子弄酒。"皆起，至门外别，十八姨南去，诸子西入苑中而别，玄微亦不至异。明夜又来，云："欲往十八姨处。"醋醋怒曰："何用更去封姬舍，有事只求处士，不知可乎？"醋醋又言曰："诸女伴皆在苑中，每岁多被恶风所扰，居止不安，常求十八姨相庇。昨醋醋不能低回，应难取力。处士倘不阻见庇，亦有微报耳。"玄微曰："某有何力，得及诸女。"醋醋曰："但处士每岁岁日，与作一朱幡，上图日月五星之文，于苑东立之，则免难矣。今岁已过，但请至此月二十一日平旦，微有东风，则立之。庶夫免于患也。"处士许之。乃齐声曰："不敢忘德。"拜谢而去。处士于月中随而送之。逾苑墙，乃入苑中，各失所在。依其言，至此日立幡。是日，东风刮地，自洛南，折树飞沙，而苑中繁花不动。玄微乃悟诸女曰姓杨、李、陶，乃衣服颜色之异，皆众花之精也；绯衣名醋醋，即石榴也；封十八姨乃风神也。后数夜，杨氏辈复来愧谢，各裹桃李花数斗，劝崔生服之，可延年却老，愿长于此住，卫护某等，

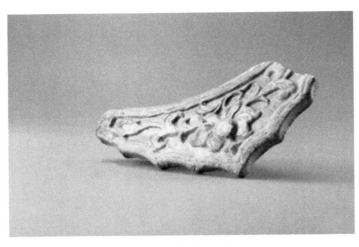

图 12　西夏石榴纹绿釉滴水。

亦可致长生。至元和初处士犹在，可称年三十许。人言此事于时人，得不信也。①

在这个传奇中，绯衣石榴花仙醋醋对虽有林下之风，但言语轻佻的封十八姨不卑不亢。当众花均用幽怨自怜之诗奉承封十八姨时，她开始得意忘形，故意将酒洒在醋醋的衣服上，醋醋愤然离席，将其对于姊妹们的压制尽数道出，最后联合众女，借助崔玄微的力量，来抵抗封姨淫威。她那刚正不阿、勇于反抗不公的品质令人深深感佩。从中可以看出，作者赋予了石榴花仙不谄媚、不逢迎的高贵品格。

与之类似的还有唐人冯贽《云仙杂记》中郭文为山中的石榴、杨梅等花树洗疮止痛的故事，这不仅写出了郭文的惜花护花之情，还反映了唐人认为众花木与人同样具有灵性的道家思想。唐代流传着樵者蓝超误入闽县东山（今福建福州市）榴花洞的故事，《方舆胜览》中记载着这段传奇。永泰（765—766，唐代宗年号）年间，蓝超在山中看到一头白鹿，遂逐之，渡水进入石门，刚开始石门道路极其狭窄，后来豁然开阔，耳闻鸡犬之声，目见竹篱炊烟，又有老翁言其避秦人之祸而入此境，并盼其留下，蓝超遂言先诀别亲友，老翁与之一枝榴花，

① 谷神子撰：《博异记》，明《顾氏文房小说》本。

蓝超出洞后，再也无法寻觅此地，恍如一场梦，此中所遇与东晋文人陶渊明的《桃花源记》中武陵人遭际相似。唐人康骈《剧谈录》记载，金陵方士许元长善于变幻，不一日将东都（今洛阳）十颗石榴送于玉榻（武则天在长安的寝殿）前的故事，更是匪夷所思。

宋人陶岳《五代史补》中记载，上蓝寺石榴谶曰："先是，豫章有僧号上蓝者，精于术数。自唐末著谶云：'石榴花发石榴开。'议者以石榴则晋汉之谓也。再言石榴者，明享祚俱不过二世矣。"①用石榴花的开落来预五代晋汉王朝的兴衰，与南朝时道士邵硕谓刘亮斋前石榴为"狂花"，预示刘亮将卒，刘宋江山九年后覆亡如出一辙。

由于石榴的广泛种植，人们不再像之前那样认为它是特别珍贵的上品；文人对于石榴的描写也不再只停留于石榴的自然形态之美，而是将石榴赋予人的情感意蕴，寄寓人的情思慨叹。如刘禹锡《百花行》言春夜的细风与侵晓的微雨令百花尽落，曾经的姹紫嫣红，此时却是个个仪态含愁，芳魂无依，零落成尘，不禁令人唏嘘慨叹。在仕途上备受打击的诗人，看到历经风雨而独绽的石榴，不禁惺惺相惜，让石榴花来慰藉自己孤寂的情思，"唯有安石榴，当轩慰寂寞"②；李商隐"我为伤春心自醉，不劳君劝石榴花"③，更是将自己伤春惜春之情寄寓诗中；许浑"尽日伤心人不见，石榴花满旧歌台"④（《题楞伽寺》）将物是人非，世事沧桑变迁，国家兴亡之叹深寓其中；韦应物"海榴凌霜翻"⑤（《答偦奴、重阳二甥》）更是写出石榴凌风傲霜之姿。元稹的《感石榴

---

① 陶岳撰：《五代史补》卷四，影印文渊阁《四库全书》本。
② 刘禹锡撰：《刘宾客文集》卷二七，影印文渊阁《四库全书》本。
③ 李商隐撰：《李义山诗集注》卷二下，影印文渊阁《四库全书》本。
④ 许浑撰：《丁卯诗集》卷上，影印文渊阁《四库全书》本。
⑤ 韦应物撰：《韦苏州集》卷五，影印文渊阁《四库全书》本。

二十韵》将石榴的种种遭际与诗人的身世之叹相连，更是令人动容。

图13　［宋］佚名《榴枝黄鸟图页》。

总而言之，隋唐五代以石榴为题材的文学作品相比于魏晋南北朝时为数已相当可观。据《古今图书集成》《广群芳谱》等文献记载可知，隋代专咏石榴之诗1首，诗散句1句；唐代专咏石榴之诗28首，赋1首，诗散句21句。而此时的文人已不仅仅停留于对石榴表面的歌颂，而是更深层次地去赋予它深厚的思想情韵与文化内涵。

宋代是中国历史上文人士子得到优遇的时代，文人们官闲事轻，故有闲暇时间去吟风弄月。虽然此时吟咏石榴的文学作品大量出现，但是随着石榴成为处处可见的庭花，其在人们心目中的地位却越来越低，不再是所谓的佳木异品，而成为本土化的寻常之花果。据不完全统计，以石榴为题材的文学作品中宋诗有75首，词12首，赋1首，诗散句23句；金诗2首；从总体上看，这一时期石榴文学作品的数量十分可观，这是文学史上第一次迎来对于石榴这种花木的大加吟咏，石榴作为文人抒发情感的对象，其受关注的程度进一步加深。

唐朝时石榴已遍植海内，到宋代已是村村寨寨均种石榴。唐代诗人元稹在他的《感石榴二十韵》中言："初到标珍木，多来比乱麻。深抛故园里，少种贵人家。"①石榴在唐代已不再被人视为珍木，到宋时更被某些文人认为只有"五品五命"②，地位在百花中只算中等。更有甚者，认为"安石榴为村客"③，与两汉魏晋南北朝时相比，石榴的遭遇实在令人慨叹。欧阳修在他的《和圣愈李侯家鸭脚子》④（自注：鸭脚子即为银杏）中云：

> 博望昔所徙，蒲萄安石榴。
>
> 想其初来时，厥价与此侔。
>
> 今也遍中国，篱根与墙头。
>
> 物性久虽在，人情逐时流。

此诗显现了欧阳永叔对于葡萄、安石榴地位下降的无奈与感慨。石榴的生命力甚为旺盛，自从在中国扎根后，它的根苗无处不在，戴石屏在《村居》中言："山僻谁家绿树中，短墙半露石

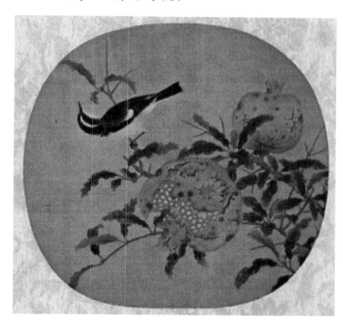

图 14　[宋]吴炳《榴开见子》。

---

① 元稹撰：《元氏长庆集》卷一三，《四部丛刊》景明嘉靖本。
② 陶谷撰：《清异录》卷上，影印文渊阁《四库全书》本。
③ 姚宽撰：《西溪丛语》卷上，影印文渊阁《四库全书》本。
④ 欧阳修撰：《欧阳文忠公集》卷七，《四部丛刊》景元本。

榴红。"①可知在宋朝时，石榴即使在很偏远的小山村中都能看到，与当初在上林苑被视为珍木异树有着天渊之别。人性之中有种畏难之情，某种事物一旦容易获得，便不再被人珍视，石榴亦如此，因之极易成活"枝柯附干，自地便生作丛，孙枝甚多，种极易息，或以子种，或折其条盘土中，便生"②，遍布山野之中，就这样被宋人冠以"村客"之名了。

石榴在宋朝时已被广泛地应用于医疗之中，宋人唐慎微的《证类本草》和刘方明的《幼幼新书》等医书上详细记载了石榴的药用价值。唐人药方集中于石榴皮，而宋人医书记载能入药的不仅有石榴皮，还有石榴根与酸石榴子。在药物功用方面，除了前朝人认为的能医治痢疾之类的疾病外，还可以治疗中风、脚痉挛、漏精等；青根可染白发，将石榴花和叶晒干研末与铁丹一起服用一年，还可以令白发变得漆黑发亮。过去人们认为，石榴花可代人受眼疾，"《岁时杂记》人目眚赤者，五月五日以红绢或榴花及红赤之物拭目而弃之，云：得之者代受其病"③。这在《证类本草》中有医药疗方。石榴还可以酿酒，这在第一章第二节已介绍过。《南史》记载顿逊国（今马来半岛北部一带）"有酒树，似安石榴，采其花汁停瓮中，数日成酒"④，但酒树和安石榴树仅外形相似，不能单凭此就认为当时的人已学会用石榴花酿酒。宋以前，石榴汁不过是用以调酒味的佐料而已。随着酿酒技术的进步,到了宋代,崖州（今海南崖县）妇人"以安石榴花著釜中，经旬即成酒，其味香

① 刘克庄编：《千家诗选》卷一四，影印文渊阁《四库全书》本。
② 汪灏等编：《广群芳谱》卷二八，清康熙刻本。
③ 陈元靓撰：《岁时广记》卷二二，清《十万楼丛书》本。
④ 李延寿撰：《南史》卷七八，清乾隆武英殿刻本。

美，仍醉人"①。石榴皮汁还可以巩固描到玉上的花纹，"凡碾工描玉，用石榴皮汁，则见水不脱"②。可见随着历史的进步，石榴的功用在被人们一步步地发掘深化。

南朝刘宋时，石榴被道士称为"狂花"，并且预示整个王朝的兴衰，五代时石榴花开花落仍被人认为是皇权更替的征兆，而到了宋朝，人们为石榴蒙上了更为传奇的色彩，开始预示个人命运的走向。宋人洪迈的《夷坚丁志》③中有这样一个故事：绍兴年间（1131—1162，宋高宗年号），有人诬陷一孝妇杀死自己的婆婆，妇人不能洗刷冤屈，临行刑时让行刑者将自己鬓边石榴花插入道旁石罅中，并言若能长大成树，便能证自身清白，结果石榴花不仅没枯萎，第二年还秀茂成荫，岁有华实。这里的石榴似乎有灵性，她不愿看到一个女子白白蒙冤而死。宋人王明清《挥麈录》④载：南宋姚宏在宣和（1119—1125，宋徽宗年号）年间遇到一个法号妙应的僧人，僧人对姚宏说，如果姚宏端午日在伍子胥庙中若见到石榴花，就会有奇祸到来，不得善终。姚宏监杭州税三年，不敢登览吴地，后访友归来途中遇雨，不得已避庙中，看到娇美的石榴花，经旁人提点，才惊寤前言，惨然离开，未几下世。宋人田况《儒林公议》⑤言：宋人陈彭年为官殚精竭虑，极尽忠诚，并且洞察世事，一日见廊庑中红英坠地，左右告之此为榴花飘落；他过于求取功名，连身边榴树都未曾留意过，故十分讶异，不久之后逝世。由于陈彭年曾参毗宰正，身居要职，时人评价他乃是媚惑朝廷的九尾

---

① 祝穆撰：《方舆胜览》卷四三，影印文渊阁《四库全书》本。
② 周密撰：《志雅堂杂抄》卷上，《粤雅堂丛书》本。
③ 洪迈撰：《夷坚丁志》卷一三，清《十万楼丛书》本。
④ 王明清撰：《挥麈录》卷一一，《四部丛刊》景宋钞本。
⑤ 田况撰：《儒林公议》卷上，影印文渊阁《四库全书》本。

狐，会岐黄之术，并能预测国家的吉凶。陈师道的《后山谈丛》中"广济衙门之上有石榴木，相传久矣。元丰末（1085，宋神宗年号）枯死，既而军废为县。元祐初（1086，宋哲宗年号）复生，而军复"①，更是为石榴蒙上了一层神话的色彩。宋人陈田夫所著《南岳总胜集》②中载有石榴峰，峰上有着道家仙人的传说。这说明了宋代仍然延续着佛道精神，并且将其赋予石榴这一意象上。当然，石榴不止预示着人的死亡，还是让人步入仕途的征兆。宋人叶延珪《海录碎事》里记载着榴实登科的故事。邵武郡（今福建邵武）有一株石榴树，"士人视所实之数，以为登科之信"③，结果当石榴树结并蒂双实之后，这一年叶祖洽等四人真的中进士榜，且名列前茅；叶祖洽赋诗"不负榴花结露枝"④，来记录石榴树带来的好消息。宋代邵雍《梦林玄解》中言梦到石榴是大吉的征兆，不论何人均会在自己的领域中成就一番事业。当然上面这些故事是不可信的，但也从侧面反映了宋人对于石榴作为吉祥信物的高度认可。

唐人偏爱传奇，所以唐代与石榴有关的故事均写入了唐人传奇之中；宋人喜写诗话和反映朝野见闻的笔记，所以宋代与石榴有关的故事都在宋人的诗话和笔记之中。宋人阮阅《诗话总龟》中有宋代文学家王禹偁作《千叶石榴》诗，真宗读罢称赏其为"真才"⑤；还有王安石所作的"浓绿万枝红一点，动人春色不需多"⑥，虽仅只言片语，但

---

① 陈师道撰：《后山谈丛》卷三，影印文渊阁《四库全书》本。

② 陈田夫撰：《南岳总胜集》卷上，宋刻本。

③ 叶延珪撰：《海录碎事》卷一九，影印文渊阁《四库全书》本。

④ 叶延珪撰：《海录碎事》卷一九，影印文渊阁《四库全书》本。

⑤ 阮阅撰：《诗话总龟》卷三，《四部丛刊》景明嘉靖本。

⑥ 阮阅撰：《诗话总龟》卷二一，《四部丛刊》景明嘉靖本。

却能与杜甫《曲江二首》其一中的"一片花飞减却春，风飘万点正愁人"①相抗衡，令人叹服。

宋朝岳飞之孙岳珂的《桯史·机心不自觉》记载了秦桧巧识偷榴小吏的故事：

图 15　黄石榴花。

> 秦桧为相……都堂左挟阁前有榴，每著实，桧嘿数焉。忽亡其二，不之问。一日将排马，忽顾谓左右："取斧伐树。"有亲吏在旁，仓卒对曰："实甚佳，去之可惜！"桧反顾曰："汝盗吾榴。"吏叩头服。盖其机阱根于心，虽琐而弗自觉。此所谓莫见乎隐者，亦可叹也。②

这则笔记不仅反映了秦桧的狡黠多诈，还说明了石榴果的天生味美，令小吏怀着不被发觉的侥幸心理去摘食。最有名的是宋代大文豪苏东坡的故事。湖州东林镇石村沈东老好客，熙宁元年（公元 1068 年，宋神宗年号）八月九日，一个自称"回道人"的道长来拜访他。回先生在饮酒大醉之后，用石榴皮在墙上吟诗③一首：

① 郭知达编：《九家集注杜诗》卷一九，影印文渊阁《四库全书》本。
② 岳珂撰：《桯史》卷三，影印文渊阁《四库全书》本。
③ 苏轼撰：《东坡全集》卷六，影印文渊阁《四库全书》本。

西邻已富忧不足，东老虽贫乐有馀。

白酒酿来因好客，黄金散尽为收书。

东坡后来路过此地，亦用榴皮次韵和诗三首：

其一

世俗何知贫是病，神仙可学道之馀。

但知白酒留佳客，不问黄公觅素书。

其二

符离道士晨兴际，华岳先生尸解馀。

忽见黄庭丹篆句，犹传青纸小朱书。

其三

凄凉雨露三年后，仿佛尘埃数字馀。

至用榴皮缘底事，中书君岂不中书。

图 16 ［明］张翀《花鸟扇面》。

因这位回先生被人称为"回仙"，相传为吕洞宾化身，故此事一出，一时之间便传为佳话。这则故事在宋人陈鹄《耆旧续闻》、苏轼《东坡全集》《补注东坡编年诗》、胡仔《苕溪渔隐丛话》、阮阅《诗话总龟》、宋人《锦绣万花谷》(作者不详)、陈葆光《三洞群仙录》中均有记载。宋人喜欢穿凿附会，东坡一首写榴花的《贺新郎·夏意》被文人们敷衍出许多故事来。宋代著名的诗话如《耆旧续闻》《群英草堂诗馀》《苕溪渔隐丛话》《诗话总龟》《东坡词》中均有载此词用意，有人认为是东坡为秀兰妓解围，有人认为是写东坡侍妾榴花，有人认为是抒幽闺之情，与前者无关，文人各执一词，莫衷一是。后人更是在自身所著诗话中大肆敷衍，其势颇为壮观。

宋人喜将石榴、萱草连用作诗。石榴有多子的寓意，萱草是宜男的象征，且二者均夏季开花，有许多相似之处，故宋代多出现"萱草石榴情更多"①之类的诗句。石榴作为友人间互相赠答的题材，在宋代可以说是发展到了一个高潮，文人将其作为友情的象征。榴本与"留"谐音，古代士人宦游他乡，与亲友分离，每每看到榴花便想起故园，故榴花又是思乡人的寄托。

总而言之，石榴在这一时期，无论是功用还是文化内涵，都在进一步扩大，并形成了中国所特有的石榴文化。

第四节　元明清时期——石榴文学的余音

元明清时期，有关石榴意象与题材的文学作品继续增加，据《广群芳谱》《古今图书集成》等书统计，这一时期以石榴为主题的元诗有21首，元词1首；明诗有95首，文2篇，词2首；清诗有225首，文5篇，赋5首，词22首，数量上远远超过了历史上的任何一个时期。

---

① 裘万顷：《裘竹斋诗集》卷三，清钞本。

明清时期由于栽种技术的不断进步，石榴的种类更加繁多。而有关石榴的故事却不及前代丰富。最有名的是收入《醒世恒言》的《灌园叟晚逢仙女》，但这只是明人对于唐代传奇《博异记·崔玄徽》的进一步敷演。而其他的如榴花妖的逸闻奇事，文献记载甚少。唯一有确切史料记载的是南宋末爱国名将熊飞在故乡广东榴花村抵抗元军的事迹。

图17　石榴盆景。

元代人将石榴花作为曲牌名推广，经过伶工们的传唱表演，进一步促使了明清士人对石榴的关注与吟咏。宋人陈深的《题钱舜举写生五首》之一的《石榴》开创了后代题画石榴诗的先河，元代马祖常的《赵中丞折枝石榴图》、傅若金的《题画石榴》及王恽的《宋徽宗石榴图》等诗的出现更加深了明人对于画中石榴的大力追求，与石榴相关的题画诗词逐渐兴起；到了清代，这种风气依然延续并蔚为大观。

宋人张翊的《花经》对各种花的评价开启了明清士人对于万花的品评之风，而这种品评又关键在于对瓶中之花姿态高下的较量，这一情况的出现是文人所怀有的玩赏心态、优裕的生活、高雅的品位与当时插花艺术的流行相结合的产物，应运而生的明人高濂的《遵生八笺·瓶花三说》还集中介绍了瓶花之宜、瓶花之忌、瓶花之法①。明人张谦德的《瓶花谱》中言"各色千叶榴四品六命"②，与宋人《花经》中的石榴"五品五命"③相比，地位稍稍靠前一点。明人袁宏道的《瓶史》中记载"石榴以紫薇、大红千叶木槿为婢"④，紫薇木槿均是夏花，紫薇花艳丽繁复，木槿花秀丽单薄，与榴花的灿如云霞相比，终逊一等，故沦为瓶花中榴花的陪衬。清人汪灏主编的《广群芳谱》转引明人屠本畯《瓶史月表》云"五月花盟主石榴番萱夹竹桃"⑤，榴花以盟主的姿态出现，这在唐人和宋人的文献资料中未曾记载过，明清士人对于石榴的重视可见一斑。

在明清风俗中，石榴占据着重要的地位。"送采定之妇，纱罗衣着，伴以榴花艾叶九子粽，谓之缀节。亦送嫁女及新壻"⑥，在男方送彩礼或者女儿出嫁结亲之时，必定会带上石榴，以祝新人多子多福。清人顾禄《清嘉录》云：

图18　清斗彩石榴花纹罐。

① 高濂撰：《遵生八笺》卷一六，影印文渊阁《四库全书》本。
② 张谦德撰：《瓶花谱》，明《宝颜堂秘笈》本。
③ 陶谷撰：《清异录》卷上，影印文渊阁《四库全书》本。
④ 袁宏道撰：《瓶史》，清《借月山房汇钞》本。
⑤ 汪灏等编：《广群芳谱》卷四，清康熙刻本。
⑥ 孔尚任撰：《节序同风录》，清钞本。

"五日俗称端五，瓶供蜀葵、石榴、蒲、蓬等物，妇女簪艾叶、榴花，号为端五景"①，又言"《长元吴志》皆载：端午簪榴花艾叶以辟邪"②，由此可见，端午节时佩戴榴花是特定的风俗，且榴花美艳动人，妇人佩戴，更增其美艳姿色。在清人张岱的《夜航船》中亦有端午节插榴花的记载："端阳日以石榴葵花菖蒲艾叶黄栀花插瓶中，谓之五瑞，辟除不祥。"③石榴花作为祥瑞，可以辟除那些污秽不祥之物，跟人们在重阳节饮菊花酒、佩戴菊花一样重要。

　　同样作为节日之花，榴花的际遇却远不如菊花那么好。人们一直将菊花奉为隐士的象征，历代文人墨客莫不歌咏菊花以标榜自身的淡泊高洁，而榴花则被人们淡忘在历史的尘埃中，这或许是榴花美得太过炽烈，与士大夫们向往山林隐逸、宁静致远的意趣追求相左；又或许是它为外来品种，虽然未有"橘生淮南则为橘，生于淮北则为枳，叶徒相似，其实味不同……水土异也"④之状，此时已遍植于大江南北，但始终未曾真正融入华夏文化中。更何况牡丹有《洛阳牡丹谱》（宋欧阳修撰），芍药有《扬州芍药谱》（宋王观撰），梅有《范村梅谱》（宋范成大撰），菊有《刘氏菊谱》（宋刘蒙撰）、《史氏菊谱》（宋史正志撰）、《范村菊谱》（宋范成大撰）、《百菊集谱》《菊史补遗》（宋史铸撰），兰有《金漳兰谱》（宋赵时庚撰），海棠有《海棠谱》（宋陈思撰），荔枝有《荔枝谱》（宋蔡襄撰），橘有《橘录》（宋韩彦直撰），竹有《竹谱》（晋

---

① 顾禄撰：《清嘉录》卷五，清道光刻本。
② 顾禄撰：《清嘉录》卷五，清道光刻本。
③ 张岱撰：《夜航船》卷一，清钞本。
④ 晏婴撰：《晏子春秋》卷六。《四库全书·〈晏子春秋〉提要》言：旧本题齐晏婴撰。晁公武《读书志》："婴相景公，此书著其行事及谏诤之言。"《崇文总目》谓后人采婴行事为之，非婴所撰。然则是书所记，乃唐人魏徵《谏录》、李绛《论事集》之流。特失其编次者之姓名耳。题为婴者，依托也。

戴凯之撰），哪怕菌类、蟹类、鱼类、禽类都有文人为其写传，而与石榴相关的文字资料则只散存于花草类汇编的书中，如宋陈景沂的《全芳备祖集》、明王象晋的《群芳谱》、清汪灏等编的《广群芳谱》之中，却无系统完备的只属于自身的花谱。

图 19 ［清］郎世宁《午端图》。

明清时代是一个善于总结的时代，不论是官修还是民间的各类书籍，都将前人的精华搜集整理成体系完备的著作。如明代官修《永乐大典》、清代官修《四库全书》，将中国的传世文献整理成一套套丛书，为后人学习研究提供了极大方便。民间如明代李时珍的《本草纲目》，将各种植物的药性细说完备；徐光启的《农政全书》，将各类植物的种法详尽阐述；清人汪灏编的《广群芳谱》、陈梦雷汇辑的《古今图书集成》等均是集大成之作，将各类花木之形态功用详细描述；明人张溥所编的《汉魏六朝百三家集》，清代陈元龙整理的《历代赋汇》，清人曹寅编刻的《全唐诗》，清人张豫章所辑《四朝诗》等，将各朝代的文学精华保存至一部部丛书中；这些经过整理的各类书籍，其中均有许多关于石榴的记载，这为我们研究石榴这一意象提供了极为宝贵的资料。

　　总而言之，明清时期的人们致力于将有关石榴题材的文字著述汇聚成丛，这一时期的人们既普遍关注自然环境中的石榴花果，又对瓶中石榴及画中石榴多加吟咏。此外，人们还致力于对有关文献的搜集、整理、保存，方便了后人对石榴文学的研究。

第二章　石榴的审美形象与艺术表现

第一节　石榴的自然物色美

石榴作为外来引进品种，有着繁盛典丽的花色、曼妙柔软的枝条，以及晶莹剔透的果实，这些都给人以视觉上的美感。石榴花开于初夏，此时已是春日殆尽，众芳芜秽，作为无花堪匹的一枝独秀的花木，它有着天然傲人的资本。种植石榴树的成活率很高，只要将其种子或者枝干埋入土中，就会生根发芽，成丛生长，遍布山野，这说明它有着旺盛的生命力。石榴的这些自然物性，使得它有着明显不同于其他花木的独特的审美形象特征。

由于石榴的特殊身世，使得唐以前的文人将其作为奇异的花木进行颂扬。如西晋潘尼的《安石榴赋》"安石榴者天下之奇树"①，认为石榴是天下的奇树；西晋张载的《安石榴赋》"有若榴之奇树，肇结根于西海，仰青春以启萌，晞朱夏以发采"②，道出石榴来自于西域以及春季抽芽夏季开花的特色；西晋张协《安石榴赋》"嗟英奇于若榴，耀灵葩于三春，缀霜滋于九秋"③，将石榴花称为灵葩，并颂其秋季结实，

---

① 欧阳询编：《艺文类聚》卷八六，影印文渊阁《四库全书》本。
② 欧阳询编：《艺文类聚》卷八六，影印文渊阁《四库全书》本。
③ 张溥辑：《汉魏六朝百三家集》卷五四，影印文渊阁《四库全书》本。

图20　大红石榴花。

凌霜而荣的特色；西晋夏侯湛的《石榴赋》"览华圃之嘉树兮，羡石榴之奇生"①，众芳荟萃的华圃之中尽是美好的树木，但他只羡石榴生长的奇特，可见石榴在当时身价之高；南朝梁代王筠的《摘安石榴赠刘孝威》"中庭有奇树，当户发华滋。素茎表朱实，绿叶厕红蕤"②，素茎朱实的石榴，生长在文人雅士的宅第之中，闲庭信步，映入眼帘的便是丛生茂密的绿叶夹杂着璀璨夺目的红花，的确是奇丽之景；唐代李白的《咏邻女东窗海石榴》"鲁女东窗下，海榴世所稀。珊瑚映绿水，未足比光辉"③，火红的珊瑚本已莹润如玉、美丽非凡，再与清澈的碧水交相辉映，实则美不胜收，但与临窗而发的石榴相比，亦自叹不如。

石榴的奇特之处不仅因其来自于西域，也在于它的花开在初夏，弥补了这一时期无花可赏的缺憾；并且在处处浓绿的众木簇拥下，开出美艳的娇花，碧叶红花相辉映，的确给人以眼眸一亮的视觉美感。石榴花的花期很长，一般持续一个月左右，是其他花木所不能相比的，榴花脱离枝头之后，旋即长出粒粒小巧精致而又滚圆碧绿的榴实。唐代吕令问《府庭双石榴赋》这样描写石榴："固其根干，美其华耀。乍

---

① 张溥辑：《汉魏六朝百三家集》卷四四，影印文渊阁《四库全书》本。
② 李昉等编：《文苑英华》卷三二二，影印文渊阁《四库全书》本。
③ 李白著：《李太白集分类补注》卷二四，影印文渊阁《四库全书》本。

开轩而翠彩重合,甫褰帷而红荣四照也。"① 推开琐窗, 掀起珠帘, 映入眼底的是翠叶层叠交错而又流光溢彩的榴枝, 荣光照耀天地的火红榴花; 由于石榴花的点缀, 使得整个庭院赏心悦目, 风景宜人。白居易《石榴树》言:"可

图 21　白色石榴花。

怜颜色好阴凉,叶剪红笺花扑霜。伞盖低垂金翡翠,薰笼乱搭绣衣裳。"② 将石榴的实用与审美价值集于一体, 试想在热浪扑面的初夏时节, 有那么一丛葳蕤生光的石榴树带给人们一丝的清凉, 而它的花色又那么惹人怜爱, 叶子有如被修剪整齐的红笺, 花似秋霜下的枫叶, 美艳之中透着冷傲与玉洁;树形像一个缀满金丝与翡翠的伞盖, 又如香烟缭绕的熏炉上凌乱的搭放的华裳秀衣, 不论视觉还是听觉都给人以感官上无比愉悦之感。宋代宋之问《玩郡斋海榴》"熠爚御风静, 葳蕤含景鲜"③, 写出石榴树临风不乱, 枝叶反而更加繁茂鲜亮, 熠熠生辉, 光彩照人的独特风姿。

哪怕是一树小石榴, 都有着自身独特的魅力, "小榴似丛生, 簇簇媚炎景"④ (《石榴》), 那丛生的小石榴, 一簇簇地生长在一起, 在炎热的天气中,却显得娇媚无比。清代文人张廷玉的《石榴》"热火烧红锦,

---

① 李昉等编:《文苑英华》卷一四四,影印文渊阁《四库全书》本。
② 白居易撰:《白氏长庆集》卷一六,影印文渊阁《四库全书》本。
③ 曹寅等编:《全唐诗》卷五一,影印文渊阁《四库全书》本。
④ 张毛健撰:《鹤汀集》卷一,清康熙刻本。

图 22　粉红石榴花。

寒烟障绿罗"①，描写曲尽其妙，诗人笔下的石榴集冷热于一体，热火与寒烟相交，红锦与绿罗相对，而一个"烧"字更烘托出榴花的烈艳，"障"则显出寒烟笼罩下的榴枝的那种无法挣脱烟雨束缚的朦胧冷艳之美感，或许也只有石榴这一特殊植物才能将如此强烈的对比集于一体而不显得突兀，反而更能凸显自身的特色。

一、榴花

石榴花一般开在五月，这在群芳中是不多见的。"人间四月芳菲尽"②，说的是农历四月份时已是暮春时节，百花凋零，再无花可赏的景象；到了五月，更无海棠吐蕊、芍药绽放，亦无柳絮飘飞、桐花缀枝，有的只是"万绿丛中红一点"③的石榴花。唐代韩愈《榴花》诗中"五月榴花照眼明"④，道出了石榴花绽放的时令及榴花的明眸之美。宋人苏轼的《首夏官舍即事》"安石榴花开最迟，绛裙深树出幽扉"⑤，更是道出了榴花开在众芳之后的特色和孤傲清幽的品质。明人顾璘《朱

① 张廷玉撰：《也足山房尤瘝稿》卷二，明崇祯刻本。
② 白居易撰：《白氏长庆集》卷一六，影印文渊阁《四库全书》本。
③ 潘自牧撰：《记纂渊海》卷九三，转引《王直方诗话》中王荆公（王安石，被封为荆国公，故称）之诗散句："万绿丛中红一点，动人春色不须多。"
④ 魏仲举编：《五百家注昌黎文集》卷九，影印文渊阁《四库全书》本。
⑤ 苏轼撰：《东坡全集》卷七，影印文渊阁《四库全书》本。

临安僧舍榴花》言"北地花开少,红榴五月繁"①,顾天埈《榴花》曰"燕北名花少,丹榴差喜看"②,这些诗句都充分证明了开在五月的石榴花确是一枝独秀;石榴花的出现,可以说是填补了这样一个特殊的无花期的空白,这在本章开篇已言明。

石榴花的花色并不繁多,只有大红色、粉红色、黄色、白色四种;但是由于其极易生长的特性,辛勤的园艺工作者培育出了许多品种。比如海榴花,这种花树高二尺,比较矮小,适于盆栽;黄榴花,花色微黄带白,开的花比平常的榴花稍大;四季榴,这是观赏性极强的石榴花品种,四季都开花,到了秋天结果实,等到果实成熟绽裂,便又开花;火石榴,这种石榴花如火似霞,只不过树特别矮小,适于盆栽;饼子榴,花开得很大,但是不结果;番花榴,生长于山东(太行山以东,非今日之山东省),这一品种的花比饼子榴花开得更大,移栽到别省便没有在此地生长的大而华丽;燕中(今河北省北部)石榴更为奇特,有千瓣白花、千瓣粉红、千瓣黄花、千瓣大红等品种,单瓣花与其他地方的亦不同,中心的花瓣像盖起的楼台,名叫重台石榴,这些石榴花比较名贵稀有;石榴花有并蒂花,也有红花白边以及白花红边的,均为花中异品。石榴花开很特别,不是千树万树齐绽放,而是次第盛开,也就是一朵接一朵地绽放,宋人王安石的《题何氏宅园亭》"榴花次第开"③描写的就是这种情状,而宋人刘克庄《池上榴花一本盛开》"始犹一二枝,俄已千百葩。染人不能就,画史无以加"④更将榴花开放时的姿态描写得淋漓尽致。榴花的花期持续很长,从农历五月一直

---

① 顾璘撰:《顾璘诗文全集》卷九,影印文渊阁《四库全书》本。
② 顾天埈撰:《顾太史文集》卷八,明崇祯刻本。
③ 王安石撰:《临川文集》卷二六,影印文渊阁《四库全书》本。
④ 刘克庄撰:《后村集》卷七,影印文渊阁《四库全书》本。

持续到六月份，众花中只有紫薇的花期堪与匹敌。

图 23　花鸟幽情。

榴花就像其他鲜美的花儿一样在历代文人的笔下绽放着自己的丽质秀颜。榴花花苞似粒粒明珠，绽放时如红裙曼舞，外坚内柔，顶存尖瓣，色比胭脂，瓣如轻纱，灿烂似锦，火红如霞，于是文人便将其比作各种美丽的物象。晋潘尼《安石榴赋》这样形容它的美："朱芳赫奕，红萼参差。含英吐秀，乍含乍披。遥而望之，焕若隋珠耀重川；详而察之，灼若列宿出云间。"①那吐露芬芳的娇花，那参差不齐的红萼，远看似明珠照耀大地，近看如灿烂耀眼的群星出没云中。同为晋人的潘安仁在他所作的《河阳庭前安石榴赋》②中亦是如此形容石榴：

> 丹晖缀于朱房，缃葯点乎红须。煌煌炜炜，熠烁委累。
> 似琉璃之棲邓林，若珊瑚之映绿水。光明燐烂，含丹耀紫。
> 味滋芳神，色丽琼蕊。遥而望之，焕若隋珠耀重川；详而察之，
> 灼若列宿出云间。

榴花美如桃花烂漫的林中流光溢彩的琉璃，又如绿水映照下的珊瑚，闪烁着令人目眩神迷的光芒。宋人薛季宣的《石榴花》"国色宜炎夏，

---

① 欧阳询编：《艺文类聚》卷八六，影印文渊阁《四库全书》本。
② 徐坚编：《初学记》卷二八，影印文渊阁《四库全书》本。

238

宫妆染绛纱"①，描绘榴花美如轻柔绛纱装点的精致宫妆，如此端妍，且耐炎夏的摧残，自然会势夺牡丹，喻为国色。清朝康熙皇帝"红绡帘户下"②，亦道出榴花花瓣轻薄如纱的特征。

宋代苏轼《贺新郎》词"石榴半吐红巾蹙……浓艳一枝细看取，芳心千重似束"③，将石榴的形象形容得恰如其分，它不似其他花儿完全开放，而是瓣瓣花儿总归于花杮，有如将许多红巾从一端用丝线扎成一束，苏轼不仅摹写其形象极工，而且赋予榴花以细腻丰富的情感，将其比作浓妆巧扮，眉心不展，芳心似束而又美丽多愁的美艳女子。

从宋人刘敞诗句"薰风四月浓芳歇，红玉烧枝拂露华"④中可以想见，四月的清晨，榴花点露华，本应给人以清净出尘之感，但这红玉般浓艳的花儿却如火烧枝，二者本不相容，可此刻榴花却给人以如此错觉，可见其特殊的美感。宋人谢薖诗句"胭脂新染薄罗裳"⑤将用来修饰女子妆容的胭脂染于轻薄的衣衫上来比喻榴花艳丽无双的颜色与柔薄如丝触感。最为形象写出榴花如火特色的是元代张弘范《榴花》诗："猩血谁教染绛囊，绿云堆里润生香。游蜂错认枝头火，忙驾薰风过短墙。"⑥诗人以蜂蝶将榴花错认为火而匆忙从枝间飞至墙外的特写来刻画榴花，十分地生动形象。诗人将榴花的外形比作染遍猩血的绛囊，虽然有点血腥，但也突出了榴花红艳的特色。唐代元稹《感石榴二十韵》⑦更是将榴花之美刻画的细腻传神：

---

① 薛季宣撰：《浪语集》卷四，影印文渊阁《四库全书》本。
② 汪灏等编：《广群芳谱》卷二八，清康熙刻本。
③ 苏轼撰：《东坡词》，影印文渊阁《四库全书》本。
④ 陈景沂编撰：《全芳备祖》前集卷二四，影印文渊阁《四库全书》本。
⑤ 陈景沂编撰：《全芳备祖》前集卷二四，影印文渊阁《四库全书》本。
⑥ 张宏范撰：《淮阳集》，影印文渊阁《四库全书》本。
⑦ 元稹撰：《元氏长庆集》卷一三，《四部丛刊》景明嘉靖本。

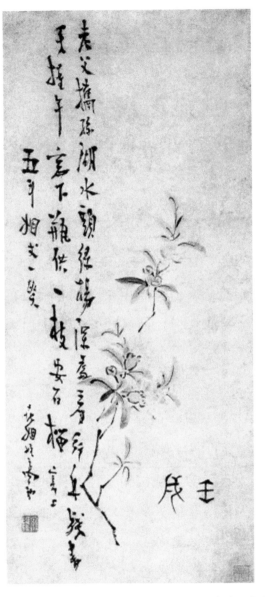

绿叶裁烟翠，红英动日华。
新帘裙透影，疏牖烛笼纱。
委作金炉焰，飘成玉砌瑕。
乍惊珠缀密，终误绣帷奢。
琥珀烘梳碎，燕支嫩颊搽。
风翻一树火，电转五云车。
绛帐迎宵日，芙蕖绽早牙。
浅深俱隐映，前后各分葩。
宿露低莲脸，朝光借绮霞。
暗虹徒缴绕，濯锦莫周遮。

诗人认为光彩照人的榴花足以令日月动容，它的美有如新帘后透出的美人裙影，又似窗内薄纱笼罩下的隐隐烛光，令人神往。榴花凋零之时，似委身成为金炉焰火，哪怕是飘落在风中，亦如美玉之瑕。榴花未开之际，似颗颗明珠密缀枝头令人惊叹。待得榴花绽放，像已碎之琥珀般玲珑剔透，又似胭脂搽在粉嫩的脸颊上。一树的榴花，犹如火焰，又如五彩之云缀于枝间，美得热烈奔放。花如绛帐迎着晨曦，又如绮霞与朝光相映，灿烂无比。榴花又似初开的芙蓉，带着昨宵未散的露珠，那么清新俏丽。不论花色深浅，亦不论是否隐映，均展示自身独特的韵味。

图 25 榴枝婆娑。

　　虽然榴花美得热烈奔放，但是其本身却喜欢清幽的环境。从宋代苏轼诗句"安石榴花开最迟，绛裙深树出幽扉"①可以看出，石榴树长在深深庭院之中，在幽僻的门扉旁静静绽放，犹如空谷佳人足不出户。清朝康熙皇帝诗句"丹诚映白日，艳色喜清幽"②，亦指出榴花虽然美艳，却独喜清雅幽静的地方。当然，榴花不论开在哪里，都是一道亮丽的风景。唐代李贺诗"石榴花发满溪津"③，道出世外仙源般的地方，清溪长流，榴花满津，令人无比神往。元代朱德润《石榴》诗"光焰当林丽"④，说明榴花在丛林中亦艳质无双，光芒难遮。石榴花本身令人惊艳的光彩与其所处的幽静环境形成鲜明的对比，并在对比中彰显

① 陈景沂编撰：《全芳备祖》前集卷二四，影印文渊阁《四库全书》本。
② 汪灏等编：《广群芳谱》卷二八，清康熙刻本。
③ 李贺撰：《昌谷集》卷一，影印文渊阁《四库全书》本。
④ 汪灏等编：《广群芳谱》卷五九，清康熙刻本。

其别样的特色。

图 26　石榴花叶掩映。

二、榴枝

石榴树比较矮小，根为黑色，梗为红色，枝杈成丛生长，枝叶茂密，枝条柔软纤细。文人们对于榴枝的描述一般比较少，不如榴花多。石榴树"滋玄根于夷壤兮，擢繁干于兰庭"[①]（晋夏侯湛《石榴赋》），在土壤中扎出玄根，于兰庭内生出繁干。榴枝婀娜如临风之柳，榴条窈窕似淑女之姿。西晋潘岳《河阳庭前安石榴赋》这样形容石榴树："修条外畅，荣干内樛。扶疏偃蹇，冉弱纷柔。于是暮春告谢，孟夏戒初，

---

① 张溥辑：《汉魏六朝百三家集》卷四四，影印文渊阁《四库全书》本。

新茎擢润，膏叶垂腴。曾华晔以先越，含荣鹍其方敷。"①其枝条修长且往外延伸，柔弱纷纭，榴条虽柔，但却是密密层层。宋人方九功《海榴花》诗"繁枝折向月中回"②，就说明了榴枝繁密的特色。西晋张协《安石榴赋》"繁茎篠密，丰干林攒。挥长枝以扬绿，披翠叶以吐丹"③，言石榴茎枝繁密，枝干丰茂，薰风吹来，扬起修长密绿的枝条，枝条上是青翠的叶子，碧叶吐丹，赏心悦目。

石榴的叶子细小狭长，如用刀剪所裁，又似鸟的翠羽，榴叶对对相生，有如一对情人，宋人陈师道《和黄充实榴花》言"叶叶自相偶，重重久更鲜"④，就是说榴叶相偶的特色，且是重重叠叠，经过风雨的冲刷更显鲜绿青葱。西晋夏侯湛《石榴赋》"枝掺稯以环柔兮，叶鳞次以周密，枝条参差以窈窕兮，洪柯流离以相拂"⑤，从中可以看出，石榴枝条纤柔，榴叶层层排列，极有次序，长势极密。宋人陈著《鹧鸪天·和黄虚谷石榴韵》"叶密乘风翠羽飞"⑥，将榴叶细密的特色以及如羽的形状描写得非常形象。元代朱德润《石榴》诗曰："临风叶如缀。"⑦石榴树临风而立，而榴叶却在风中仍能保持着密绿缀枝的特色。石榴树的新枝是浅绿色的，待经过雨水的洗涤之后，便浓翠欲滴。石榴树枝叶的这些特色，使得它能在炎夏给人以清凉之感。

文人常常赋予榴花细细的幽香，但榴花其实并无任何气味。石榴最大的特色便是花开五月，花期较长，花叶并茂，花光耀眸，枝叶婆娑。

---

① 徐坚编：《初学记》卷二八，影印文渊阁《四库全书》本。
② 汪灏等编：《广群芳谱》卷二八，清康熙刻本。
③ 张溥辑：《汉魏六朝百三家集》卷五四，影印文渊阁《四库全书》本。
④ 陈师道撰：《后山集》卷五，影印文渊阁《四库全书》本。
⑤ 张溥辑：《汉魏六朝百三家集》卷四四，影印文渊阁《四库全书》本。
⑥ 陈著撰：《本堂集》卷四〇，影印文渊阁《四库全书》本。
⑦ 汪灏等编：《广群芳谱》卷五九，清康熙刻本。

第二节　不同自然条件下的石榴

石榴夏季开花，秋季成实，其间经过春日清晨露水的滋润，午时骄阳的暴晒，夏日风雨的敲打，秋季飞霜的欺凌，最后结成芬芳甘甜的果实。在不同的自然条件下，石榴的美亦是各有千秋。当然，不仅仅只有五月开花的石榴，在一年中各个季节，石榴都有可能开花，只是这种情况比较特殊。在不同的地方，石榴花与果的品种与花色也是不同的，这在本章第一节有关榴花与榴实的介绍中已经言及，此处不再重复。

露水自古及今都被人看做是为各种美丽的花儿增加动人春色的点缀。清晨的空气清新，沾满了露珠的花会更加娇艳欲滴，惹人怜爱。春夏之交，夜间露水较多，榴花带露，别有一番风韵。石榴花本美艳如火，似焰烧空，露珠本是水的化身，给人以透彻心扉的清凉之感，当这火红的榴花沾上晶莹剔透的露水，看似热火与寒冰相容，实则清新爽目，诗文中对此景象描写甚多。

清高一麟的《咏榴花》"五月新榴带露华，娇英的历灿朝霞"[1]，新开的榴花鲜艳娇嫩，上有散发光泽的露珠，就像那天边灿烂的朝霞般美丽。清汪文柏《白石榴》"小园清晓最幽闲，一朵新开带露攀"[2]，在小巧精致的园林中，晓日初上，园中幽静，诗人难得清闲，遂访此中石榴树，一朵洁白秀丽的榴花带着露珠，呈现在诗人面前，诗人顿

---

① 高一麟撰：《矩庵诗质》卷八，清乾隆高莫及刻本。
② 汪文柏撰：《柯庭余习》卷一一，清康熙刻本。

图 27　夏花晓露。

起怜爱之心，不由得信手折来一枝细细观赏这清新鲜艳的榴花。元代胡祗遹《白石榴》"带露折来消暑气"[1]，亦是素色的榴花沾上露珠，这白榴花不仅给人以视觉的美感，更在这炎热的夏季带给人一丝丝凉意，沁人心脾。唐人元稹《感石榴二十韵》"宿露低莲脸，朝光借绮霞"[2]，昨夜下露水，滴至榴花上，就如同经清涟所濯的莲花般清净高洁，晨曦将朝光洒在含露的榴花上，露珠泛出光泽，露光花影相映，，就如同绮霞般绚丽。

　　风霜雨雪是众芳的天敌，在极其恶劣的天气里，各种娇艳芬芳的花均饱受欺凌摧残，风吹雨打之后，便香消玉殒，凋零殆尽，再也难觅其踪影。初夏的薰风却是催绽榴花的功臣。在清风的吹拂下，榴枝

---

① 胡祗遹撰：《紫山大全集》卷六，影印文渊阁《四库全书》本。
② 元稹撰：《元氏长庆集》卷一三，《四部丛刊》景明嘉靖本。

图 28　密雨红绡。

迎风飘举，榴叶自缀如羽，榴花恣意地展示着娇俏的容颜，笑对永日。宋人刘敞《和府公多叶榴花》"翠条红蕊映贫家，笑倚薰风拂露华"[1]，榴花笑倚薰风，轻拂露华，美得清新脱俗。明人赵时春《千叶榴花》"未有一寻干，能开数月花。倚风飘秀色，映日起层霞"[2]，石榴树不是很高大，但是花却能开数月之久，有着持久的耐力，当其临风飘扬之际，秀美多姿。

　　风雨向来相邻，夏季又是多雨的季节，石榴自然不免经受风吹雨淋。清风多增石榴之韵致，夏雨更将石榴的光彩照人推向极致。清人潘衍桐《榴花》"园林夏雨后，众绿净如拭。忽然艳如火，照眼花光逼"[3]，园中诸物经过夏雨的冲洗，明净如新，如同被人擦拭过，忽然看到光艳如火的榴花，照眼明媚，花光逼人。清人桑调元《瞻园榴花歌》言"薰风一嘘离火迸，狂花万朵烧霞暾。泼以大雨转烘炽，横空烁烁明朝昏"[4]，经过薰风的吹拂，初夏榴花就如同熊熊燃烧的地大火迸发，万朵齐绽，似将天边云霞灼烧；大雨之后，更加红艳如炽，就如同横空出世的明

① 刘敞撰：《公是集》卷二四，影印文渊阁《四库全书》本。
② 赵时春撰：《浚谷集》卷三，明万历八年周鉴刻本。
③ 潘衍桐撰：《两浙輶轩集》卷三七，清光绪刻本。
④ 桑调元撰：《弢甫集》卷六，清乾隆刻本。

图 29　日照丹霞。

珠闪烁着耀眼的光芒令晨昏颠倒。清人谢元淮《咏寓馆榴花示吴向亭》
"谁道浓芳歇，榴花不减春。窗前开自好，雨后看犹新"[1]，娇艳的花
朵大多经不起风雨的恣意摧残，慢慢凋零枯萎，委作尘土，而榴花则
正好相反，在浓芳渐歇之际，给人以浓浓的春意，风雨过后，更加新
鲜明丽。

　　石榴不但经得起风雨，亦能承受秋霜。当金风渐侵之际，天气逐
渐寒凉，秋霜降落石榴树上，却将榴实装扮得更加美丽动人。霜下之后，
榴实自然开裂，像东邻巧笑的女子，露出颗颗珠玉般晶莹剔透的榴子，
宛如美人皓齿，非常诱人。清人陈延敬《赐石榴子恭纪》"风霜历后含
苞实"[2]，从这句诗中可以看出历经风霜的石榴，不但没有因此而花残

①　谢元淮撰：《养默山房诗稿》卷一七，清光绪元年刻本。
②　陈延敬撰：《午亭文编》卷七四，影印文渊阁《四库全书》本。

子落，反而孕育出了累累硕果，在逆境中历练成长的石榴树坚韧勇敢，笑对风云变幻，令人敬叹。

石榴花光艳照人，像玲珑的珊瑚，如天边的云霞，似脸上的胭脂、炉中的火焰，又像织出的锦绣、练就的丹砂，有着令人炫目的美，在烈日之下尤其如此。西晋傅玄的《安石榴赋》"其在晨也，灼若旭日栖扶桑；其在昏也，赪若烛龙吐潜光，苞玄黄之烈辉，绿炜晔而焜煌"[1]言，在清晨石榴有着耀眼的美，如同初升的太阳栖息在扶桑树上，令人目眩神迷；在傍晚时分，石榴又如烛龙吐出的隐隐的光，虽无太阳的光芒四射，亦足以照亮黄昏。

当太阳炙烤大地时，万物在夏日烈阳的淫威下顿失光彩，只有石榴迎日而开，"日烘丽萼红萦火"[2]（宋人李迪散句），在太阳的照耀下，榴花花瓣分外红艳俏丽，如同被火所萦绕。同样，在宋代宋之问《玩郡斋海石榴》一诗中这样描述"清晨绿堪佩，亭午丹欲然"[3]，清晨看到青翠欲滴的石榴令人神清气爽，这散发着淡淡芳香的绿叶可以佩戴身上，到了正午时分，这光鲜亮丽的花儿如同红红的丹砂将要被燃烧时的样子，更加突出了石榴花娇艳火红的特色。宋人刘克庄《十月榴花》言"绿阴蔽朝曦，朱艳夺暮霞"[4]，石榴树虽不高大，但是枝叶却茂密葱茏，浓翠怡人，晨时绿荫洒满庭院，朝日自然会被遮蔽；日暮时分，变幻多姿流光溢彩的云霞染满碧蓝深邃的天空，景象恢宏壮丽；但是石榴花的美艳却夺去了暮霞的光辉，令其黯然失色，榴花之美可见一斑。

石榴花在日光下火红如霞，在夜晚依然保持着美丽非凡的本性，

① 汪灏等编：《广群芳谱》卷二八，清康熙刻本。
② 陈景沂编撰：《全芳备祖》前集卷二四，影印文渊阁《四库全书》本。
③ 曹寅等编：《全唐诗》卷五一，影印文渊阁《四库全书》本。
④ 刘克庄撰：《后村集》卷七，影印文渊阁《四库全书》本。

图30　榴花月影。

当月光与花影交映时，便成了夜间不得不赏的美景。唐代皮日休《病中庭际海石榴花盛发感而有寄》"火齐满枝烧夜月，金津含蕊滴朝阳。不知桂树知情否，无限同游阻陆郎"[1]，诗人卧病在床，百无聊赖之时，看到满树的榴花盛放，不禁感慨万分，借榴花之名托相思之意，将此诗寄与陆龟蒙，此意暂且不提；榴花光艳逼人的美如同满枝火焰延伸至夜空中，燃烧那高挂沉沉夜幕之中的光明皎洁的月亮，榴花如火，激发着诗人的无限情思。

同样在寂静无人的深夜，唐代诗人刘言史在他的《山寺看海榴花》中写道："琉璃地上绀宫前，泼翠凝红几十年。夜久月明人去尽，火光霞焰递相然。"[2]夜已深，露已重，明月悬于星空，俯视这世间一切，月光轻柔地洒向大地，人声渐渐消失，在这样静寂幽深的环境中，诗

---

① 曹寅等编：《全唐诗》卷六一三，影印文渊阁《四库全书》本。
② 汪灏等编：《广群芳谱》卷二八，清康熙刻本。

图 31　雪中石榴。

人突然看到怒放的榴花，有如熊熊的大火与天边的云霞相继燃烧，给这清冷的夜增加一抹亮色，心头更增丝丝暖意。清人顾永年《白石榴》"雪中月下甘分寂，洗尽胭脂爱淡妆"，①白色的榴花总给人以素雅高洁之感，雪花给人以清冷纯洁之感，月色给人以明朗皎洁之感，在月色笼罩下，大地具有一种朦胧之美，月光与雪色相辉映，更增意趣；更何况在雪月之间，洁白的榴花正在盛放，虽然无人欣赏，但是难得有如此清雅幽静的环境，榴花自是甘于寂寞，洗尽铅华，褪去胭脂，身着淡妆，给人以离去凡尘之感。

　　清人王晫《咏白石榴花》言"夜月摇花影"②，月下榴花临风飘摇，花影婆娑，给人以朦胧飞动之美。清代无名氏的《乾隆七年御制题白石榴二首》"相逢似在瑶台夜，不辨花光与月光"③，瑶台是神仙所住的仙境，当诗人在月光下看到这清丽绝俗的白石榴花时，花光耀眼，

---

① 顾永年撰：《梅东草堂诗集》卷一，清康熙刻增修本。

② 佟世南撰：《东白堂词选》卷九，清康熙十七年刻本。

③ 于敏中撰：《日下旧闻考》卷一五〇，影印文渊阁《四库全书》本。

诗人竟无法辨认这是花之光还是月之光，可见白石榴花炫目的美。明代高启的《榴花》言："夜来端午宴，淡却美人裙。"①五月榴花开时，恰逢五月五日传统端午节，人们在这一日会大宴宾客，诗人也不例外；诗人将美酒佳肴摆于石榴树旁，宴席上美人献舞助兴，美人曼舒广袖，舞姿蹁跹，裙裾飘飞，精妙无双，但是榴花的出现却令美人裙黯然褪色，以美人裙的无法与之媲美来衬托榴花之美，将榴花之美艳推向极致。

通常情况下，石榴树春季抽芽，五月开花，花落成实，到了秋季榴实成熟，冬季榴叶全落。但也有特殊的情况。唐代杜牧的《见穆三十宅中庭海榴花谢》"巧穷南国千般艳，趁得东风二月开"②，诗人所见到的石榴花穷尽南国千般艳丽的花朵，并且是在二月开花，这是极少见到的情况。宋代刘敞的诗句"薰风四月浓芳歇,红玉烧枝拂露华"③中，榴花提前一个月开放，并且如红玉烧枝般火艳，再带上点点露珠，更加惹人喜爱。清朝无名氏《御制盆景榴花》"小树枝头一点红，嫣然六月杂荷风。攒青叶里珊瑚朵，疑是移根金碧丛"④，盆中榴花经过花匠的悉心栽培与呵护，在六月份依然开花，与池中荷花并艳，在青翠的叶子中间露出一点如珊瑚般火红的小花，令人感到匪夷所思，人们便揣测有人将石榴根移到了金碧丛中。当然也有七八月份开花的石榴，在此略去不提。清朝易顺鼎《秋暮山南榴花作诗柬张子蕃》"容园九月榴花开，花神之意何为哉？似嫌秋绿太寂寞，故吐殊艳惊奇瑰"⑤，这里的榴花是九月开放，诗人揣测应是花神嫌秋天只是一派萧条景象，

---

① 高启撰：《大全集》卷一六，影印文渊阁《四库全书》本。
② 曹寅等编：《全唐诗》卷五二四，影印文渊阁《四库全书》本。
③ 陈景沂编撰：《全芳备祖》前集卷二四，影印文渊阁《四库全书》本。
④ 汪灏等编：《广群芳谱》卷二八，清康熙刻本。
⑤ 易顺鼎撰：《丁戊之闲行卷》卷六，清光绪五年贵阳刻本。

只有满目的绿树而无红花的映衬，显得单调寂寞，所以派遣这绝色的榴花以慰深秋，这美艳绝伦的榴花的确是奇瑰异宝，给这寂寥的秋天增添了些许亮色。

宋人刘克庄《十月榴花》"炎州气序异，十月榴始华"[①]，此处的炎州暂不考据，但是榴花在十月份开放的确是一种奇观。唐皇甫曾《韦使君宅海榴诗》"淮阳卧里有清风，腊月榴花带雪红"[②]，讲的是淮阳（今河南淮阳县）的榴花在腊月开放，火红的榴花与晶莹的雪花相映成趣，分外惹眼，使得猩红的榴花更加美艳如霞，也令洁白的雪花更加皎洁如月。其实，榴花通常是五月开花，此次腊月开放，用前人的话说，是"满枝犹待春风力，数朵先欺腊雪寒"[③]（唐方干《海石榴》），满枝花蕾一直在等待着春风的到来，不过数朵榴花凌寒绽放，以其红艳如火的气势去压倒腊月寒冷的雪花。清人焦和生《海南石榴》："五月安榴盛，海南殊不然。花开四时好，实结一年连。"[④]言海南的石榴四季开花，这是海南气候使然，当然石榴中也有四季榴这一品种。

通过以上分析可以看出，石榴不论是在晨露朝曦中，斜阳烟雨里，还是在皎洁月光的笼罩下，抑或在四季不同的时令中，均展示着自己的光彩照人的审美形象。

---

① 刘克庄撰：《后村集》卷七，影印文渊阁《四库全书》本。
② 洪迈编：《万首唐人绝句》卷七三，影印文渊阁《四库全书》本。
③ 方干撰：《玄英集》卷五，影印文渊阁《四库全书》本。
④ 焦和生撰：《连云书屋存稿》卷二，清嘉庆二十年刻本。

第三节　石榴与其他花木的联咏与比较

在历代文人的笔下，石榴总是排在各种名花之后，偶尔会有闲客记起，也只是寥寥数笔将其勾勒。但是，石榴虽然作为一个被淡忘的角色，却并不因为人们的忽视而其隐藏自身的独特价值与魅力，试观"二月三月檐外花，红字代谢春骄奢。亭亭芳桂照绿帘，帘烘日赤暄蜀茶。海棠侧蕾负重叶，夜合硬胎含素葩。琐碎草木各自媚，此独柔静无矜夸"①（清人黎简《石榴花叹》），在明丽清新的春光里，山茶花向阳娇俏，海棠花蕾垂挂绿枝，夜合花素葩送香，各种草木均展示着自己的媚态，只有石榴花柔美娴静，不自我张扬炫耀。

榴花虽然与世无争，但是它的美艳依然令众芳花容为之失色。宋代刘克庄所作《池上榴花一本盛开》："染人不能就，画史无以加。洛阳擅牡丹，久矣埋尘沙。蜀州夸海棠，邈然隔夔巴。"②将石榴花与国

图 32　［清］李鱓《石榴秋葵图》。

---

① 黎简撰：《五百四峰堂诗钞》卷一一，清嘉庆元年刻本。
② 刘克庄撰：《后村集》卷七，影印文渊阁《四库全书》本。

色天香的牡丹以及美艳不可方物的海棠相提并论，并且说画家无论如何是无法将榴花的美勾勒出来。宋人刘辰翁《清平乐·石榴》"更谁绛袖朱唇，火云相对，英英笑杀牡丹"[1]把榴花比作美人的绛袖与朱唇，又似天边的云霞与地上的火光，美得令高贵的牡丹无地自容。清人潘衍桐《榴花》诗："可惜锦香囊，必借薰风力。若向三春开，桃李无颜色。"[2]榴花在五月绽放，若是开在春日，定教桃李失色，榴花的美艳可见一斑。元人侯克中《榴花》"耻随桃李三春艳，宁伴萱葵五月花"[3]，将桃李看作俗艳之花，榴花耻与此类花为伍，却愿与萱草葵花等相提并论。但在明人吴国伦《咏黄榴花》中，榴花"气欲凌萱草，香仍逊木兰"[4]，亦认为榴花与萱草气质相类，甚至凌驾于萱草之上，香气却逊色于木兰花。

明代范允临《咏石榴》："人道卿貌娇如花，侬道花输卿貌好。卿卿能作子累累，庭前羞杀宜男草。"[5]萱草又称宜男草，是一种能令女子怀孕的草药，而榴实之中有许多榴子，亦是多子的象征，但是萱草只是草，而石榴则有娇美的花，故诗人称宜男草见了石榴亦会自叹不如，羞愧难当。金人元好问《榴华》："山茶赤黄桃绛白，戎葵米囊不入格。庭中忽见安石榴，叹息花中有真色。"[6]山茶花又称杜鹃花、踯躅花、唐人喜称之为山石榴，易被人们误认为是石榴，山茶花开在暮春，色红如杜鹃所啼之血；而桃花绽放时烂漫似云霞，二者均与火红的榴花

① 刘辰翁撰：《须溪集》卷八，影印文渊阁《四库全书》本。
② 潘衍桐撰：《两浙輶轩集》卷三七，清光绪刻本。
③ 侯克中撰：《艮斋诗集》卷七，影印文渊阁《四库全书》本。
④ 吴国伦撰：《甔甀洞稿》续稿卷六，明万历刻本。
⑤ 范允临撰：《输寥馆集》卷一，清初刻本。
⑥ 元好问撰：《中州集》卷一〇，影印文渊阁《四库全书》本。

花色相近，还可相较一番，但是戎花和葵花与榴花相比，就无法入流了。石榴子与荔枝相类似，但是"丹荔难争久，红蕉共斗妍"①（清人焦和生《海南石榴》），荔枝难以久留，不过一日便不再新鲜，但是石榴却可以长久地存放，所以荔枝是无法与石榴相争的，夏日之中，也只有那红蕉可以与之争奇斗艳。清人揆叙《盆中石榴经秋尚开》："低映芙蕖色，斜分杜若丛。"②莲六月开花，花脱之后，莲蓬即是莲子，亦是秋季成熟，与石榴相像，作者将如火似霞的榴花比作出水的芙蓉，更添其几分清丽脱俗的韵致，杜若乃隐士的象征，石榴能与其相提并论，可见在诗人心中石榴亦有着幽婉绝艳的美。

图33　赵少昂《石榴萱草》。

作为花实并茂之物，石榴常常被诗人歌咏，但也有被贬为"村客"的时候，如宋人姚宽《西溪丛语》③：

昔张敏叔有十客图，忘其名。予长兄伯声尝得三十客。

牡丹为贵客，梅为清客，兰为幽客，桃为妖客，杏为艳客，

---

① 焦和生撰：《连云书屋存稿》卷二，清嘉庆二十年刻本。

② 揆叙撰：《益戒堂诗集》后集卷七，清雍正刻本。

③ 姚宽撰：《西溪丛语》卷上，影印文渊阁《四库全书》本。

莲为溪客，木犀为岩客，海棠为蜀客，踯躅为山客，梨为淡客，瑞香为闺客，菊为寿客，木芙蓉为醉客，酴醾为才客，腊梅为寒客，琼花为仙客，秦馨为韵客，丁香为情客，葵为忠客，含笑为佞客，杨花为狂客，玫瑰为刺客，月季为痴客，木槿为时客，安石榴为村客，鼓子花为田客，棣棠为俗客，曼陀罗为恶客，孤灯为穷客，棠梨为鬼客。

将牡丹奉为贵宾，梅花誉为清雅之士，兰花作幽谷佳人，桃花妖媚，杏花俗艳，丁香多情，月季痴心，杨花轻狂，单单将安石榴视作"村客"，意即粗鄙之花，可见石榴花在作者心中地位并不高。

石榴并非只有娇媚的花、晶莹的果，亦有着自身独特品性。唐代吕令问的《府庭双石榴赋》"类甘棠之勿翦，人纵去而犹思；若李树之无言，蹊自成而不召"①，将石榴与甘棠树相比类，人们看到甘棠，即思廉吏惠政，那么看到石榴，亦会发人深思，令人反省自身过失；诗人认为石榴与李树相像，有着美好的德行。唐代杜牧《见穆三十宅中庭梅榴花谢》"矜红掩素似多才，不待樱桃不逐梅。春到未曾逢宴赏，雨余争解免低徊。巧穷南国千般艳"②，认为榴花从不自我夸耀，却是多才之花，从不盲目追随可爱的樱桃与淡雅的梅花，坚持自我；只可惜它未曾逢春而发，但并未因此抱怨命运不公，相反，在一般的花无法承受无情风雨摧残而凋零残败时，经过风雨洗礼的榴花却更加娇艳欲滴，穷尽南国的千般非凡姿色。宋人喻良能的诗句"虽无腊梅香，风味绝相似"③，将鹅黄的榴花与腊梅相比，虽然没有腊梅的幽香，却

① 李昉等编：《文苑英华》卷一四四，影印文渊阁《四库全书》本。
② 曹寅等编：《全唐诗》卷五二四，影印文渊阁《四库全书》本。
③ 喻良能撰：《香山集》卷一二，民国《续金华丛书》本。

有着腊梅似的品格。清人赵翼《石榴紫薇》："夏暖春融百卉菲，大都数日减容辉。种花要看花长久，只有石榴与紫薇。"① 众芳通常在春风和煦的季节开花，在烈日当空之时会无精打采，石榴五月开花，紫薇六月开花，均开在炎热的夏日，它们不畏灼热的骄阳，有着与炎风抗争的精神，这绝不亚于迎风傲雪的寒梅；在如此燥热的环境中，花期却能够持续一月甚至数月之久，不得不承认它们的坚强品质；所以榴花能够"朝荣羞露槿，晚赤笑霜风"② (清人茹纶常《榴花二首》)，木槿花花色淡雅繁复，花朵比石榴花大，有白色、粉紫、紫色三种，但不及榴花绚丽夺目；石榴果在霜风下自裂，有如巧笑的佳人露出皓齿，自然会笑对霜风的欺凌摧残。

通过石榴与其他花木的比较可以得出，石榴不仅有着璀璨夺目的美艳，更有着顽强不屈的精神以及与世无争的品格。在下一节中，我们将重点介绍诗人所赋予石榴的独特的情韵内涵，从更深层的内蕴上去了解石榴这一意象。

第四节　石榴的情韵内涵及表现

人们会赋予自然界中各种花木以人的情思，将众芳人格化。西晋潘尼《安石榴赋》中提及人们"感时而骋思，观物而兴辞"③，也即会因感慨世事变幻而驰骋自己的思想，看到各种事物就引起自己无限情思并将其诉诸笔端。中国本土的花木都有各自独特的象征，每一个意

---

① 赵翼撰：《瓯北集》卷四四，清嘉庆十七年湛贻堂本。
② 茹纶常撰：《容斋诗集》卷三，清乾隆三十年刻，嘉庆四十三年增修本。
③ 欧阳询编：《艺文类聚》卷八六，影印文渊阁《四库全书》本。

象都有特定的含义。石榴是从西域不远万里移植至中土的，作为外来引进品种，自然会引起人们的重视，文人们亦会将自己特定的思想意识寄托在石榴上。只是，人们常常只是将石榴作为多子多福的象征，并由此衍生出十分香艳的石榴裙意象；至于文人通过石榴所抒发的各种感情，几乎全被这种约定俗成的含义所掩盖。有见于此，笔者试从浩如烟海的文献中检索出有关石榴意象的文学作品，并以此分析人们所赋予石榴的各种情韵，以发掘其更深层次的内涵意蕴。

图 34 ［清］朱耷《石榴图页》。

石榴有着火红的花朵，古人以大红色为正宗，故其被人们看做花中正色，花色艳丽有如英雄的鲜血，明代朱之蕃《榴火》"自抱赤忠迎晓日，应惭艳质媚春风"①，将榴花喻为赤胆忠心之士，去迎接那象征光明与希望的太阳，而那些空有艳质却只会取媚于春风的花儿，与之对比，它们只会自惭形秽。石榴不仅具有赤诚的忠心，而且极具奉献精神，"移植自西南，色浅无媚质。不竞灼灼花，只效离离实"②（宋代宋祁《澹红石榴》），石榴树从西域传来，花色种类有大红、

---

① 汪霦等编：《佩文斋咏物诗选》卷三七〇，影印文渊阁《四库全书》本。

② 宋祁撰：《景文集》卷二二，影印文渊阁《四库全书》本。

粉红、黄、白四色，诗人笔下
的是粉红色石榴花，所以花
色浅淡没有任何妖媚的气质，
它不愿与其他花争奇斗艳，
只愿奉献给人们颗颗饱满的
果实。石榴不贪慕虚荣，"不
向春风矜国色，故应秋实傲
霜华"①（明人徐学诗《题榴
花》），不会对春风炫耀自己
国色天成的美，只用自己的
累累硕果来笑傲风霜，实实
在在。

当然，石榴并非没有缺
点，它既有着无私地奉献精
神，却又有些无知，"只知
结子熟秋霖，不识来时有笮
竹"②（宋代梅尧臣《石榴
花》），诗人笔下的石榴花只
知道夏初开花，秋季结实，
无私地贡献着自己应有的一

图 35　［宋］刘松年《画罗汉》。

份力量，遗憾的是，它却不知想当初有笮竹这一植物与它一起走进华夏，
并最终遍布江南。笔者以为，这其实与石榴主要栽种在北方有关。

---

①　徐学诗撰：《石龙菴诗草》卷四，清乾隆刻本。
②　梅尧臣撰：《宛陵集》卷三二，影印文渊阁《四库全书》本。

诗人们认为石榴有着坚定的意志，恪守着自己的本分，有着坚强的品质，在逆境中更能迸发出强大的力量，且其乐观豁达，洒脱大度，能够笑对一切，这其实是诗人们自身品质的写照。石榴意志坚定，"奇丽不移，霜雪空改"①（梁江淹《石榴颂》），不会因为霜雪的逼迫而改自身奇丽的本色，可见其不惧严威的正直品格。唐孙逖《同和咏楼前海石榴二首》②：

其一

海上移珠木，楼前咏所思。

遥闻下车日，正在落花时。

旧绿香行盖，新红洒步綦。

从来寒不易，终见久逾滋。

诗人认为石榴树离开自己的故乡，不远万里来至中国，已实属不易，更为不幸的是，当它来到此处才发现已无缘参与百花盛典，只能落寞凄凉地度过仅有自己独自开花的季节，这些还不足以说明石榴坚强的品质；更为难得的是，不论多么严寒的霜雪都无法改变最初的它，并且历经风霜后，不是花残叶落，而是更加繁盛茂密，有着克服一切困难的勇气与毅力。

宋代苏辙《石榴》："堂后病石榴，及时亦开花。身病花不齐，火候渐已差。芳心竟未已，新萼缀枯槎。谁言石榴病，乃久占年华。"③这里的石榴已经疾病缠身，但是它并未因此而自暴自弃，反而坚强地继续开花结蕊，来展示自身最后的美，勇气可嘉。石榴这顽强的生命力、

---

① 江淹撰：《江文通集》卷三，影印文渊阁《四库全书》本。
② 曹寅等编：《全唐诗》卷一一八，影印文渊阁《四库全书》本。
③ 苏辙撰：《栾城集》卷二，影印文渊阁《四库全书》本。

永不服输的精神，使得它能够在逆境中生存，并且越挫越勇，迎难而上，从不因为生存环境的恶劣而

图 36　幽独。

向命运之神投降，相反它"处悴而荣，在幽弥鲜"[1]（晋潘岳《河阳庭前安石榴赋》），在极其憔悴沧桑的时候仍然生出繁茂的枝叶，在幽僻无人的地方开放得更加鲜艳明丽。在狂风暴雨恣意肆虐的时候，它却"一种芳心耐风雨"[2]（宋代宋庠《榴花》），能够经受无情风雨的摧残，这是任何花木都无法相比的。众所周知，雨横风狂之时，百花顿失动人的光彩，凋谢殆尽，而石榴树却能在风雨过后更加浓翠火艳，这说明它有着旺盛的生命力与在逆境中拼搏的精神，是不向命运屈服的勇士。宋代晏殊《西垣榴花》"岁芳摇落尽，独自向炎风"[3]也证明这一点，当众芳因难耐酷暑而纷纷摇落殆尽之后，只有榴花独自面对那炎热的夏风。石榴树之所以能够在困难面前从不屈服，是因为它有着从容不

---

[1]　徐坚编，《初学记》卷二八，影印文渊阁《四库全书》本。
[2]　宋庠撰：《元宪集》卷一一，清《武英殿聚珍版丛书》本。
[3]　陈思编撰，[元]陈世隆补：《两宋名贤小集》卷一一〇，影印文渊阁《四库全书》本。

迫的气度与乐观豁达的心态。元代杨维桢《咏石榴花》："花时随早晚，不必嫁春风"①，认为石榴花不用执着于非得开在春天，开在何时都是一种独特的美，这是一种洒脱豁达的态度。明代俞允文《题叶伯寅安石榴图》"谁言多子来时晚，绝胜春花怯早霜"②，认为人们大可不必为石榴未曾在春日开花而感到惋惜，因为石榴比那些胆怯于早霜摧残的春花要坚强得多。不论是严寒还是酷暑，石榴都从容应对，从不勉强自己，"与时消息，则寒暑任荣枯之情"③（唐代吕令问《府庭双石榴赋》），这种笑对风云变幻的洒脱胸襟，只有石榴才配拥有。所以，也只有石榴才会"春花零落尽，独尔笑薰风"④（明代赵用光《榴花》），在众芳零落之后，依然坚强地笑对薰风。

石榴性喜幽静环境，避开浮华虚荣，象征着文人们淡泊名利，独立不迁、独善其身的品格。石榴代表视名利如浮云的淡泊之士"不向春光竞物华，幽深庭院更栖霞"⑤（明代周复元《海石榴》），石榴不会在明媚的春光中与百花竞艳，虽然自身绽放之时绚烂夺目，但只是在幽静深邃的庭院中独自绽放着自身的红火明艳的美，将一世之美都付与这里的清风朗月。

石榴花开在众芳之后，不愿与那些浮花浪蕊为伍，不慕繁华春色。石榴要么生长于清幽深远的高山中，要么开放在帘幕无重数的幽邃庭院里，本身有着与生俱来的奇特本质。石榴并不会因为自身迟到未曾逢百花宴赏而懊恼，"后时何所恨，处独不祈怜"⑥（宋代陈师道《和

---

① 汪灏等编：《广群芳谱》卷二八，清康熙刻本。
② 俞允文撰：《仲蔚集》卷六，明万历十年程善定本。
③ 李昉等编：《文苑英华》卷一四四，影印文渊阁《四库全书》本。
④ 赵用光撰：《苍雪轩全集》卷二，明崇祯刻本。
⑤ 周复元撰：《栾城稿》卷五，影印文渊阁《四库全书》本。
⑥ 陈师道撰：《后山集》卷五，影印文渊阁《四库全书》本。

黄充实榴花》），它不像其他的花一样祈求人们的怜惜与欣赏，只是独自散发着自身的幽香；"长愿微名隐，无使孤株出"①（梁沈约《咏山榴》）不愿显名炫耀，只愿做一树无人知晓的幽花，自开自落。石榴有着独立不迁的品格，愿做一独善其身者，不愿参与人世纷争，这从它之前不愿与群芳斗艳中可以看出，此处我们从另一个角度进行解读。宋人杨万里《憩冷水村道旁榴花初开》中言及"不肯染时轻著色，却将密绿护深红"②，石榴花不愿与世俗之花同流合污，不轻易地去绽放以屈就世人，有着高洁的品性、独立不迁的人格，它只愿意用自己的密绿的枝叶去层层深裹经过狂风暴雨肆意摧残却仍然顽强开放的得之不易的花朵。唐代吕令问《府庭双石榴赋》认为"物恶近以招累，事贵远而克全。空遁幽以独美，抱甘香而自捐"③，石榴不愿招惹是非，只想远离世事纷争，所以会生长在幽静的环境中独自绽放，有着芬芳的气息却甘愿放弃名利，为的只是能够保全自身，充分说明了石榴有着独善其身的品性。

由于石榴初夏开花，不是在人们所认为的一派新奇的明媚春光中绽放，"春到未曾逢宴赏"④（唐杜牧《见穆三十宅中海榴花谢》），所以那些怀才不遇之士便借石榴感叹生不逢时的命运，以及无人赏识自身才华的落寞。如唐代孔绍安《侍宴咏石榴》"可惜庭中树，移根逐汉臣。只为来时晚，花开不及春"⑤。据《唐诗纪事》载孔绍安深受唐高祖器重，曾在隋朝时追随高祖打过很多胜仗，立功无数。唐朝建立，他从洛阳

---

① 陈景沂编撰：《全芳备祖》前集卷二四，影印文渊阁《四库全书》本。
② 杨万里撰：《诚斋集》卷一三，影印文渊阁《四库全书》本。
③ 李昉等编：《文苑英华》卷一四四，影印文渊阁《四库全书》本。
④ 曹寅等编：《全唐诗》卷五二四，影印文渊阁《四库全书》本。
⑤ 曹寅等编：《全唐诗》卷三八，影印文渊阁《四库全书》本。

来至长安投奔高祖，不料由于夏侯端比孔绍安早到一步，高祖所封夏侯端的官职便比孔绍安更高，故孔心有不满，在侍宴之时，写下这首诗。此诗言令人怜惜的石榴树离开家乡追随汉朝使臣，就如同自己远离故土一心追随高祖一样；但由于自己的迟到，却未曾逢上四季中最令人向往的春天，就如同自己后来而未曾得到应有的待遇。

宋代欧阳修《榴花》"絮乱丝繁不自持，蜂黄燕紫蝶参差。榴花自恨来时晚，惆怅春期独后期"[1]，言及在春光中柳絮纷飞，群芳竞艳，共吐琼蕊，齐展芳姿，花香阵阵，繁忙的黄蜂紫燕与翩翩蝴蝶来往穿梭于万花丛中，真是一派热闹繁华的景象，只可惜榴花并未逢上此景，只能独自惆怅叹息，遗憾自己没有早点赶上春日。

唐代元稹《感石榴二十韵》："何年安石国，万里贡榴花。迢递河源道，因依汉使槎。酸辛犯葱岭，憔悴涉龙沙。初到标珍木，多来比乱麻。深抛故园里，少种贵人家。"[2]最为感人，石榴从遥远的西域进贡而来，在奔赴中土的过程中艰辛地翻越重重崇山峻岭，憔悴地走过荒无人烟的大漠，这途中的跋涉之苦只有亲身体会才能知晓。刚到的时候，被人们供奉起来，将其当作异常珍贵的花木，但是由于石榴有着异于他物的超强的耐力与顽强的生命力，便在中国大地上生根发芽并迅速繁衍，于是人们忘记了石榴初到时所受之苦，将其抛弃于无人理会的荒园中任其自生自灭，就如同被始乱终弃的女子一样，令人怜惜。榴花的后开，注定了自身的孤独寂寞。"弱植不盈尺，远意驻蓬瀛。月寒空阶曙，幽梦彩云生。粪壤擢珠树，莓苔插琼英。芳根闭颜色，徂

① 欧阳修撰：《文忠集》卷五五，影印文渊阁《四库全书》本。
② 元稹撰：《元氏长庆集》卷一三，《四部丛刊》景明嘉靖本。

岁为谁荣。"①（唐柳宗元《新植海石榴》）石榴柔弱娇美，在寒冷的月色将要褪去，黎明即将到来之时，石榴犹如一个编织美妙清梦的少女，虽然有着珠树琼英，但是由于生长在粪壤莓苔上，注定无人欣赏的命运，它只能作为无主的花，终年不知为谁而开。或许它是在等待真正能懂得它的人。唐代杜牧的《见穆三十宅中庭海榴花谢》"堪恨王孙浪游去，落英狼藉始归来"②，将榴花喻为女子，她痴痴等待王孙的归来，以欣赏她最美的时刻，只可惜的是她日夜盼望，等到自身花谢满地之时才盼到，心中一定有万般苦楚；这与古代士人无人赏识自己的才华只能埋没终生何其相似。

图 37　朱梅邨《诗咏弄璋》。

　　以花作为爱情的象征，自古及今从未停止过，以石榴为题材的作品中充满了浓情相思，石榴这一意象亦是爱情相思的化身。花喻美人是古人的传统，石榴被人们人格化为多情红颜，惹人怜惜。宋代杨泽民《三部乐·榴花》"红巾又成半蹙，寻双寄意，向丽人低说。但将一枝插著翠鬟，丝发映秋波，艳云近睫。知厚意，深情更切"③，榴花盛开，词人用成双的榴花来传递自己的浓情厚意，以此来轻轻诉说自己对丽人的情思，将摘

①　柳宗元撰：《柳河东集》卷四三，影印文渊阁《四库全书》本。
②　曹寅等编：《全唐诗》卷五二四，影印文渊阁《四库全书》本。
③　王奕清等编：《历代诗余》卷六六，影印文渊阁《四库全书》本。

下的榴花插入伊人高耸浓密的发际，青丝榴花与美人秋波相映，美艳如云霞的花低至佳人眉睫，花面交相映，更加衬托出丽人的姣美，丽人理解词人对自己的厚爱，于是便以款款深情作为回报。

隋朝魏澹《咏石榴》"路远无由寄，徒念春闺空"[①]中，石榴作为诗人笔下女子寄托相思之物，女子想将石榴作为信使将满腹心事托其传达，无奈路途遥远，郁情无处诉说，只能独自品尝春闺寂寞滋味。与之相似的还有宋人陈师道的《西江月·咏榴花》[②]：

> 叶叶枝枝绿暗，重重密密红滋。芳心应恨赏春迟。不曾
> 春工著意。晚照酒生娇面，新妆睡污胭脂。凭将双叶寄相思，
> 与看钗头何似。

词人笔下的多情女子看到浓翠繁艳的榴花，心中万般懊悔，遗憾未曾留意春天的到来，忘记去欣赏那明媚的春光，确是春来无人共赏，春去无人相伴。女子美艳如花，却终日百无聊赖，情思惛惛，只因为思念远在他乡的人，无心梳妆打扮。她看到双生的榴叶，与离人曾经赠送的双钗何其相似，于是便将双叶寄寓自己的相思别情，希望由它来传递自己的无限深情。明人王泰际《卜算子·石榴花》[③]：

> 分得杜鹃红，来作蒲葵友。挑拨相思泪染裙，鹦鹉争佳偶。
> 何恨不能消，长把朱颜皱。生子辛酸风味殊，细缀樱桃口。

将榴花人格化，塑造了一个有着不幸命运的美人的形象。她本是有着出众容貌的花，无奈却落得与蒲草葵花为伍，可谓出身卑贱。更为不幸的是当她看到鹦鹉在互相争夺配偶之时，她却形单影只，不得不挑

① 李昉等编：《文苑英华》卷三二六，影印文渊阁《四库全书》本。
② 陈师道撰：《后山集》卷二二，影印文渊阁《四库全书》本。
③ 陈梦雷编：《古今图书集成》卷二八二，中华书局，1985年。

起她对离人的相思;可是离人可能未必如此思念她，心中自有无限怨恨，自然双眉难展。没有良人悉心呵护，出生的榴子自然如同榴花的命运般亦辛酸无比，佳人只能独自细细品尝这难耐的凄凉落寞。古代女子地位卑微，决定其能否获得一定地位并生存下去的便是能否为夫家传宗接代，王泰际所咏的榴花在不幸的女子中还算万幸，毕竟还有子嗣，如若无子，那就如同清人陈梓笔下的《千叶石榴花》"瓣簇胭脂艳，光

图 38　孤芳。

倾玛瑙红。名花不结子，零落暮阴中"[1]虽然其美艳如胭脂，光华胜玛瑙，可以说美的倾国倾城，只是如此名花却并未结子，故无法得到荫庇，结果只能是在薄暮黄昏时分如同迟暮的美人一样零落凋残。宋代朱熹《榴花》"窈窕安榴花,乃是西邻树。坠萼可怜人,风吹落幽户"[2]直接将榴花喻为美人，这窈窕多姿的榴花是西邻之树，当其花瓣凋零之际，如同将要香消玉殒的美人般惹人怜惜；其命运不由自主，只能随着虚无的风飘散，被吹落至幽深的庭院中，以致最终无影无踪。

　　石榴不仅是爱情的象征，同时亦是人们传递友情的信物，不论是赠答还是宴赏，不论是留别还是传书，人们总会折一枝榴花相送。"榴"

① 陈梓撰：《删后诗存》卷八，影印文渊阁《四库全书》本。
② 朱熹撰：《晦庵集》卷一，影印文渊阁《四库全书》本。

字谐为"留"，以此表达友人间无限深切的友情。如南朝梁代王筠《摘安石榴赠刘孝威》①：

> 中庭有奇树，当户发华枝。
>
> 素茎表朱实，绿叶厕红蕤。
>
> 既标太冲赋，复见安仁诗。
>
> 宗生仁寿殿，族代河阳湄。
>
> 有美清淮北，如玉又如龟。
>
> 退书写虫篆，进对多好辞。
>
> 我家新置侧，可求不难识。
>
> 相望阻盈盈，相思满胸臆。
>
> 高枝为君采，请寄西飞翼。

石榴在南朝时是极为珍贵的树木，不知被当时多少文人志士所赞颂。诗人庭中这棵石榴树临窗而发，长势茂密，花开绚烂，硕果累累，诗人亦视其为珍宝。诗人将友人比作如玉如龟的美人，友人才华横溢，写得一手锦绣诗文，并且应对得当，出口成章。只可惜二人天各一方，只能用无尽的思念来填补二人无法相见的遗憾；诗人为了表达对友人的深情厚谊，将长势最好的高处的榴枝采下，送给友人以寄相思。

唐代皮日休的《病中庭际海石榴花盛发感而有寄》："不知桂树知情否，无限同游阻陆郎。"②诗人借石榴花传递友情，将此诗寄与陆龟蒙，以表达诗人无法与陆郎相伴游玩的遗憾，陆龟蒙亦回赠一首诗以示皮日休，在以榴花赠答的过程中，更加深了二人的友情。宋代梅尧臣《阳武王安之寄石榴》："旧友大河滨，作宰实几邑。严霜百果熟，为赠忽

---

① 李昉等编：《文苑英华》卷三二二，影印文渊阁《四库全书》本。
② 曹寅等编：《全唐诗》卷六一三，影印文渊阁《四库全书》本。

我及……聊答君意勤，作诗恨短涩。"①诗人的友人时刻不忘二人莫逆之交，在百果成熟的秋季，千里迢迢把亲手所植现已成熟的石榴赠送给诗人，这份情意尽在不言中，诗人想以诗回报友人，只恨字短情长无法表达出自己对友人的感激之情。

石榴不远万里从异域来至中国，自然会令人联想起远离故乡的游子，故此，成为人们思乡的寄托，如唐代元稹《感石榴二十韵》："非专爱颜色，同恨阻幽遐。满眼思乡泪，相嗟亦自嗟。"②诗人同石榴一样，离开了自己故土，去远方寻找仕进之路，不料却仕途坎坷，于是借石榴以表达自身对故乡的深深眷恋。明代薛瑄《青州分司榴花》言"照日含风千万朵，故园千里正相思"③，当榴花在阳光照耀和薰风的吹拂下时，万朵竞发，触景伤情，诗人不禁想起在遥远的故园也有着这样一株石榴，可能此时亦是榴花满树，将自己对于家园的思念寄予这一树绽放的榴花。宋代郑獬的《石榴》"根虽传大夏，种必近仙都。题作江南信，人应贱橘奴"④，认为石榴虽然来自于遥远的大夏国，但是其种子应来自于仙境。橘奴是橘子的代称，橘树只能生长在江南，远离家乡的江南士人对其有着特殊的情感，看到它就如同看到自己的故园。诗人认为石榴来自于遥远的大夏，是真正的背井离乡，更有资格成为人们思乡的感情寄托。如果人们了解石榴的来历,将其看作江南的信使，人们便会不再对橘树产生这么深厚的感情。

总而言之，石榴是士人忠诚勇敢的象征，能够在逆境中锻造自己坚强的意志，它在文人的笔下有着独立不迁的高洁人格，寄托着人们

---

① 梅尧臣撰：《宛陵集》卷五九，影印文渊阁《四库全书》本。
② 元稹撰：《元氏长庆集》卷一三，《四部丛刊》景明嘉靖本。
③ 薛瑄撰：《敬轩文集》卷五，影印文渊阁《四库全书》本。
④ 郑獬撰：《郧溪集》卷二七，影印文渊阁《四库全书》本。

的爱情、友情、思乡情等情感，同时，它又象征着薄命的女子，实则
有着多重的情韵内涵。

第三章　石榴果实审美特征及多子多福的民俗含义

第一节　石榴果实意象的出现与发展

石榴的果实不仅滋味鲜美，而且其独特的物色属性成为人们把玩欣赏的对象，具有较高的审美价值。石榴是西汉张骞从西域大夏国带回的植物，在两汉时期是皇家上林苑的珍品。对于果木，人们一般都是先发现果实的食用价值，然后才去审美寄意，石榴也不例外。在历代文献中，最早的有关石榴果实的记载保存在东汉末年张仲景的《金匮要略》中，书中详细阐述了石榴的食用禁忌。到了建安时期，曹植在《弃妇诗》中第一次将石榴子赋予了特殊的含义。两晋时期，石榴果实依旧被奉为进贡的珍品和人们地位高低的象征，它们被供奉在王宫贵胄的府邸园林之中，普通人家无缘一睹其真面目，故吟咏的篇章很少。南北朝时期,石榴因曹植的《弃妇诗》而衍生为多子的象征含义，石榴生双子的吉祥语和送女出嫁陪送石榴的习俗从此流传下来。到了唐宋时期，石榴果实的别名开始逐渐增多，有关石榴果实的趣闻也渐渐兴起。《记事珠》所载胡玛瑙故事，言石榴子与玛瑙外形相似，均是晶莹剔透，美丽炫目，令人难辨真伪。宋代叶延珪《海录碎事》中记载"榴实登科"的故事，这又将石榴果由多子多福的象征含义生发为士人举子荣登科榜的前兆，石榴果的文化内涵进一步得到丰富。

第二节 石榴果实的审美形象特征

自然界中很多动人的娇花，都是有花无果，花实并丽者，只占少数，而石榴则是其中之一。石榴果的别名较多，有若榴、金婴、天浆等美名，每一个名称的背后，都有着一段令人难忘的传说。石榴果从味道来说，分为甜、酸、苦三种;甜石榴可食，生津解渴，能治疗三尸虫及乳石毒，但多食则会令人牙齿变黑，肺部受损；酸石榴与苦石榴只能入药。石榴只有单叶花结实，千叶重瓣花不结实，单叶花中花托尖小的也不结实。

图 39 水晶石榴。

石榴果实形如圆球，顶端带有尖瓣，果实大小如茶杯，榴皮为红色，上有黑色斑点，皮内有如蜜蜂巢穴，并且有黄色的膜相隔，石榴子形状有如人的牙齿，颜色白的似雪，淡红的似水红宝石，红的如硃砂;

子色淡红及洁白的石榴味道很甜，红色的味道比较酸。到了秋天，石榴果经霜便会开裂，露出颗颗晶莹剔透的石榴子。石榴果的品种有很多，富阳榴果大如碗；海榴结实较大，花果皆美，可作盆景；黄榴结实较多，最容易传种；河阴榴果实中只有三十八粒，故又称三十八；南诏石榴皮比较薄，味道绝美；水晶石榴子比较白，莹澈似水晶，味道甘美；苦石榴，这种石榴出于积石山；山石榴，这种石榴果其实并非真正的石榴，只是形状与石榴类似，故名称中带有"石榴"二字，这种石榴果很小，用蜜调拌后，味道鲜美。

石榴在古代是天下奇树，九州名果，味道鲜美异常。在古代文献中，描写榴实之美的文章比比皆是。如明代陈淳诗句"结果多佳子，甘酸合鼎调"①说明了石榴果味道甘酸适中，是果中上品。西晋潘尼《安石榴赋》"紫房既熟，赪肤自坼。剖之则珠散，含之则冰释"②，从中可以看出，石榴果实为紫红色，当其成熟之际，果皮会自然坼开，露出粒粒榴实，用手剖开之后，榴子就像珍珠一样散开，含在口中，就如同冰一样清凉。西晋张协《安石榴赋》"芳实磊落……内怜幽以含紫，外滴沥以霞赤。柔肤冰洁，凝光玉莹。璀如冰碎，泫若珠迸。含清冷之温润，信和神以理性"③，描写榴果内为紫色，外似红霞，子如柔滑的肌肤，冰清玉洁，其味既清冷又温润，形象地写出榴实的特征。唐代皮日休《石榴歌》④：

> 流霞包染紫鹦粟，黄蜡纸裹红剖房。
>
> 玉刻冰壶含露湿，斓斑似带湘娥泣。

① 汪灏等编：《广群芳谱》卷五九，清康熙刻本。
② 欧阳询编：《艺文类聚》卷八六，影印文渊阁《四库全书》本。
③ 张溥辑：《汉魏六朝百三家集》卷五四，影印文渊阁《四库全书》本。
④ 曹寅等编：《全唐诗》卷六一一，影印文渊阁《四库全书》本。

萧娘初嫁嗜甘酸，嚼破水晶千万粒。

图 40　石榴籽。

　　把石榴果比作流霞所染的紫鹦粟，将里面的榴膜拟作黄蜡纸，色彩鲜丽，榴子如玉刻的冰壶上沾满露珠，又如湘娥流下的泪珠。唐代庄布的《石榴歌》[①]:

　　　　玼瑠壳皱枝婀娜，马牙硝骨绵敷里。

　　　　霜风击破锦香囊，鹦鹉啄残红豆颗。

　　　　美人擎在金盘腹，错认海螺斑碌碌。

　　　　满口尝含琼液甘，一堂齿冷敲寒玉。

　　描写石榴果如玼瑠，榴子由柔绵束裹，当霜风来临之际，榴实自裂，有如将锦香囊吹破，裂开之后，榴子如红豆般大小，美人错认为这是海螺，放在口中，如玉液琼浆，又如寒玉敲齿，形象地将石榴果的外形与诗人感觉描写出来。元代朱德润《石榴》"秋深荐红实,颗裂排皓齿。

---

① 陈景沂编撰：《全芳备祖》后集卷六，影印文渊阁《四库全书》本。

只应乘槎客，天上得先味"①，将石榴子比作皓齿，其味道只有天上有，人间那得几回尝，表明石榴果的美味难寻。明人黎遂球《赋得石榴子》"猩裙何处裂残霞，泪积红冰玉有瑕。脂晕半明编贝齿，臂寒初褪守宫砂"②，把石榴果比为残霞，石榴子喻作泪水化成的红冰及有瑕的玉，又

图41　［清］倪耘《石榴葡萄图》。

宛如半透明的胭脂晕，又像整齐的贝齿，更为奇特的是，诗人将榴子看成玉臂上刚刚褪去的守宫砂，这在之前对榴子的描写中是从未出现过的。

唐人吕令问《府庭双石榴赋》"剖之则珠彩辉掌，捧之则金光照日"③，将石榴子的色彩美推向极致，当剖开榴果，将榴子呈于掌上之时，有如灿烂夺目的珍珠，光彩辉映于掌中，当将其捧向日下时，榴子所发出的金色光芒足以映耀太阳，这里用夸张的手法形象地写出榴

---

① 汪灏等编：《广群芳谱》卷五九，清康熙刻本。
② 黎遂球撰：《莲须阁集》卷七，清康熙黎延祖刻本。
③ 李昉等编：《文苑英华》卷一四四，影印文渊阁《四库全书》本。

子的光彩夺目之感。清人王廷灿的《石榴》诗"朱颜能久驻，巧笑向人开"①，用伊人的巧笑来比喻石榴裂开之后的美感，更是赋予榴果以形象化的特征。除了以上生动的比喻，榴实亦被人喻为红玉珠、红珠、明珠、金房、星房、五色露、紫金椀、红玛瑙等物象。而"万子同胞无异质，金房玉隔谩重重"②（宋刘子翚《石榴》），则将石榴子众多的特色用夸张的手法极尽摹写。正因为榴实中有如此多的榴子，故从古至今人们都将石榴作为多子多福的象征。

第三节　石榴果实多子多福的民俗含义

提起石榴，人们便会想起"榴开百子""多子多福"等吉利的话语。在年画上，我们也经常看到《榴开百子图》，在民间，当女儿出嫁时，父母会为女儿装上一箱石榴，象征着女儿婚后多子多福的甜蜜生活。这些民俗文化的形成，与文人赋予石榴的文化内涵是密不可分。如西晋潘尼的《安榴赋并序》："商秋授气，收华敛实。千房同蒂，十子如一。缤纷磊落，垂光耀质。滋味津液，馨香流溢。"③石榴秋季成熟，一个石榴之内，有很多黄色隔膜，将石榴分为很多房，所以作者便用夸张的手法写"千房同蒂"，榴子颗颗晶莹如玉珠玛瑙，所以是"十子如一"。宋代宋祁在其《学舍石榴》中言"烟滋黛叶千条困，露裂星房百子均"④，认为榴实之内，榴子应有百颗之多。同样，明人张新的诗句"珠腹还

---

① 王廷灿撰：《似斋诗存》卷四，清刻本。
② 刘子翚撰：《屏山集》卷一七，影印文渊阁《四库全书》本。
③ 欧阳询撰：《艺文类聚》卷八六，影印文渊阁《四库全书》本。
④ 宋祁撰：《景文集》卷一三，影印文渊阁《四库全书》本。

成百子奇"①，认为石榴果腹中有那么多榴子，众果中是不多见的，是很奇特的现象。正因为榴实之中榴子众多，而在古人的观念中，儿孙满堂才是福气，所以石榴顺理成章地成为多子多福的象征。

有关女儿出嫁以石榴为嫁妆的风俗，起源于北朝时期。北朝有一个能征善战的大将魏收，有段女子出嫁母亲赠榴的故事即与他有关。据《北史·魏收传》载：

> 安德王延宗纳赵郡李祖收女为妃。后帝幸李宅宴，而妃母宋氏荐二石榴于帝前。问诸人，莫知其意。帝投之。（魏）收曰："石榴房中多子。王新婚，妃母欲子孙众多。"帝大喜。诏收卿还将来，仍赐收美锦二匹。

安德王新纳李氏宠妃，一日去参加李祖收的家宴。在宴席上，李妃的母亲宋氏将两个石榴送给安德王，王问周围的人，没有一个人懂

图42　[清]刘弼宸《宜男多子图》。

① 汪灏等编：《广群芳谱》卷二八，清康熙刻本。

得这是什么意思。安德王便将石榴扔了。正在这时，魏收说："石榴房里有很多榴子。大王刚刚新婚，李妃的母亲希望您的子孙众多。"安德王大喜，便下诏让魏收把扔掉的石榴再拿过来，并且又赏赐魏收两匹华美的锦缎。这段故事就这样流传了下来。从此以后，人们在嫁女儿的同时，便为女儿送上了浓浓的祝福，希望女儿能为夫家多生子孙，繁衍后代，这样女儿在夫家便有了低位，否则便如曹植《弃妇诗》①中所言：

　　　拊心长叹息，无子当归宁。

　　　有子月经天，无子若流星。

　　　天月相终始，流星没无精。

　　　栖迟失所宜，下与瓦石并。

图 43　[宋]苏汉臣《重午婴戏图轴》。

---

① 徐陵编：《玉台新咏》卷二，《四部丛刊》景明活字本。

女子在古代若无子嗣，便有可能会被夫家遣送回去，所谓"不孝有三，无后为大"①。如果有子嗣，那么就如同天上的月亮可与夫婿长相伴；若无子嗣，女子便如同天边滑落的流星般薄命。遭弃之后，没有栖身之所，只能睡在瓦石上，境况十分凄凉。所以女儿出嫁，父母为其准备石榴，看似为亲家开枝散叶，愿亲家儿孙满堂，实则是为女儿终身幸福着想。这小小的石榴承载着如此浓厚的祝福，自然会成为风俗流传下来。

总之，石榴有着多子多福的民俗意味，承载着人们对新婚女子的祝福与希望。

---

① 孟轲撰：《孟子》卷七，《四部丛刊》景宋大字本。

第四章　个案研究

第一节　苏轼咏石榴诗词研究

图 44　［宋］李公麟《苏轼画像》。

石榴在苏轼数量可观的文学作品中出现的频率并不高，但在众多的文人中算是比较多的。苏轼所作以石榴为题材的作品中，诗一首，词二首。这首以石榴为主题的诗乃苏轼与其弟苏辙在唱和时所作，并非出自苏轼本意。两首词中《南柯子》出现在《东坡词》里，但是在《广群芳谱》中出现的这首词并未著录人名，所以这首词是否苏轼所作还有待商榷。另一首词是在写榴花，只是有关这首词的本事历来众说纷纭，笔者将就这几个问题进行探讨。

苏轼的《石榴》诗，言短意深：

"风流意不尽，独自送残芳。色作裙腰染，名随酒盏狂。"①这是一首唱和诗，全名为《和子由岐下二十一咏》。苏轼来至岐下（今福建东山县境内），其弟苏辙寄来《赋园中所有》，苏轼便在和诗的序言中提及自己所住之园中广植花木，有荷花、桃、李、杏、梨、枣、樱桃、石榴、槐、松、柳、牡丹等，并将这些花木与住所的亭子、小桥、曲栏、轩窗、横池等吟咏尽遍，一并寄与子由，以让其弟了解自己的生活环境，可见兄弟二人情谊之深。

撇开其他不谈，单讲此诗之意。"风流意不尽"用了唐代段成式《酉阳杂俎》中处士崔玄微与众花精的故事。崔玄微在院中遇到十多个绝色女子，她们在等待封十八姨，而后至的封十八姨亦泠泠有林下之风。众人月下饮酒，各作歌以送封十八姨，歌词大意为红颜易逝，不敢埋怨东风之类。封十八姨行为轻佻，将杯中酒倾至石阿措衣上。阿措面有不悦，对其言众人虽然对你曲意逢迎，但我阿措绝非卑躬屈膝之辈，并不畏惧你的淫威，说完拂衣而去。后来众人想继续央求封十八姨的庇护，阿措对于仗势欺人的封十八姨早已厌恶透顶，求崔玄微作符为众人除去恶风的侵扰。阿措不畏强权的精神令人敬服，她便是石榴花精。后来人们吟咏石榴便一并将阿措作为特殊意象写入诗词，这"风流"便特指风姿绰约的阿措，"意不尽"便是欣赏阿措这多情女子，苏轼读她的故事有种意犹未尽之感，同时，"意不尽"又是对榴花本身的美艳赏玩未已的意思。

"独自送残芳"，这句诗里包含了多重意蕴。首先，当石榴花看到众芳凋零时，心中自有一丝不舍与无奈。其次，众芳的命运其实是自己日后命运的写照，想到自己将来也会像它们一样枯萎，不免悲凉。

---

① 苏轼撰：《苏文忠公全集·东坡续集》卷二，明成化本。

图 45　张大千《紫陌寻春》。

第三，石榴花独自送走了残芳，只有自己独自开放，没有伙伴，这将是多么的孤寂难熬。最后，也显示出了石榴花未曾赶上与众芳一起在明媚的春日里绽放，那种"春到未曾逢宴赏"①的落寞凄凉与生不逢时的感慨。"色作裙腰染"这句很容易理解，石榴裙这一意象将在下节细细去讲，此处意为美人身上的石榴裙是由石榴花染成的，以突出石榴花的鲜艳美丽。"名随酒盏狂"，东坡自注云"酒名中有榴花酒"。扶南国有酒树名石榴树，崖州（今海南辖区内）妇人曾经拿石榴来酿酒，可见石榴可以酿酒。全诗未有一字提及榴花，但却处处言榴花，这便是此诗的妙处。

苏轼的《贺新郎》（乳燕飞华屋）历来众说纷纭，无一定论。在苏轼的《东坡词》集中所收录的这首词，前面有一段本事叙述，言此为杭州妓秀兰开脱责罚所作，现移录如下：

　　余倅杭日，府僚湖中高会。群妓毕集，惟秀兰不来。营将督之再三乃来。仆问其故，答曰："沐浴倦卧，忽有扣门声急起，询之乃营将催督也。整妆趋命，不觉稍迟。"时府僚有嘱意于兰者，见其不来，恚恨不已，云必有私事。秀兰含泪力辩。

---

① 杜牧撰：《樊川集》樊川外集，影印文渊阁《四库全书》本。

而仆亦从旁冷语，阴为之解。府僚众不释然也。适榴花开盛，秀兰以一枝藉手，献座中府僚，愈怒，责其不恭。秀兰进退无据，但低首垂泪而已。仆乃作一曲，名《贺新郎》，令秀兰歌以侑觞，声容妙绝。府僚大悦，剧饮而罢。[①]

苏轼在杭州做太守之时，府僚在湖中聚会，很多歌妓也来添酒助兴，只有秀兰没有到场。其中有一个府僚喜欢秀兰，见到秀兰迟到，心中大为不悦，厉声责问。秀兰手折榴花赔罪，府僚亦未谅解。东坡不忍秀兰泪眼涟涟，楚楚可怜相，便借榴花盛开作词一首。词中有"桐阴转午，晚凉新浴"等语，似与秀兰因沐浴午睡相符合；且后有"若待得君来，向此花前对酒、不忍触。共粉泪、两簌簌"与秀兰垂泪情节一致，故杨湜之在《古今词话》中言："子瞻之作皆纪目前事，盖取其沐浴新凉，曲名《贺新凉》也。后人不知之，误为贺新郎，盖不得子瞻之意也。子瞻真所谓风流太守也，岂可与俗吏同日语哉！"[②]认为此词的确是苏轼为秀兰妓所作。但是在苏轼的《东坡词》中未提及"贺新凉"三字，只借秀兰沐浴来为词定名，不足为凭。但是既然此事收录在苏轼的词集中，就有一定的说服力。宋代胡仔《苕溪渔隐丛话》就此词是否为秀兰妓所作进行了辩解，其内容颇为详尽：

《苕溪渔隐》曰：野哉！杨湜之言真可入笑林。东坡此词，冠绝古今、托意高远，宁为一娼而发邪！"帘外谁来推绣户，枉教人、梦断瑶台曲。又却是、风敲竹"用古诗"卷帘风动竹，疑是故人来"之意。今乃云"忽有人叩门声急，起而问之，乃乐营将催督"，此可笑者一也。"石榴半吐红巾蹙。待

① 苏轼撰：《东坡词》，影印文渊阁《四库全书》本。
② 何士言撰：《群英草堂诗余》前集卷下，明洪武二十五年遵正书堂刻本。

浮花浪蕊都尽、伴君幽独。浓艳一枝细看取，芳心千重似束"，
盖初夏之时，千花事退，榴花独芳，因以中写幽闺之情。今
乃云"是时榴花盛开，秀兰以一枝藉手告侪，其怒愈甚"，此
可笑者二也。此词腔调寄《贺新郎》乃古曲名也。今乃云"取
其沐浴新凉，曲名《贺新凉》。后人不知之，误为《贺新郎》"，
此可笑者三也。词话中可笑者甚众，姑举其尤者。第东坡此
词深为不幸，横遭点污，吾不可无一言雪其耻。宋子京云："江
左有文拙而好刻石者，谓之诊嗤符。"今杨湜之言俚甚，而锓
板行世殆类是也。①

　　从这段话可以看出，作者从三个方面驳斥杨湜所言。一是东坡这
首词冠绝古今、托意高远，不可能为一个妓女作词，词中"帘外谁来
推绣户，枉教人、梦断瑶台曲"是引用唐朝李益《竹窗闻风寄苗发司空曙》
中"开门复动竹，疑是故人来"的意思，并非乐营将催促。二是词中
提及榴花处，乃是借其以写幽闺之情，并非秀兰借榴花枝赔罪。三是《贺
新郎》本来就是古曲名，只是后人不知道罢了。此词是否真如胡仔所言，
有待商榷；毕竟《东坡词》中此事所录甚全；但胡仔言之凿凿，令人
不得不将信将疑。宋人陈鹄则认为这首词是写东坡侍妾榴花的。东坡
姬妾散尽，只有朝云、榴花伴其左右，后来朝云病故，只剩榴花一人，
所以东坡为此谱写了《贺新郎》。此事录于《耆旧续闻》中：

　　　　陆辰州子逸，左丞农师之孙，太傅公之元孙也。晚以疾废，
　　卜筑于秀野越之佳山水也。公放傲其间，不复有荣念。客至
　　则终日清谈不倦，尤好语及前辈事，纚纚倾人听。余尝登门
　　出近作赠别长短句以示公，其末句云："莫待柳吹绵，柳绵时

---

① 胡仔撰：《苕溪渔隐丛话》后集卷三九，清乾隆刻本。

杜鹃。"公赏诵久之。是后游从颇密。公尝谓余曰："曾看东坡《贺新郎》词否？"余对以世所共歌者。公云："东坡此词人皆知其为佳，但后撷用榴花事，人少知其意。"某尝于晁以道家见东坡真迹。晁氏云："东坡有妾名曰朝云、榴花，朝云死于岭外。东坡尝作《西江月》一阕，寓意于梅，所谓'高情已逐晓云空'是也。惟榴花独存，故其词多及之。观'浮花浪蕊都尽，伴君幽独'可见其意矣。"又《南歌子》词云："紫陌寻春去，红尘拂面来。无人不道看花回。惟见石榴新蕊一枝开。冰簟堆云髻，金樽滟玉醅。绿阴青子莫相催。留取红巾千点照池台。"意有所属也。或云赠王晋卿侍儿，未知其然否也。①

图46 [明]吕纪《榴花双莺图轴》。

晁以道是与苏轼同代之人，且其子晁补之是苏门四学士之一，故其与苏轼交情匪浅。晁氏所言东坡有侍妾朝云、榴花事当为实情。但其所作《贺新郎》词是否咏这一侍妾尚难断定。陈鹄将其所闻记于笔端，十余年后又加以考证：

---

① 陈鹄撰：《耆旧续闻》卷二，清《知不足斋丛书》本。

285

囊见陆辰州语，余以《贺新郎》词用榴花事乃妄名也。退而书其语，今十年矣！亦未尝深考。近观顾景蕃续注，因悟东坡词中用白团扇瑶台曲，皆侍妾故事。按晋中书令王珉好执白团扇，婢作《白团扇歌》以赠珉。又《唐逸史》许澶暴卒，复悟，作诗云："晓入瑶台露气清，坐中惟见许飞琼。尘心未尽俗缘重，千里下山空月明。"复寝惊起改第二句，云："昨日梦到瑶池飞琼，令改之。云不欲世间知有我也。"按《汉武帝内传》所载董双成、许飞琼皆西王母侍儿。东坡用此事，乃知陆辰州得榴花之事于晁氏为不妄也。本事词载榴花事极鄙俚，诚为妄诞！[1]

图 47　榴花半吐红巾蹙。

---

[1]　陈鹄撰：《耆旧续闻》卷二，清《知不足斋丛书》本。

从陈鹄的这段话中可以得知，当他看到顾景蕃的续注后，想到东坡此词中运用白团扇、瑶台曲的典故都是有关侍婢的故事，那么陆辰州从晁氏处所得榴花妾事应该是真的，本事词所载故事应该是假的。《东坡词》中收录之词，并非苏轼本人所整理，其中混入黄、晁、秦、柳等人之作，并且很多词与真迹不符，所以《贺新郎》（乳燕飞华屋）开篇所言之事不足为凭。晁以道曾经见过东坡此词真迹，并且知道东坡有侍妾名榴花，将本事传与陆辰州，应该可信。陈鹄经过仔细考证推论，亦认为此词乃写与榴花的。胡仔对《古今词话》的一番驳论也有一定的道理。故笔者得出结论，这首词应该是借榴花之名以发其侍妾榴花的幽闺之情：

> 乳燕飞华屋。悄无人，桐阴转午。晚凉新浴，手弄生绡白团扇，扇手一时似玉。渐困倚孤眠清熟。门外谁来推绣户，枉教人、梦断瑶台曲。却又是、风敲竹。石榴半吐红巾蹙。待浮花浪蕊都尽、伴君幽独。浓艳一枝细看取，芳心千重似束。又恐被西风惊绿，若待得君来，向此花前对酒、不忍触。共粉泪、两簌簌。①

小巧可爱的燕子在华堂之内飞来飞去。院中悄无人迹，梧桐的影子渐渐缩短又拉长。如此细微的变化都能体会到，想必这里的女子一定是百无聊赖；这样寂静的环境，更衬托出她无比孤寂的心境。她手中摆弄的白团扇，更是一个特别的物象：扇子都是在夏季使用，到了秋季即被收起，就如同曾经受宠然后遭弃的女子。一个"孤"字，道出了她愁思难排，无奈只能独自睡去。睡梦中，仿佛看到自己所念之人归来，但这不过是风敲竹子的声音，用她的疑心更写出了她对离人

---

① 苏轼撰：《东坡词》，影印文渊阁《四库全书》本。

日日夜夜的期盼之情，以及久候未至的失意怅惘。窗外盛开的榴花如同窗内孤眠的美人，均是双眉不展，只希望所有的浮花浪蕊都消散而去，只有自己独自陪伴在你的身边，得到你一个人专一的宠爱。细细看那榴花，似有千重心事郁结于心。

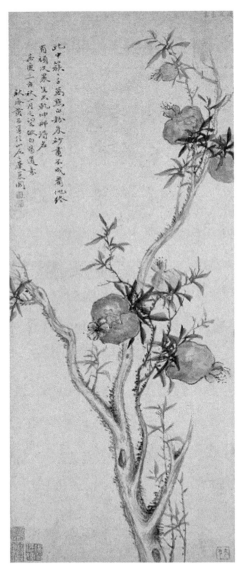

图48　［清］黄易《石榴图》。

如此美艳的花，尚且无人欣赏；更何况，无论多美的花，都经不起风霜雨雪的摧残，当秋风来临之日，便是自己花残叶落之时；就如同迟暮的美人般，独自去品尝衰老后的凄凉辛酸。这个女子的命运同榴花一样凄惨，殷切地等待着郎君的到来，希望与郎君在花前饮酒，更希望郎君能以惜花之心来怜惜她，到时候，且听小女垂泪以诉衷情。在这里，苏轼为我们塑造了一个遭际可悲为爱守候而不得的女子形象。

陈鹄在《耆旧续闻》中言苏轼的《南歌子》（紫陌寻春去）是写给其侍妾榴花的另一首词，又或者是写给王晋卿的侍儿的，无一定论。笔者以为，这是一首赏春词：

紫陌寻春去，红尘拂面来。无人不道看花回。惟见石榴新蕊一枝开。

冰簟堆云髻，金樽滟玉醅。绿阴青子莫相催。留取红巾千点照池台。①

苏轼所填的《南歌子》词多是风格轻快朗丽的游玩之作。"紫陌寻春去，红尘拂面来"，暮春时节，词人与众人一起去踏春，紫陌花开，红尘拂面，一派惬意的景象。"无人不道看花回"，更是道出繁花似锦的春天，众人一起赏花的热闹喧腾的场面。人们所赏之花，正是石榴花。"冰簟堆云髻"，形容石榴花开繁盛像美人如云的鬓发。词人与众人在花间饮酒，并寄意于石榴，愿其晚结子实，留待我们看一树繁花倒影在碧池中的美景。若是写人，便不是期盼"绿阴青子莫相催"，而是希望女子能"绿叶成阴子满枝"②（杜牧《怅诗》），这与古代人们要求女子传宗接代、延续香火有关。一个"照"字，写出了榴花照眼明的特色，更写出了词人期望看到水光与花光相辉映的景象的心理。

总而言之，苏轼吟咏石榴的诗词大抵与其他文人所咏相像，只是他借榴花词所咏之人究竟系何人的争议较大，笔者认为《贺新郎》（乳燕飞华屋）是抒写其侍妾榴花的幽闺之情的词作。

第二节　石榴裙物象研究

石榴花美艳耀目，花形似倒立的舞动的裙子，花色为火红色，而古代女子喜穿红色衣裙，因此人们可能会将石榴与女子的裙子相联系。第一次将裙与石榴联系起来，并有可靠文献记载是西汉成帝时的《黄门倡歌》，该诗收录在宋人郭茂倩所编的《乐府诗集》中。在《黄门倡歌》

---

① 苏轼撰：《东坡词》，影印文渊阁《四库全书》本。
② 曹寅等编：《全唐诗》卷五二四，影印文渊阁《四库全书》本。

之前有一段小序："《汉书·礼乐志》曰：成帝时郑声尤甚，黄门名倡丙彊、景武之属，富显于世。《隋书·乐志》曰：汉乐有黄门鼓吹，天子宴群臣之所用也。"①从这段话中可以看出，汉成帝时确有黄门倡歌的存在，并且在当时颇受欢迎，是天子大宴群臣时所作之乐。既然如此，那么郭氏所收录的《黄门倡歌》并非虚构之作，而是真实存在的。现将《黄门倡歌》移录如下："佳人俱绝世，握手上春楼。点黛方初月，缝裙学石榴。君王入朝罢，争竞理衣裘。"②从诗中可知汉代的人们已经意识到石榴花与美人裙的相似之处，所以才会有佳人在裁缝裙子的时候做成石榴的形状，这是石榴裙的雏形。

石榴裙作为一个完整的物象出现，首先是在南朝梁元帝的《乌栖曲》中："交龙成锦斗凤纹，芙蓉为带石榴裙。日下城南两相忘，月没参横掩罗帐。"③这是历史上第一次有确切文献记载的石榴裙这一物象的出现。西汉时期还是"缝裙学石榴"的尝试阶段，而这时已经有石榴裙着于女子身上。而梁朝何思澄的《南苑逢美人》④则是首次将石榴裙穿于美人身上：

> 洛浦疑回雪，巫山似旦云。
>
> 倾城今所见，倾国昔曾闻。
>
> 媚服随娇合，丹唇逐笑分。
>
> 风卷蒲桃带，日照石榴裙。
>
> 自有狂夫在，空持劳使君。

---

① 郭茂倩编：《乐府诗集》卷八五，《四部丛刊》景汲古阁本。

② 郭茂倩编：《乐府诗集》卷八五，《四部丛刊》景汲古阁本。

③ 徐陵编：《玉台新咏笺注》卷九，清乾隆三十九年刻本。

④ 徐陵编：《玉台新咏》卷六，《四部丛刊》景明活字本。

图 49　曲阳王处直墓出土唐代汉白玉浮雕《奉侍图》。

诗中的南苑美人如同曹植笔下的洛神，又如宋玉笔下的巫山神女，美得倾国倾城。她穿着娇媚的衣衫，笑意盈盈。腰系粉色腰带，身着红艳的石榴裙。

到了唐代，石榴裙在诗人的笔下出现的次数更为频繁。唐代杜审言《戏赠赵使君美人》："红粉青娥映楚云，桃花马上石榴裙。罗敷独向东方去，谩学他家做使君。"①直接将石榴裙借代为美人。从此，石榴裙便成了美人的代称。美人与石榴裙是相得益彰的，正因为有了石榴裙的映衬，美人才能更加娇媚动人；正因为有了姿色非凡的美人的眷顾，才让石榴裙成为古代女子最爱的着装，从此进入文人的视野而备受关注，成为中国文化不可或缺的一道亮丽风景。

人们最熟悉的俗语"拜倒在石榴裙下"，关于它的来源，历来众

① 李昉等编：《文苑英华》卷二一三，影印文渊阁《四库全书》本。

图 50 ［清］康涛《华清出浴图》。

说纷纭。于济源先生曾经写过一篇《"石榴裙"考》①的文章，文中说《今晚报》曾经刊登《"拜倒在石榴裙下"的由来》认为这则俗语来自于杨玉环与李隆基的故事，他认为此文不足为据；理由之一便是认为杨贵妃知晓音律，《旧唐书》载杨贵妃"资质丰艳，善歌舞，通音律"②，可见此处不能作为驳斥理由。

至于杨贵妃与石榴的故事，只有《洪氏杂俎》中"温汤七圣殿，绕殿石榴皆太真所植"③寥寥几字而已。李隆基与石榴的故事则是《记纂渊海》转引《杨妃外传》中"上发马嵬道傍见石榴，爱之，呼为瑞正树"④。我们看《杨太真外传》中记载："上发马嵬，行至扶风道，道傍有花，寺

---

① 于济源撰：《"石榴裙"考》，《学问》，2003 年第 6 期。
② 刘昫撰：《旧唐书》卷五一，影印文渊阁《四库全书》本。
③ 汪灏等编：《广群芳谱》卷二八，清康熙刻本。
④ 潘自牧撰：《记纂渊海》卷九三，影印文渊阁《四库全书》本。

畔见石楠树，团圆爱玩之，因呼为端正树。盖有所思也。"①也就是说，两书所载树种不同，名称不同，难下定论。即使李隆基所望所思是石榴树，即便太真曾在温汤七圣殿手植石榴，但也并不能说明"拜倒在石榴裙下"是有关二人的故事。在现存的古代文献中，并未记载这则趣闻。

也有人说"拜倒"有臣服之意，"拜倒在石榴裙下"来源于中国历史上唯一的女皇武则天。武则天曾写《如意娘》曲："看朱成碧思纷纷，憔悴支离为忆君。不信比来长下泪，开箱验取石榴裙。"②有人据此认为武则天喜穿石榴裙，而她又是君临天下的帝王，群臣自然会纷纷拜倒在她的石榴裙下。笔者以为，这不过是揣测之词，不足为凭。五代刘章有一首《咏蒲鞋》诗：

> 吴江浪浸白蒲春，越女初挑一样新。
> 才自绣窗离玉指，便随罗袜上香尘。
> 石榴裙下从容久，玳瑁筵前整顿频。
> 今日高楼鸳瓦上，不知抛掷是何人。③

诗中的越女将蒲草编成鞋子，穿到脚上，随着罗袜步入香尘。这双鞋子在石榴裙的掩映下，在华美的筵席前，穿在美人的脚上，随着美人轻盈曼妙的舞步，从容移动。现在这双鞋子却落在了屋顶上，不知道是谁这么调皮将它给抛上去的。而诗中的这句"石榴裙下从容久"，经过人们的断章取义，或许就演变成了后来人们常说的"拜倒在石榴裙下"。

---

① 乐史撰：《杨太真外传》卷下，明《顾氏文房小说》本。
② 曹寅等编：《全唐诗》卷五，影印文渊阁《四库全书》本。
③ 李调元编：《全五代诗》卷六二，清《函海》本。

总之，笔者认为，"拜倒在石榴裙下"并非来自于杨贵妃或者武则天的故事。"石榴裙"本是美人的代称，有些人甘愿为女子美貌所折服，加上人们对"石榴裙下从容久"的断章取义，逐渐形成了"拜倒在石榴裙下"这一俗语。

征引书目

说明：

1. 本书所引之文学总集、别集、资料汇编、学术专著等均在此列，引用之报刊论文、学位论文等则在相应内容的脚注中标出。

2. 所列书名按书名的汉语拼音字母顺序排列。

1.《白氏长庆集》，［唐］白居易撰，影印文渊阁《四库全书》本。

2.《北史》，［唐］李延寿撰，影印文渊阁《四库全书》本。

3.《北户录》，［唐］段公路撰，影印文渊阁《四库全书》本。

4.《北齐书》，［唐］李百药撰，清乾隆武英殿刻本。

5.《本草纲目》，［明］李时珍撰，影印文渊阁《四库全书》本。

6.《本堂集》，［宋］陈著撰，影印文渊阁《四库全书》本。

7.《博物志》，［晋］张华撰，清《指海》本。

8.《博物志提要》，［清］纪昀等编，影印文渊阁《四库全书》本。

9.《博异记》，［唐］谷神子撰，明《顾氏文房小说》本。

10.《蔡中郎集》，［汉］蔡邕，影印文渊阁《四库全书》本。

11.《苍雪轩全集》，［明］赵用光撰，明崇祯刻本。

12.《昌谷集》，［唐］李贺撰，影印文渊阁《四库全书》本。

13.《诚斋集》，［宋］杨万里撰，影印文渊阁《四库全书》本。

14.《初学记》，［唐］徐坚编，影印文渊阁《四库全书》本。

15.《大全集》，[明]高启撰，影印文渊阁《四库全书》本。

16.《甔甀洞稿》，[明]吴国伦撰，明万历刻本。

17.《丁卯诗集》，[唐]许浑撰，影印文渊阁《四库全书》本。

18.《丁戊之闲行卷》，[清]易顺鼎撰，清光绪五年贵阳刻本。

19.《东白堂词选》，[清]佟世南撰，清康熙十七年刻本。

20.《东坡词》，[宋]苏轼撰，影印文渊阁《四库全书》本。

21.《东坡全集》，[宋]苏轼撰，影印文渊阁《四库全书》本。

22.《杜诗攟》，[明]唐元竑撰，影印文渊阁《四库全书》本。

23.《尔雅注疏》，[晋]郭璞注，[唐]陆德明音义，[宋]邢昺疏，影印文渊阁《四库全书》本。

24.《樊川集》，[唐]杜牧撰，影印文渊阁《四库全书》本。

25.《方舆胜览》，[宋]祝穆撰，影印文渊阁《四库全书》本。

26.《封氏闻见记》，[唐]封演撰，影印文渊阁《四库全书》本。

27.《艮斋诗集》，[元]侯克中撰，影印文渊阁《四库全书》本。

28.《公是集》，[宋]刘敞撰，影印文渊阁《四库全书》本。

29.《公余集》，[清]刘秉恬撰，清乾隆五十年刻本。

30.《古今图书集成》，[清]陈梦雷编，北京：中华书局1985年。

31.《顾璘诗文全集》，[明]顾璘撰，影印文渊阁《四库全书》本。

32.《顾太史文集》，[明]顾天埈撰，明崇祯刻本。

33.《广群芳谱》，[清]汪灏等编，清康熙刻本。

34.《果树种类论》，曲泽洲、孙云蔚撰，北京：农业出版社1990年。

35.《海录碎事》，[宋]叶延珪撰，影印文渊阁《四库全书》本。

36.《海棠谱》，[宋]陈思撰，宋《百川学海》本。

37.《汉书》，[汉]班固撰，[唐]颜师古注，影印文渊阁《四库全书》本。

38.《汉魏六朝百三家集》，[明]张溥辑，影印文渊阁《四库全书》本。

39.《鹤汀集》，[清]张毛健撰，清康熙刻本。

40.《后村集》，[宋]刘克庄撰，影印文渊阁《四库全书》本。

41.《后山集》，[宋]陈师道撰，影印文渊阁《四库全书》本。

42.《后山谈丛》，[宋]陈师道撰，影印文渊阁《四库全书》本。

43.《淮南鸿烈解》，[汉]刘安撰，[汉]许慎注，《四部丛刊》景钞北宋本。

44.《淮阳集》，[元]张宏范撰，影印文渊阁《四库全书》本。

45.《挥麈录》，[宋]王明清撰，《四部丛刊》景宋钞本。

46.《晦庵集》，[宋]朱熹撰，影印文渊阁《四库全书》本。

47.《记纂渊海》，[宋]潘自牧撰，影印文渊阁《四库全书》本。

48.《江文通集》，[梁]江淹撰，影印文渊阁《四库全书》本。

49.《江文通集注》，[南朝]江淹撰，[明]胡之骥注，明万历二十六年刻本。

50.《节序同风录》，[清]孔尚任撰，清钞本。

51.《金匮要略方论》，[汉]张仲景撰，《四部丛刊》景明刊本。

52.《景文集》，[宋]宋祁撰，影印文渊阁《四库全书》本。

53.《敬轩文集》，[明]薛瑄撰，影印文渊阁《四库全书》本。

54.《九家集注杜诗》，[宋]郭知达编，影印文渊阁《四库全书》本。

55.《旧唐书》，[五代]刘昫撰，影印文渊阁《四库全书》本。

56.《矩庵诗质》，[清]高一麟撰，清乾隆高莫及刻本。

57.《浚谷集》，[明]赵时春撰，明万历八年周鉴刻本。

58.《柯庭余习》，[清]汪文柏撰，清康熙刻本。

59.《浪语集》，[宋]薛季宣撰，影印文渊阁《四库全书》本。

60.《李太白集分类补注》，[唐]李白著，影印文渊阁《四库全书》本。

61.《李义山诗集注》，[唐]李商隐撰，影印文渊阁《四库全书》本。

62.《历代赋汇》，[清]陈元龙辑，影印文渊阁《四库全书》本。

63.《历代诗余》，[清]王奕清等编，影印文渊阁《四库全书》本。

64.《莲须阁集》，[明]黎遂球撰，清康熙黎延祖刻本。

65.《连云书屋存稿》，[清]焦和生撰，清嘉庆二十年刻本。

66.《两宋名贤小集》，[宋]陈思编，[元]陈世隆补，影印文渊阁《四库全书》本。

67.《两浙輶轩集》，[清]潘衍桐撰，清光绪刻本。

68.《临川文集》，[宋]王安石撰，影印文渊阁《四库全书》本。

69.《栾城稿》，[明]周复元撰，明万历刻本。

70.《栾城集》，[宋]苏辙撰，影印文渊阁《四库全书》本。

71.《刘宾客文集》，[唐]刘禹锡撰，影印文渊阁《四库全书》本。

72.《柳河东集》，[唐]柳宗元撰，影印文渊阁《四库全书》本。

73.《马王堆医书考注》，周一谋，萧佐桃主编，天津：天津科学技术出版社1988年。

74.《梅东草堂诗集》，[清]顾永年撰，清康熙刻增修本。

75.《孟子》，[战国]孟轲撰，《四部丛刊》景宋大字本。

76.《南史》，[唐]李延寿撰，清乾隆武英殿刻本。

77.《南岳总胜集》，[宋]陈田夫撰，宋刻本。

78.《瓯北集》，[清]赵翼撰，清嘉庆十七年湛贻堂本。

79.《欧阳文忠公集》，[宋]欧阳修撰，《四部丛刊》景元本。

80.《佩文斋咏物诗选》，[清]汪霦等编，影印文渊阁《四库全书》本。

81.《瓶花谱》，[明]张谦德撰，明《宝颜堂秘笈》本。

82.《屏山集》，[宋] 刘子翚撰，影印文渊阁《四库全书》本。

83.《瓶史》，[明] 袁宏道撰，清《借月山房汇钞》本。

84.《耆旧续闻》，[宋] 陈鹄撰，清《知不足斋丛书》本。

85.《齐民要术》，[后魏] 贾思勰撰，影印文渊阁《四库全书》本。

86.《千家诗选》，[宋] 刘克庄编，影印文渊阁《四库全书》本。

87.《千金要方》，[唐] 孙思邈撰，影印文渊阁《四库全书》本。

88.《清嘉录》，[清] 顾禄撰，清道光刻本。

89.《清江三孔集》，[宋] 孔文仲、孔武仲、孔平仲撰，影印文渊阁《四库全书》本。

90.《清异录》，[宋] 陶谷撰，影印文渊阁《四库全书》本。

91.《裘竹斋诗集》，[宋] 裘万顷撰，清钞本。

92.《全芳备祖》，[宋] 陈景沂编撰，影印文渊阁《四库全书》本。

93.《全唐诗》，[清] 曹寅等编，影印文渊阁《四库全书》本。

94.《全唐诗录》，[清] 徐倬编，影印文渊阁《四库全书》本。

95.《全五代诗》，[清] 李调元编，清《函海》本。

96.《群英草堂诗余》，[宋] 何士言撰，明洪武二十五年遵正书堂刻本。

97.《日下旧闻考》，[清] 于敏中撰，影印文渊阁《四库全书》本。

98.《容斋诗集》，[清] 茹伦常撰，清乾隆三十年刻，乾隆五十二年，嘉庆四十三年增修本。

99.《儒林公议》，[宋] 田况撰，影印文渊阁《四库全书》本。

100.《删后诗存》，[清] 陈梓撰，清嘉庆二十年胡氏敬义堂刻本。

101.《山堂肆考》，[明] 彭大翼撰，影印文渊阁《四库全书》本。

102.《诗话总龟》，[宋] 阮阅编撰，《四部丛刊》景明嘉靖本。

103.《石龙菴诗草》，[明]徐学诗撰，清乾隆刻本。

104.《拾遗记》，[晋]王嘉撰，[梁]萧绮录，明《汉魏丛书》本。

105.《史记》，[汉]司马迁撰，影印文渊阁《四库全书》本。

106.《事类备要》，[宋]谢维新编，影印文渊阁《四库全书》本。

107.《事物纪原》，[宋]高承撰，影印文渊阁《四库全书》本。

108.《输寥馆集》，[明]范允临撰，清初刻本。

109.《似斋诗存》，[清]王廷灿撰，清刻本。

110.《宋书》，[梁]沈约撰，影印文渊阁《四库全书》本。

111.《苏文忠公全集》，[宋]苏轼撰，明成化本。

112.《岁时广记》，[宋]陈元靓编撰，清《十万卷楼丛书》本。

113.《太平广记》，[宋]李昉等编，影印文渊阁《四库全书》本。

114.《太平御览》，[宋]李昉等编，《四部丛刊三编》景宋本。

115.《弢甫集》，[清]桑调元撰，清乾隆刻本。

116.《苕溪渔隐丛话》，[宋]胡仔撰，清乾隆刻本。

117.《宛陵集》，[宋]梅尧臣撰，影印文渊阁《四库全书》本。

118.《万首唐人绝句》，[宋]洪迈编，影印文渊阁《四库全书》本。

119.《王氏农书》，[元]王祯撰，影印文渊阁《四库全书》本。

120.《韦苏州集》，[唐]韦应物撰，影印文渊阁《四库全书》本。

121.《文选》，[梁]萧统编，[唐]李善注，影印文渊阁《四库全书》本。

122.《文苑英华》，[宋]李昉撰，影印文渊阁《四库全书》本。

123.《文忠集》，[宋]欧阳修撰，影印文渊阁《四库全书》本。

124.《五百家注昌黎文集》，[宋]魏仲举编，影印文渊阁《四库全书》本。

125. 《五百四峰堂诗钞》，[清]黎简撰，清嘉庆元年刻本。

126. 《五代史补》，[宋]陶岳撰，影印文渊阁《四库全书》本。

127. 《午亭文编》，[清]陈延敬撰，影印文渊阁《四库全书》本。

128. 《西湖游览志馀》，[明]田汝成撰，影印文渊阁《四库全书》本。

129. 《西京杂记》，[晋]葛洪辑，影印文渊阁《四库全书》本。

130. 《西溪丛语》，[宋]姚宽撰，影印文渊阁《四库全书》本。

131. 《香山集》，[宋]喻良能撰，民国《续金华丛书》本。

132. 《须溪集》，[宋]刘辰翁撰，影印文渊阁《四库全书》本。

133. 《许负相法十六篇》，[明]周履靖撰，明《夷门广牍》本。

134. 《玄英集》，[唐]方干撰，影印文渊阁《四库全书》本。

135. 《晏子春秋》，[春秋]晏婴撰，影印文渊阁《四库全书》本。

136. 《杨太真外传》，[宋]乐史撰，明《顾氏文房小说》本。

137. 《养默山房诗稿》，[清]谢元淮撰，清光绪元年刻本。

138. 《野菜博录》，[明]鲍山撰，影印文渊阁《四库全书》本。

139. 《野客丛书》，[宋]王楙撰，影印文渊阁《四库全书》本。

140. 《也足山房尤癯稿》，[清]张廷玉撰，明崇祯刻本。

141. 《夜航船》，[清]张岱撰，清钞本。

142. 《夷坚丁志》，[宋]洪迈撰，《十万卷楼丛书》本。

143. 《益部谈资》，[明]何宇度撰，影印文渊阁《四库全书》本。

144. 《益戒堂诗集》，[清]揆叙撰，清雍正刻本。

145. 《艺文类聚》，[唐]欧阳询编，影印文渊阁《四库全书》本。

146. 《桯史》，[宋]岳珂撰，影印文渊阁《四库全书》本。

147. 《雍录》，[宋]程大昌撰，明《古今逸史》本。

148. 《咏物诗提要》，[清]纪昀等编，影印文渊阁《四库全书》本。

149.《涌幢小品》，[明] 朱国祯撰，影印文渊阁《四库全书》本。

150.《幽梦影》，[清] 张潮撰，清光绪元年《啸园丛书》本。

151.《酉阳杂俎》，[唐] 段成式撰，影印文渊阁《四库全书》本。

152.《舆地纪胜》，[宋] 王象之撰，清影宋钞本。

153.《禹贡指南》，[宋] 毛晃撰，影印文渊阁《四库全书》本。

154.《禹贡山川地理图》，[宋] 程大昌撰，影印文渊阁《四库全书》本。

155.《玉台新咏》，[梁] 徐陵编，《四部丛刊》景明活字本。

156.《玉台新咏笺注》，[梁] 徐陵编，清乾隆三十九年刻本。

157.《元氏长庆集》，[唐] 元稹撰，《四部丛刊》景明嘉靖本。

158.《元宪集》，[宋] 宋庠撰，清《武英殿聚珍版丛书》本。

159.《乐府诗集》，[宋] 郭茂倩编，《四部丛刊》景汲古阁本。

160.《郧溪集》，[宋] 郑獬撰，影印文渊阁《四库全书》本。

161.《云仙杂记》，[唐] 冯贽撰，《四部丛刊续编》景明本。

162.《证类本草》，[宋] 唐慎微撰，影印文渊阁《四库全书》本。

163.《志雅堂杂抄》，[宋] 周密撰，《粤雅堂丛书》本。

164.《中州集》，[金] 元好问撰，影印文渊阁《四库全书》本。

165.《仲蔚集》，[明] 俞允文撰，明万历十年程善定本。

166.《紫山大全集》，[元] 胡祇遹撰，影印文渊阁《四库全书》本。

167.《遵生八笺》，[明] 高濂撰，影印文渊阁《四库全书》本。

后　记

　　回想毕业论文《中国古代文学石榴题材与意象研究》的写作过程，尽管充满了艰辛，但收获却不少。记得研一时，我的导师程杰教授便开始让我们选择毕业论文的题目。研二开题报告，曹辛华老师、邓红梅老师、高峰老师均对我的论文提出了宝贵的意见和建议。

　　开题后不久，导师便督促我们抓紧时间继续查找相关文献资料。由于我觉得时间还早，便继续一边到图书馆看与之无关的书籍，一边游山玩水，这样整整荒废了大半年。等到研二快过完时，我才猛然醒悟到论文连一个字都还没写。这时，我开始心慌了。从 2011 年 5 月份开始，我便每天出入图书馆中，去查阅相关文献。导师要求在暑假前务必完成论文初稿，由于我的贪玩而没有按时完成，便心怀愧疚地将整个暑假托付给了论文。我每写完一章，便将论文发于导师邮箱，程老师悉心地为我一一指出论文中存在的问题。等到 8 月底，我终于将论文初稿完成，交给了我最敬爱的导师，悬着的一颗心也终于落下。导师事务繁忙，作为他的弟子，既已因无法为他分忧而惭愧，却反倒时时令他挂怀，心中更是过意不去。导师对于我论文的指导与帮助，是任何华美的辞藻都无法表达我对他的感激之情的。

　　在完成毕业论文的过程中，我学会了如何去搜集整理资料、组织语言去写作科学严谨的论文。这些宝贵的经验对于以后的工作学习无疑有很大的帮助。这篇后记在论文初稿完成四个月之后才动笔，一时不知如何下笔，唯一印象深刻的便是导师对我的论文悉心的指导与帮助，这让我铭记于心。

2016年夏天，突然接到朱明明师姐的电话，感到非常的惊喜与意外。师姐转述程老师的意思，说我的学位论文可以编入《中国花卉审美文化研究丛书》中，希望我找一下过去的论文。后来，徐波师兄说论文在内容方面需增补。鉴于目前在江苏省戏剧学校任职，无足够的文献资料支撑，于是我就去南京大学图书馆借用他们的资源，在此也要特别感谢南京大学的姚鹏举同学（此时已成为中山大学中文系讲师）给我提供的便利条件。因为江苏省戏剧学校高度重视文化课程，其宗旨不止在培养专业戏剧演员等技能人才，更是致力于传承中华优秀传统文化，培养文艺界精英，故学校给我安排的课时较多。由于白天忙于上课，夜间修改文章，再加导师敦促，时间紧迫，所以仓促之间的修订，必有不尽如人意之处，还望海涵。后来导师要求在文中插入与文章内容有关的图画，由于我喜欢清新淡远、令人见之忘俗的山水花鸟画，便在文章中插入了许多由宋至清的名人画作；但也因此遭到导师批评，他发动程门子弟为我寻图，只是当时诸事缠身，无暇再顾及插图，故文中插图多为师兄徐波与同门所为，在此特意感谢。

郭慧珍

2016年8月28日

于南京市紫金山南麓